Mikrochemische Papieruntersuchung

Mikrochemische Papieruntersuchung

Anleitung zur Bestimmung der in Papier vorkommenden Füll- und Aufstrichmassen, Imprägnierungen, Leim- und Farbstoffe, Bronzierungen, Fehler usw.

Von

Dr.-Ing. Alois Herzog

o. Professor an der Sächsischen Technischen Hochschule zu Dresden

Mit 1 Tafel und 3 Nomogrammen im Text
und 280 Abbildungen in einem Tafelanhang

Springer-Verlag Berlin Heidelberg GmbH
1935

Ursprünglich erschienen bei Julius Springer in Berlin 1935.
Softcover reprint of the hardcover 1st edition 1935

ISBN 978-3-662-33495-9 ISBN 978-3-662-33893-3 (eBook)
DOI 10.1007/978-3-662-33893-3

Vorwort.

Im Verlaufe von mehr als 4 Jahrzehnten konnte ich mich in zahlreichen Fällen von dem praktischen Werte der mikrochemischen Analyse bei der Untersuchung von Faserstoffen überzeugen (Papierprüfungen aller Art, Appreturanalysen von Textilien, Bestimmung von Fehlerursachen, Untersuchung von antiken Geweben und Papieren in bezug auf die vorhandenen Begleitstoffe der Fasern usw.). Nicht immer war es das Bestreben allein, von mikrochemischen Verfahren im weiteren Sinne des Wortes möglichst allgemein Anwendung zu machen, in vielen Fällen war ich dazu schon im Hinblick auf das sehr gering bemessene Probematerial, das den üblichen Weg der qualitativ-chemischen Analyse von vornherein ausschloß, geradezu gezwungen.

Das vorliegende Buch ist in erster Linie der qualitativen Bestimmung der in Papier häufig enthaltenen Begleitstoffe (Füll- und Aufstrichmassen, Imprägnierungen, Leim- und Farbstoffe, Bronzierungen usw.) gewidmet; es soll aber auch bei der Untersuchung von Appreturen, Mattierungsmitteln (bei Kunstseiden), und Fehlern in Textilien weitgehende Dienste leisten.

Bei der Zusammenstellung der Reaktionen wurden nicht allein die Verfahren der klassischen mikrochemischen Analyse, insbesondere die Kristallfällungen, berücksichtigt, sondern auch solche Reaktionen, die zum Nachweis geringer Stoffmengen überhaupt und ohne vorherige umständliche Trennungen geeignet sind. Hierher gehören namentlich die in den letzten Jahren von zahlreichen Forschern ausgebauten Tüpfel- und Tropfenreaktionen, deren systematische Zusammenstellung F. Feigl in seinem geradezu vorbildlichen Werke: Qualitative Analyse mit Hilfe von Tüpfelreaktionen (2. Aufl. 1935) übernommen hat.

Nicht mühelos und ohne wissenschaftliche Vorbereitung ist der Weg der mikrochemischen Analyse zu beschreiten. Auf der anderen Seite bietet er aber dem Analytiker die Befriedigung, eine gestellte Aufgabe mit möglichst geringem Material- und Zeitaufwand lösen zu können.

Der Text wurde absichtlich so kurz als möglich gehalten, um die nötige Übersicht nicht zu stören. Aus dem gleichen Grunde wurden die Literaturangaben, die sich auf die einzelnen Reaktionen beziehen, in das Reagenzienverzeichnis verlegt. Letzteres ist im Hinblick auf den Zweck des Buches etwas umfangreicher geraten als vielleicht unbedingt nötig gewesen wäre. Ich glaubte aber im Interesse seiner praktischen Brauchbarkeit und allgemeineren Anwendung auch die zur Vornahme mikrochemischer Reaktionen der Faserstoffe nötigen Reagenzien mitaufnehmen zu sollen.

Der beigefügte Tafelanhang enthält zahlreiche mikrophotographische Aufnahmen von Kristallfällungen, die den Anfänger leiten und beraten sollen. Er berücksichtigt aber auch verschiedene andere Dinge, deren bildliche Wiedergabe mir wünschenswert erschien. Die Bilder sind Verkleinerungen nach selbstgemachten Aufnahmen in der Plattengröße 13 × 18 cm.

Dankbar gedenke ich an dieser Stelle der wirksamen Förderung meiner Arbeit durch den Verein der Sächsischen Papierfabrikanten zu Dresden und des bereitwilligen Eingehens des Verlages Julius Springer auf meine Wünsche hinsichtlich der Ausstattung des Buches.

Dresden, im November 1934.

Alois Herzog.

Inhaltsverzeichnis.

Seite

Einleitung 1

Vorbereitung und Vorprüfung des Papiers 5

I. Weiße Füllstoffe und Aufstrichmassen 15

Abgekürztes Verfahren zum Nachweis (Vorprüfung) 17

Spezielle Betrachtung der wichtigsten weißen Füllstoffe:

Schwerspat, Barytweiß, Permanentweiß, Echtweiß, Blanc fixe . . 18

Gips, Annaline, Lenzin, Brillantweiß, Satinite 19

Kreide, Kalkstein 20

Magnesit, gefälltes Magnesiumkarbonat 21

Gebrannte Magnesia, Magnesia usta 22

Dolomit 22

Zinkspat 23

Zinkweiß 24

Bleiweiß (Holländisch-, Kremser-, Schiefer-, Silber-, Berliner-, Kremnitzerweiß) 24

Lithopone 25

Kaolin, Porzellanerde, weißer Ton, weißer Bolus, China clay . . . 26

Talk, Talkum, Federweiß, Speckstein 27

Asbestine, Agalit, Nematolith 28

II. Farbige Füllstoffe und Aufstrichmassen

Chromgelb, Leipzigergelb, Kölnergelb, Zwickauergelb 28

Zinkgelb, Samtgelb, Zitronengelb 29

Ocker 29

Siena 30

Umbra 30

Gebrannter Ocker 31

Rötel, roter Bolus, Englischrot 31

Eisenrot, Engelrot, Caput mortuum, Kolkothar, Venetianerrot 31

Zinnober 31

Grünspan 32

Schweinfurtergrün, Mitisgrün, Würzburgergrün, Wienergrün usw. . . 33

Chromgrün, Ahorngrün, Laubgrün, Moosgrün, Smaragdgrün, Maigrün, Resedagrün 34

Guignetgrün, Chromoxydgrün, Arnaudongrün, Mathieu Plessygrün, Pannetiergrün 34

Graphit 34

Ruß, Lampenruß, Flammruß, Kienruß, Gasruß, Azetylenruß 34

Rebenschwarz, Rebschwarz, Frankfurterschwarz 34

Beinschwarz, Elfenbeinschwarz, Pariserschwarz, Knochenschwarz, Spodium 35

Schiefergrau, Steingrau, Silbergrau, Mineralgrau 35

Antimonpräparate 35

Seite

III. Stoffe für feuer- bzw. flammensichere Imprägnierungen.
Asbest (Hornblende- und Serpentinasbest) 36
Stärke 37
Getreidemehl 38
Zucker (Traubenzucker, Glykose, Glukose, Dextrose) 39
Wasserglas 40
Quarzpulver 40
Glaspulver 41
Kieselgur, Infusorienerde, Diatomazeenerde 42
Ammoniumsalze 42
Zinksulfat 43
Aluminiumsulfat 44
Alaun 44
Borax 45
Borsäure 46

IV. Organische Stoffe, die zum Leimen, Wasserdichtmachen und Durchscheinendmachen Verwendung finden 46

V. Imprägnierungsstoffe für Dachpappen 56

VI. Metallüberzuge, Metallpulver 57

VII. Farben und Farbstoffe (einschließlich Bläuungsmittel).
A. Papierfärbung 61
B. Bläuungsmittel 63

VIII. Anhang.
A. Nitrate und andere Stoffe, die in Zigaretten-, Zünd- und anderen Papieren ab und zu enthalten sind 66
B. Fleckenbildungen und sonstige Fehler in Papieren. 67

IX. Reagenzien, die bei der mikroskopischen und mikrochemischen Untersuchung von Papieren und Textilien erforderlich sind 71
Verdünnung von Flüssigkeiten 75
Reagenzienverzeichnis 76
Kleinere Laboratoriumserfordernisse für mikrochemische Arbeiten . 118

X. Tabellen 119

Namenverzeichnis 132

Sachverzeichnis 134

Tafel-Anhang . . . . . *3—109*

Einleitung.

An der stofflichen Zusammensetzung des Papiers sind außer den Fasern auch verschiedene, absichtlich zugesetzte Substanzen organischer und anorganischer Art beteiligt, die dem Papier bestimmte Eigenschaften erteilen sollen (Abb. 1). Nur wenige Papiere bestehen ausschließlich aus Fasern. So enthält das gewaschene Filterpapier von Schleicher & Schüll lediglich rösch gemahlene Baumwoll- und Flachsfasern, die durch gegenseitige Verflechtung und Flächenanziehung miteinander verbunden sind (Abb. 2; vgl. auch Abb. 13). Durch einen weitgehenden Bleichprozeß und wiederholte Behandlung mit Flußsäure und anderen Chemikalien sind die Fasern so gut gereinigt, daß sie nahezu reine Zellulose darstellen. Selbst die mit der gewachsenen Faser in inniger chemischer Bindung stehenden Mineralstoffe sind hier so weit entfernt, daß das Papier ohne Berücksichtigung seines minimalen Aschengehaltes zu quantitativ-chemischen Arbeiten benutzt werden kann. So beträgt der Aschengehalt der von Schleicher & Schüll gelieferten Rundfilter für quantitativ-chemische Arbeiten (Nr. 589, Durchmesser 9 cm, Fläche 63,6 cm^2) nach der aufgedruckten Angabe nur 0,00011 g = 110 γ*. Es entspricht dies einem Aschengehalt von 1,7 γ für den cm^2; davon entfällt ungefähr die Hälfte auf vorhandene Kieselsäure. Bei den qualitativen Filtern (Nr. 604) beträgt der Aschengehalt 29,7 γ für den cm^2.

Nicht zu feinen Suspensionen gegenüber wirkt ein solches Papier wie ein Sieb, d. h. es hält die feste Phase, sofern sie gröber ist als die zwischen den Fasern befindlichen Poren, vollständig zurück (Abb. 3). Zum Beschreiben mit Tinte ist es aber naturgemäß nicht brauchbar, da diese in die Kapillarräume eindringt und rasch weitergeleitet wird. Durch passende Verstopfung der Poren und eine möglichst weitgehende Glättung der Oberfläche gelingt es aber ohne Schwierigkeit, die zum Beschreiben nötigen Voraussetzungen zu schaffen (Leimung, Füllung, Satinage). Wird ein Papier verlangt, das bei genügender Festigkeit einen hohen Grad von Lichtdurchlässigkeit zeigen soll, so kann dies durch optische Homogenisierung in der Weise erreicht werden, daß man Stoffe zusetzt, die in ihrer Lichtbrechung mit den Fasern annähernd übereinstimmen (Harze, Wachse, Kohlenwasserstoffe usw.). Feuer- bzw. Flammensicherheit kann durch Zugabe von Alaun, Borax, phosphorsauren Salzen und anderen Stoffen erzielt werden usw.

Unter solchen Umständen hat sich die Papierprüfung notgedrungen auch auf die Ermittlung der etwa vorhandenen organischen und anorganischen Zusätze zu erstrecken. Ziemlich einfach liegen die

* 1 γ = 0,000001 g.

Verhältnisse bei den anorganischen Stoffen, die nach den in der qualitativ-chemischen Analyse allgemein üblichen Trennungsverfahren bestimmt werden können. Schwierigkeiten sind allerdings insofern vorhanden, als häufig nicht genügend Probematerial vorliegt, um die erforderlichen Trennungen durch Reagensglasversuche in befriedigender Weise ausführen zu können. Hier ist man auf die in neuerer Zeit auch sonst immer mehr in Aufnahme kommenden mikrochemischen Verfahren im weiteren Sinne des Wortes angewiesen (mikroskopische Kristallfällungen, Tüpfelproben, Flammenfärbungen, Perlen- und Lötrohrreaktionen usw.). Insbesondere empfiehlt es sich hierbei tunlichst auf sog. „spezifische" Reaktionen Rücksicht zu nehmen, weil diese ohne vorhergehende verwickelte analytische Trennungen den Nachweis bestimmter Stoffe zulassen. Auf die analytisch wertvollen „letzten Linien" (im Sinne de Gramonts) des Bogen- und Funkenspektrums verschiedener Elemente kann im Rahmen dieser Schrift nur verwiesen werden. Nach der Überzeugung des Verfassers ist der Spektralapparat bzw. der Spektrograph in hervorragender Weise zur qualitativen und quantitativen Analyse kleiner Stoffmengen geeignet. Die hohe Empfindlichkeit, die Schnelligkeit der Messung, der geringe Substanzverbrauch, das Vorhandensein eines Dokuments in Form der photographischen Platte und das gleichzeitige Auffinden der Elemente sind unbestreitbare Vorzüge der Spektralanalyse gegenüber der üblichen chemischen Analyse (Abb. 4). Nähere Angaben enthält der „Atlas der letzten Linien der wichtigsten Elemente" von F. Löwe, Dresden und Leipzig 1928, wo auch die einschlägige Literatur sorgfältig zusammengestellt ist. Die große Empfindlichkeit der mikrochemischen Reaktionen setzt allerdings einen beträchtlichen Grad von praktischer Erfahrung voraus, um die Menge des nachgewiesenen Stoffes richtig einzuschätzen. So ist die Flammenfärbung des Natriums infolge ihrer hohen Empfindlichkeit und des allgemeinen Vorkommens von Natrium für die Gegenwart von absichtlich zugesetzten Natriumverbindungen nur dann beweisend, wenn sie langandauernd ist. Der Nachweis von Aluminium und Silizium in einem Papier berechtigt nur dann zum Schlusse auf das Vorliegen eines Aluminiumsilikates (z. B. Kaolin), wenn beide Elemente in beträchtlicher Menge zugegen sind und andere Aluminiumverbindungen, die etwa bei der Harzleimung oder Imprägnierung zugesetzt werden, zuvor abgeschieden werden. Diese Umstände sind um so mehr zu beachten, als auch die in der Papierfabrikation benutzten Hilfsstoffe niemals chemisch rein sind und Mineralstoffe auch aus dem Fabrikationswasser von den Fasern zurückgehalten werden.

Es muß als ein für die Untersuchung glücklicher Umstand bezeichnet werden, daß in der Praxis nur selten verwickelte Mischungen, sondern meist einfache Körper als Zusätze Verwendung finden, so daß deren analytische Bestimmung keine umständlichen Trennungsverfahren und demgemäß keinen erheblichen Aufwand an Zeit und Arbeit erfordert.

Ungleich schwieriger gestaltet sich die Untersuchung der etwa vorhandenen organischen Stoffe, schon aus dem einfachen Grunde, weil in manchen Fällen wirklich brauchbare Reaktionen nicht bekannt sind oder andernfalls zur Identifizierung der im Papier in großer Verdünnung enthaltenen Stoffe nicht ausreichen. Hier wird man sich häufig mit der Angabe der Stoffgruppe begnügen müssen. So ist es z. B. verhältnismäßig leicht festzustellen, ob in einem durchscheinend gemachten Papier Harz vorliegt; es wird dagegen nicht immer möglich sein, die Harzart anzugeben. Auch bei Färbungen mit künstlichen Farbstoffen ist man bei der Fülle von Möglichkeiten in der Regel auf die Angabe der betreffenden Farbstoffgruppe beschränkt.

Der Nachweis der erwähnten Stoffe erfolgt je nach den Umständen:

1. Mit dem Papier, wie es zur Untersuchung vorliegt.

2. Mit wässerigen, alkoholischen, ätherischen, salzsauren u. a. Auszügen des Papiers nach entsprechender Anreicherung der ausgezogenen Substanz.

3. Mit der bei möglichst niederer Temperatur gewonnenen Papierasche (z. B. Aufschließen des in Salzsäure unlöslichen Anteils).

4. Mit den vom Papier mechanisch abgelösten festen Bestandteilen (Abschaben von Aufstrichmassen mit einer Rasierklinge; Reiben des vorgekochten Papiers in einer Achatreibschale mit Wasser, Absieben des Faserbreies und Zentrifugieren der milchig getrübten Flüssigkeit; Mazerieren des Papiers durch Kochen mit 1%iger Natronlauge, Absieben des Faserbreies und Sedimentieren der trüben Flüssigkeit).

5. Mit den durch Ausklauben unter dem Präpariermikroskop gewonnenen Anteilen (z. B. Pigmente).

Im folgenden sind die wichtigeren in Papieren vorkommenden organischen und anorganischen Stoffe vom analytischen Standpunkt behandelt, wobei vorzugsweise auf einfach auszuführende mikrochemische Verfahren Rücksicht genommen ist. Unter diesen befinden sich auch verschiedene, in dem kürzlich erschienenen ausgezeichneten Werke von F. Feigl[1] angegebene Tüpfelreaktionen. Unter allen Umständen ist es notwendig, Vorversuche mit Stoffen von bekannter Zusammensetzung auszuführen. Eine Reaktion reicht in der Regel zur eindeutigen Bestimmung eines Stoffes nicht aus, da bei etwa vorhandenen Stoffgemischen leicht Störungen eintreten können. Aus diesem Grunde sind zur Bestätigung des Befundes stets mehrere Reaktionen auszuführen. Im anderen Falle bleibt nichts übrig, als den zur Zeit üblichen systematischen Gang der qualitativ-chemischen Analyse zu wählen, der aber ziemlich umständlich und zeitraubend ist. Die beigefügten zahlreichen Abbildungen stellen naturgetreue Vorlagen dar, die den weniger Geübten besonders bei seinen Studien und praktischen Arbeiten

[1] F. Feigl: Qualitative Analyse mit Hilfe von Tüpfelreaktionen, 2. Aufl. Leipzig 1935.

über mikroskopische Kristallfällungen usw. leiten und beraten sollen. Die durch verschiedene Konzentrationen des Probetropfens bedingte Vielgestaltigkeit mancher Kristallfällungen machte es notwendig, in besonderen Fällen ein und dieselbe Reaktion durch mehrere Bilder zu belegen. Es war dies schon aus dem Grunde nicht zu umgehen, weil bei speziellen Untersuchungen die Konzentrationsverhältnisse des Probetropfens nicht näher bekannt sind. Man vergleiche z. B. die Fällungen von Gips, Magnesiumammoniumphosphat, Bleichlorid, Zinkchromat usw.

Im speziellen Teile sind nur solche Prüfungsverfahren aufgenommen, die sich im Verlaufe der Zeit bei der mikrochemischen Untersuchung von Füllstoffen, Imprägnierungsmassen usw. gut bewährt haben. Bei solchen Reaktionen, die zwar noch vielfach im Gebrauch stehen, sich aber als nicht ganz zuverlässig erwiesen haben, ist dies kurz vermerkt.

Die quantitativ-chemische Untersuchung ist im folgenden nicht näher berücksichtigt, da dies den Rahmen der Arbeit weit überschreiten würde. Hierfür sind die vorhandenen chemischen Handbücher der Analyse, z. B. Berl-Lunge, Chemisch-Technische Untersuchungen, 5 Bde., 8. Aufl., 1931—1934, zuständig.

Die Gliederung des Stoffes erfolgt nach folgenden selbständigen Gruppen:

I. Weiße Füllstoffe und Aufstrichmassen (Schwerspat, Gips, Kreide, Magnesit, gebrannte Magnesia, Dolomit, Zinkspat, Zinkweiß, Bleiweiß, Lithopone, Kaolin, Talk, Asbestine).

II. Farbige Füllstoffe und Aufstrichmassen (Chromgelb, Zinkgelb, Ocker, Siena, Umbra, gebrannter Ocker, Rötel, Eisenrot, Zinnober, Grünspan, Schweinfurtergrün, Guignetsches Grün, Smalte, Kobaltblau, Ultramarin, Berlinerblau, Indigo, Graphit, Ruß, Rebenschwarz, Beinschwarz, Schiefergrau, verschiedene Antimonpräparate).

III. Stoffe für feuer- bzw. flammensichere Imprägnierungen (Asbest, Stärke, Getreidemehl, Zucker, tierischer Leim, Wasserglas, Glaspulver, Kieselgur, Quarzpulver, Porzellanpulver, Ammonsalze, Zinksulfat, Aluminiumsulfat, Alaun, Borax, Borsäure).

IV. Organische Stoffe, die zum Leimen, Wasserdichtmachen und Durchscheinendmachen von Papieren herangezogen werden (Harze, Fette, Zeresin, Paraffin, Cholesterin, Bienenwachs, Karnaubawachs, Walrat, chinesisches Wachs, Kautschuk, Dextrin, Stärkekleister, Mehlkleister, Pflanzeneiweiß, tierischer Leim, arabisches Gummi, Leinöl- und Mohnölfirnis, Kaseïn).

V. Imprägnierungsstoffe für Dachpappen (Fettpeche, Steinkohlenteerpech, Braunkohlenteerpech, Holzteerpech, Erdölpeche, Asphalt, Steinkohlenteer, Holzkohlenteer).

VI. Metallüberzüge, Metallpulver (Bronzen). (Gold, Silber, Nickel, Kupfer, Zink, Zinn, Blei, Aluminium.)

VII. Farben und Farbstoffe.

VIII. Anhang.

1. Nitrate und andere Stoffe, die in Zigaretten-, Zünd- und anderen Papieren ab und zu enthalten sind.

2. Einige Papierfehler.

IX. Reagenzien zu mikroskopischen und mikrochemischen Arbeiten.

X. Tabellen.

Vorbereitung und Vorprüfung des Papiers.

I. Ein Papierstückchen oder, bei zu großer Dicke, ein Längsschnitt durch das Papier wird auf dem Objektträger mit Salizylsäuremethylester vollständig durchtränkt und mikroskopisch mit weiter Blende („Abbes Farbenbild") und schwachem Objektiv geprüft, ob in der glasig durchscheinenden Papiermasse gefärbte Teilchen von körniger, brockiger oder splitteriger Form enthalten sind (Pigmente). Bejahendenfalls wird ein Stück Papier mit Wasser einige Zeit gekocht und etwas davon mit Nadeln gut zerfasert. Nach dem Eintrocknen des Präparates erfolgt das Ausklauben der Pigmente in schwacher, höchstens 50facher Vergrößerung. Zweckmäßig, aber nicht unbedingt erforderlich, ist hierbei die Verwendung eines Präpariermikroskops, etwa des durch seine unübertreffliche Plastik bekannten Greenoughschen binokularen und stereoskopischen Mikroskops. Dem Anfänger leistet ein auf das Okular gesetztes bildaufrichtendes Prisma dieselben Dienste. Auch die bei bakteriologischen Arbeiten zum Abstechen von Kulturen unter dem Mikroskop vielfach benutzte „Bakterienharpune" nach Prausnitz ist beim Ausklauben der Pigmente sehr zweckmäßig, da sie eine bequeme Führung der mit Glyzerin befeuchteten Nadel zuläßt. Kostspielige Einrichtungen, wie z. B. der vom Zeisswerk hergestellte Mikromanipulator, sind für den vorliegenden Fall vollständig entbehrlich. Bei einiger Übung gelingt es sehr bald, sich von allen Hilfseinrichtungen unabhängig zu machen und die Bewegungen der Nadel freihändig auszuführen. Die Spitze der nur mit einer Spur Glyzerin befeuchteten Nadel nimmt die gewünschten Teilchen leicht auf; sie wird sodann in einen Tropfen Wasser eingetaucht, worauf die angeklebten Teilchen abfallen. Diese werden für sich mikrochemisch weiter geprüft. Bei Vorhandensein gröberer farbloser Anteile wird in gleicher Weise vorgegangen, was die spätere Untersuchung wesentlich erleichtert (Abb. 15).

II. Bei der mikroskopischen Durchmusterung des in Wasser liegenden Zerfaserungspräparates ist besonders auf die Reinheit der Fasern und auf die Menge der vorhandenen Fremdteilchen zu achten. Hierbei ist aber zu berücksichtigen, daß Fremdstoffe auch durch die fast immer vorhandene Leimung auf die Fasern gelangen, so daß diese nur selten ganz rein erscheinen werden. Sofern ihre Menge beträchtlich ist und der Aschengehalt des Papiers mehr als etwa 1,5% beträgt, wird zur weiteren Untersuchung geschritten. Es ist allerdings zu beachten, daß Papiere aus Manila, Sisal, Adansonia u. a. einen von Haus aus höheren Aschengehalt aufweisen. So beträgt dieser bei Adansonia digitata 5,7—7,2% (Abb. 7 und 8). Auch die japanischen Bastfasern sind reich an Mineralstoffen, die z. B. beim Papiermaulbeerbast 2,5% ausmachen (vgl. auch Abb. 9—12).

III. Ein kleines Papierstück wird auf dem Objektträger unter einem Deckglas mit Wasser gut ausgekocht und nach dem Erkalten Salzsäure (1 : 5) hindurchgesaugt. Man beobachtet, ob hierbei Kohlendioxydentwicklung stattfindet (heiß und kalt).

IV. Papierschnitzel werden mit mäßig starker Salzsäure ausgekocht. Ein Tropfen des in einem Platinschälchens stark eingeengten Auszuges wird auf einem Objektträger mikroskopisch geprüft, ob Abscheidungen von Gipskristallen (vorwiegend Kristallnadeln) stattfinden.

V. Ein Teil des Papieres wird in einem Quarz- oder Platinschälchen bei möglichst niedriger Temperatur verascht und das Aussehen der Asche nach Farbe und Form vermerkt. Ein starker Zusatz von Kaolin verrät sich z. B. durch eine feste und steife Form der Asche. Talk liefert hierbei eine wenig zusammenhängende graue Asche. Zinkpräparate färben in der Hitze lichtgelb, in der Kälte weiß; Bleisalze zeigen eine hellgelbe bis bräunlichgelbe Asche, außerdem ist diese leicht schmelzbar. Schwerschmelzbare gelbe und rötliche Asche deutet in der Regel auf Eisen. Zur Vorprobe auf Zink wird die Papierasche mit einem Tropfen Kobaltnitratlösung befeuchtet und einige Zeit geglüht (Bildung von Rinmannschem Grün); zur Vorprobe auf Barium wird die Asche mit starker Salzsäure versetzt und auf dem Platindraht längere Zeit sehr stark geglüht (langandauernde grüne Flammenfärbung). Die Hauptmasse der Asche bleibt zum Nachweis solcher Elemente aufbewahrt, die den Fasern von Natur aus fehlen (Chrom, Kupfer, Blei, Zink usw.).

VI. Papierschnitzel werden durch längeres Kochen mit Wasser ausgelaugt. Ein Tropfen des in einer Platinschale stark eingeengten Auszuges wird auf dem Objektträger vollständig eindunsten gelassen und mikroskopisch untersucht, ob Kristallausscheidungen irgendwelcher Art vorliegen (Gips, Kochsalz, Salmiak usw.). Die Hauptmasse dient zur Feststellung von Chloriden, Nitraten, Sulfaten, Phosphaten und Boraten der Alkalien (Kalium, Natrium, Ammonium).

VII. Papierschnitzel werden durch Kochen mit 1%iger Natronlauge in üblicher Weise aufgeschlossen und der Faserbrei wird nach kräftigem Schütteln auf ein feines Sieb gebracht. Die durch das Sieb gegangene trübe Flüssigkeit wird absitzen gelassen oder zentrifugiert und der feste Anteil wiederholt mit Wasser gewaschen. Ein Teil des Sediments wird auf dem Objektträger mit verdünnter Schwefelsäure behandelt und mikroskopisch auf etwa gebildete Gipskristalle untersucht (Nachweis von Kalzium). Bleibt nach der Einwirkung von Salzsäure ein unlöslicher Rest, so wird dieser nach dem Auswaschen zur Prüfung auf

Silikate des Aluminiums (Kaolin) und Magnesiums (Talk) verwendet. Das Aufschließen des Rückstandes kann auf trockenem oder nassem Wege erfolgen (s. „Kaolin“ und „Talk“).

VIII. Etwa vorhandene Aufstrichmassen werden durch Schaben mit einer Rasierklinge vom Papier entfernt und in gleicher Weise wie die Füllstoffe untersucht. Empfehlenswert ist auch die Anfertigung von Längs- und Querschnitten bzw. die mikroskopische Ausmessung der Schichtdicke der Aufstrichmasse (Abb. 13—20). Die Schnitte sind in Medien von verschiedener Lichtbrechung einzubetten und im polarisierten Licht zu untersuchen (Abb. 21—23).

IX. Bei metallischen Überzügen und Bronzierungen versucht man diese Teile vom Papier mechanisch abzulösen (Kochen mit Wasser, Alkohol usw., nötigenfalls auch durch Schaben mit einer Rasierklinge). Die Untersuchung auf die vorliegenden Metalle geschieht nach den im Abschnitt „Metallprüfungen“ (VI) angegebenen Verfahren.

X. Über die Untersuchung der wichtigsten organischen Stoffe, die als Leim- und Imprägnierungsmassen Verwendung finden, gibt der Abschnitt IV Aufschluß.

Die folgende Zusammenstellung (Tabelle 1) bezieht sich auf die im speziellen Teile angeführten Reaktionen der bei Faseruntersuchungen zu berücksichtigenden Elemente. Von zahlenmäßigen Angaben der Empfindlichkeits- bzw. Erfassungsgrenze glaubte der Verfasser im Hinblick auf die entweder nicht unmittelbar vergleichbaren oder nicht übereinstimmenden Angaben der Literatur vorläufig absehen zu sollen.

Zum eingehenden Studium der einzelnen Reaktionen[1] sind besonders die folgenden grundlegenden Werke zu empfehlen:

Behrens: Anleitung zur mikrochemischen Analyse. Hamburg u. Leipzig 1896.

Behrens-Kley: Mikrochemische Analyse, 3. Aufl. Leipzig u. Hamburg 1915.

Berl-Lunge: Chemisch-Technische Untersuchungsmethoden, 8. Aufl., 5 Bde. Berlin 1931—1933.

Böttger: Qualitative Analyse und ihre wissenschaftliche Begründung, 4. bis 7. Aufl. Leipzig 1925.

Donau: Arbeitsmethoden der Mikrochemie. Stuttgart 1913.

Emich: Lehrbuch der Mikrochemie, 2. Aufl. Berlin 1926.

Feigl: Qualitative Analyse mit Hilfe von Tüpfelreaktionen, 2. Aufl. Leipzig 1935.

Griffin-Little: The Chemistry of Papermaking. New York 1894.

Herzberg: Papierprüfung, 7. Aufl., bearbeitet von Korn und Schulze. Berlin 1932.

Klemm: Handbuch der Papierkunde. Leipzig 1923.

Krais: Werkstoffe, 3 Bde. Leipzig 1921. (Fortsetzung siehe S. 15.)

[1] Literaturhinweise für die angeführten Reaktionen sind unter den Reagenzien im „Reagenzienverzeichnis“, S. 76f., angegeben.

Tabelle 1. Zusammenstellung der im speziellen Teile dieses Buches aufgenommenen Reaktionen auf die bei Faserstoffprüfungen vorkommenden chemischen Elemente.

Element	Ion	Reagens	Erkennungsform	Art der Reaktion	Textseite	Abbildung Nr.	Abbildung Atlas Seite
Aluminium	$Al^{\cdots}$	Zäsiumbisulfat	Zäsiumalaun, farblose tesserale Kristalle	M	27	79—84	34f.
		Alizarin, Ammoniak	Himbeerroter Tüpfelfleck	T	27	—	—
		Morin, Methylalkohol, Essigsäure	Grün fluoreszierende Lösung	T	27	—	—
		Wässerige Sublimatlösung auf metallisches Al	Ausblühungen von „Fasertonerde"	M	59	217—219	86f.
Antimon	$Sb^{\cdots}$	Zäsiumchlorid, Salzsäure, Natriumjodid	Zäsiumchlorojodoantimoniat, orangefarbige 6seitige Tafeln und Stäbchen	M	36	115	50
		Zink, Salzsäure	Braunschwarzer Fleck von Sb auf dem Platinblech	—	35	—	—
		Phosphormolybdänsäurepapier, Wasserdampf	Blauer Fleck	T	36	—	—
		Rhodamin B, Natriumnitrit, Salzsäure	Farbumschlag von hellrot nach violett	T	36	—	—
		Natriumjodid, Salzsäure	Gelbfärbung	T	36	—	—
		Natriumchlorid	Natriumantimonat, tetr. Kristallprismen, Linsen	M	40	116, 143	50, 58
		Sulfidfaden	Orangegelbfärbung	T	35	—	—
Arsen	AsO_3''' und AsO_4'''	Silbernitratpapier, Zink, Schwefelsäure	Grauer Fleck	T	33	—	—
		Reinkultur von Penicillium brevicaule auf Brot	Knoblauchartiger Geruch	—	33	—	—
Barium	$Ba^{\cdot\cdot}$	Salzsäure, Glühreaktion	Grüne Flammenfärbung, Filterbetrachtung oder Spektroskop	F	19	—	—
		Kieselfluorwasserstoffsäure, Salzsäure	Bariumfluorsilikat, Kristalle wie Weidenblätter	M	19	26, 27	12
		Natriumrhodizonat	Brauner oder rotbrauner Fleck	T	19	—	—
		Schwefelsäure	Bariumsulfat, weißer Niederschlag	R	19	—	—

Blei	$Pb^{\cdot\cdot}$	Salzsäure bzw. Schwefelsäure	Bleichlorid bzw. Bleisulfat, weißer kristallinischer Niederschlag	R	24	63—65	27f.
		Salzsäure, Schwefelwasserstoff	Bleisulfid, braunschwarze Fällung	R	24	—	—
		Kupferazetat, Essigsäure, Kaliumnitrit	Schwarze Würfel von Kaliumkupferbleinitrit	M	25	69, 105	30, 45
		Jodkalium	Zitronengelbe Schuppen von Bleijodid	M	25	67, 68	29
		Schwefelsäure, Zinnchlorür, Kaliumjodid	Orangerotfärbung	T	25	—	—
		Karminsäurepapier, Ammoniak	Violetter Fleck	T	25	—	—
		Schwefelsäure, Alkohol, Gallozyanin	Tiefvioletter Fleck	T	25	—	—
		Kaliumchromat, Essigsäure	Intensivgelber Niederschlag von Bleichromat	R	25	—	—
		Zink	„Bleibaum"	M	25	66	28
		Sulfidfaden	Braun- bis Schwarzfärbung	T	24	—	—
Bor	BO_3'''	Kurkumapapier, Salzsäure	Rotbrauner Fleck, mit Natronlauge blauschwarz	T	45	—	—
		Purpurin, Schwefelsäure	Farbenumschlag von Orange nach Weinrot	T	45	—	—
		Verdampfung	Verdampfungskruste enthält 6seitige Kristalle von Borsäure	M	46	169—171	66f.
		Glühreaktion	Deutliche Grünfärbung d. Flamme, evtl. Spektroskop	S	46	—	—
Chlor	Cl'	Silbernitrat, Ammoniak	Kleine Würfel und Oktaeder von Chlorsilber	M	43	156—158	63
		Thalliumnitrat	Tesserale weiße Kristalle und Dendriten von Thallochlorid	M	43	159	63
Chrom	CrO_4''	Alkoholisches Diphenylkarbazid	Intensive Violettfärbung	T	28	—	—
		Bleiazetat, Natronlauge	Gelber Fleck bzw. Niederschlag von Bleichromat	T	28	—	—
		Silbernitrat, Salpetersäure, Schwefelsäure	Roter Fleck bzw. Niederschlag von Silbersulfat und Silberchromat	T	28	—	—
		Silbernitrat, Salpetersäure	Gelb- bis blutrote Kristalle von Silberbichromat	M	28	85—88	37f.
		Benzidinchlorid, Essigsäure	Intensiv blauviolette Kristalle v. Benzidinchromat	M	29	89—91	39f.
Eisen	$Fe^{\cdot\cdot\cdot}$	Kaliumferrozyanidpapier, Salzsäure	Blauer Fleck (Berlinerblau)	T	29	—	—
		Kaliumferrozyanid, Salzsäure	Blaue Häute, Flocken; beim Trocknen starker Schwund (Berlinerblau)	M	29	92—94	41f.
		Kaliumrhodanid, Salzsäure	Rotfärbung (Rhodaneisen)	T	29	—	—
		Kaliumrhodanid, Salzsäure	Verdampfungskruste dunkelrot, kristall., strahlig	M	30	95	42
		Bariumazetat, Oxalsäure	Eisenchlorid liefert gekrümmte Kristallbüschel von lichtbräunlicher Farbe	M	30	96, 97	43

Tabelle 1 (Fortsetzung).

Element	Ion	Reagens	Erkennungsform	Art der Reaktion	Textseite	Abbildung	
						Nr.	Atlas Seite
Gold	$Au^{\cdots}$	Zinnchlorür	Rotfärbung (kolloides Gold)	R	60	—	—
		Tannin	Rot- bis Rotbraunfärbung	R	—	—	—
		Ammoniumrhodanid	Roter wolliger Niederschlag	M	60	221	88
		Thalliumchlorid	Zitronengelbe Nadeln und Büschel	M	60	222	88
		Asbestfaden (Glühreaktion)	Rotfärbung	G	60	—	—
		Borax (Perlenreaktion)	Rotfärbung	P	60	—	—
		Hydroxylamin, Natronlauge	Metallisches Gold	G, T	60	220	87
		Kupfer	Schwärzung des Kupferblechs	T	60	—	—
Kalium	$K^{\cdot}$	Glühreaktion	Durch K-Filter Rotfärbung d. Flamme, Spektroskop	F	44	—	—
		Silbernitrat, Natriumkobaltinitrit	Gelber kristallinischer Niederschlag	T	44	—	—
		Platinchlorid	Gelbe Kristallfällung (Oktaeder, Würfel, Dendriten)	M	44	160	64
		Natriumnitrit, Kupferazetat, Bleiazetat, Essigsäure	Schwarze Würfel von Kaliumkupferbleinitrit	M	44	69, 105	30, 45
		Wismutnitrat, Schwefelsäure	Farblose Kristalle (zumeist 6seitige Scheiben) von Kaliumwismutsulfat	M	44	161	64
		Nickelsulfat	Mit Kaliumsulfat schwachgrüne Kristallfällung. Vorherrschend kurze wetzsteinartige Formen	M	45	167	66
		Bismarckbraun	Mit Kaliumsulfat zarte braune Kristallbüschel, deutlich dichroitisch	M	45	168	66
		Weinsäure, Alkohol	Farblose rhomboedr. Kristalle von Kaliumbitartarat	M	44	162, 163	64f.
		Kristallisation	Kaliumsulfat liefert rhombische, schwach doppelbrechende Kristalle	M	45	166	65
		Kristallisation	Kaliumchlorid liefert Würfel wie Steinsalz	M	40	138	57
		Pikrinsäure, Alkohol	Gelbe Kristallnadeln von Kaliumpikrat	M	45	164	65
		Kristallisation	Kaliumnitrat in warmer Lösung hexagonal, in kalter Lösung rhombisch kristallisierend. Starke Doppelbrechung	M	67	242	97

Kalzium	$Ca^{\cdot\cdot}$	Salzsäure, Glühreaktion	Kurz andauernde Orangefärbung der Flamme, Spektroskop	S	20	—	—
		Schwefelsäure oder Natriumsulfat	Monokline Kristallnadeln, Zwillinge und Tafeln von Gips	M	20	32—37	14f.
		Seignettesalz, Essigsäure	Rhombische Kristalle und Impfstriche von Kalziumtartarat	M	20	38—40	17f.
		Ammonoxalat, Ammoniak	Kristallinischer Niederschlag von Kalziumoxalat	R	20	—	—
		Natriumbikarbonat, Ammonkarbonat	Kleine Rhomboeder von Kalziumnatriumkarbonat	M	20	41, 42	18f.
Kobalt	$Co^{\cdot\cdot}$	Phosphorsalzperle	Blau	P	63	—	—
		Ammonfluorid, Ammonrhodanid, Azeton	Blaufärbung	T	63	—	—
		Ammoniummerkurirhodanid, Essigsäure	Intensiv blaue Kristalle, häufig klumpig, Stachelkugeln	M	63	229, 230	91f.
		Milchsäure, Essigsäure	Fleischrote Kristallnadeln und -drusen	M	64	231	92
Kohlenstoff	CO_3''	Salzsäure	Gasentwicklung	M	21	43	19
		Bariumhydroxyd	Starke Trübung	R	21	—	—
	C	Glühreaktion	Verbrennend	G	34, 35	—	—
		Kaliumbichromat u. Schwefelsäure	Kohlensäureentwicklung	R	34	—	—
Kupfer	$Cu^{\cdot\cdot}$	Gelbes Blutlaugensalz, Salzsäure	Brauner Niederschlag	R	32	—	—
		Ammoniak	Tiefblaue Färbung	R	32	—	—
		Benzoinoxympapier, Ammoniak	Grüner Fleck	T	32	—	—
		Salzsäure, Glühreaktion	Grüne Flammenfärbung, evtl. Spektroskop	F	32	—	—
		Ammoniummerkurirhodanid, Essigsäure	Gelbe Kristallfällung von Kupferquecksilberrhodanid	M	32	104	45
		Ammoniummerkurirhodanid, Zinkazetat	Schmutzigviolette Fällung	M, T	32	102, 103	45
		Bleiazetat, Kaliumnitrit	Schwarze Würfel von Kaliumkupferbleinitrit	M	32	69, 105	30, 45
		Sulfidfaden	Braunfärbung	T	32	—	—
		Zyankalium, Soda, Lötrohrflamme	Metallisches Kupfer (Brocken, Flitter)	L	32	—	—
		Eisen	Metallisches Kupfer	M	32	100, 101	44f.
		Korenmannsches Reagens	Gelbe Kristallfällung	M	33	—	—
Magnesium	$Mg^{\cdot\cdot}$	Alkoholisch-alkalisches Diphenylkarbazid	Rotviolette Färbung. Bei dolomitischer Bindung des Mg ist vorher stark zu glühen	T	21	—	—
		Natriumphosphat, Ammoniak	Kristallfällung, farblose „Schneeflocken" und Sargdeckelformen	M	21	44—48, 113	20f., 49
		Alkohol. Chinalizarin, Natronlauge	Blaue Fällung	T	21	—	—

Tabelle 1 (Fortsetzung).

Element	Ion	Reagens	Erkennungsform	Art der Reaktion	Textseite	Abbildung Nr.	Abbildung Atlas Seite
Magnesium	$Mg^{\cdot\cdot}$	Jodlösung, Kalilauge	Braune Flocken in der Lösung	T	22	—	—
		Alkalisches Paranitrobenzolalphanaphthol, Natronlauge	Blaufärbung	T	22	—	—
		Titangelb, Natronlauge	Feuerrotfärbung	T	22	—	—
Mangan	$Mn^{\cdot\cdot}$	Soda-Salpeter, Glühreaktion	Blaugrüne Manganatschmelze	G	30	—	—
		Silbernitrat, Schwefelsäure, Ammoniumpersulfat	Violettfärbung	T	30	—	—
		Soda-Salpeterschmelze, ammoniakalisches Silbernitrat	Schwarzer Fleck	T	30	—	—
		Kaliumbioxalat	Kristallfällung (Speichenkränze, lebhaft polaris.)	M	30	98	44
Natrium	$Na^{\cdot}$	Glühreaktion	Gelbe Flammenfärbung (Na-Filter od. Spektroskop)	F	40	—	—
		Salzsäure	Nach dem Verdampfen glasklare Würfel	M	40	138	57
		Uranylazetat, Essigsäure	Gelbliche Kristallfällung, vorwiegend Tetraëder	M	40	106, 107, 139, 140	45f., 57f.
		Zinkuranylazetat, Essigsäure	Gelbliche Kristallfällung, oktaedrisch, ab und zu auch tetraedrisch	M	40	141, 142	58
		Zinkuranylazetat, Essigsäure	Gelber Niederschlag bzw. Trübung	T	40	—	—
		Ammoniumfluorid	Scheinbar rötliche Kristallfällung. Häufig Rosetten	M	40	74—77, 148	32f. 59
		Kaliumpyroantimoniat	Farblose Kristalle, zumeist linsenförmig	M	40	116, 143	50, 58
Nickel	$Ni^{\cdot\cdot}$	Dimethylglyoxim, Essigsäure	Rotviolette Kristallnadeln mit starkem Dichroismus	M	59	214—216	85f.
		Dimethylglyoxim, Essigsäure	Roter Fleck auf Filterpapier	T	59	—	—
		Kaliumsulfat, Schwefelsäure	Schwachgrüne Kristalle, kurzwetzsteinartig	M	45	167	66
Phosphor	PO_4'''	Ammoniummolybdat, Salpetersäure	Gelbe Fällung	T	35	—	—
		Ammoniummolybdat, Salpetersäure	Gelbe Kristalle, stark abgerundet	M	35	112	48
		Magnesiumazetat, Ammoniumchlorid	Kristallfällung: Farblose „Schneeflocken" u. sargdeckelartige Formen	M	35	44—48, 113	20f. 49

Queck-silber	$Hg^{\cdot}$ und $Hg^{\cdot\cdot}$	Paradimethylaminobenzylidenrhodanin, Natriumazetat	Rosafärbung	T	31	—	—
		Zinnchlorür, Anilin	Schwarzbraunfärbung	T	31	—	—
		Kupferblech, Erhitzungsprobe	Hg-Kugeln mit schönen Glanzlichtern (als Destillat)	M	31	99	44
Schwefel	SO_4''	Bariumchlorid, Salzsäure	Weißer Niederschlag	R	19	—	—
		Kalziumazetat, Essigsäure	Farblose Kristallnadeln, „Schwalbenschwanzzwillinge“	M	20	32—37	14f.
		Bleiazetat, Essigsäure	Farblose kleine Rauten	M	—	—	—
		Benzidin, Essigsäure	Farblose Rosetten, Nadeln und Blättchen	M	19	29—31	13f.
		Holzkohle, Natriumkaliumkarbonat, Lötrohrprobe, Jodazid	Lebhafte Gasentwicklung (N) bei Gegenwart unlöslicher Sulfate (Baryt, Bleisulfat, Gips)	L	19	—	—
		Desgleichen, jedoch Schmelze auf Silberblech mit Salzsäure	Schwarzer Fleck	—	19	—	—
		Merkuriazetat	Unlösliche Sulfate oberflächlich gelb gefärbt	M	19	—	—
Silber	$Ag^{\cdot}$	Salzsäure	Weißer käsiger Niederschlag, in Ammoniak löslich. Abscheidung tesseraler Kristalle	M	58	156—158	63
		Kaliumbichromat, Salpetersäure	Gelb- bis blutrote Kristallfällung	M	28	85—88	37f.
		Chromgelatine	Liesegangsche Ringe	T	58	212, 213	84f.
		Hydroxylamin, Natronlauge	Schwarzer Niederschlag von metallischem Silber	T, G	58	210, 211	84
		Boraxperle	Gelbbraunfärbung	P	58	—	—
		Paradimethylaminobenzylidenrhodanin, Azeton	Rotvioletter Niederschlag	T	—	—	—
		Kupfer	„Silberbaum“	M	58	207—209	83f.
		Essigsäure	Zumeist 6seitige langgestreckte Kristalle	M	33	108, 109	46f.
Silizium	SiO_2''	Phosphorsalzperle	„Kieselskelett“	P	26	73	31
		Flußsäure, Natriumchlorid, Salzsäure	Kristallfällung, scheinbar blaßrosa Rosetten, 6seitige Tafeln	M	26	74—77, 148	32f. 59
		Malachitgrün	Gallertige SiO_2 wird grün gefärbt	M	27	78	34
		Salpetersäure, Ammoniummolybdat, Ammoniak, Benzidin	Blauer Fleck	T	26	—	—
Stick-stoff	$NH_4^{\cdot}$	Natronlauge, Platinchlorid	Gelbe Kristallfällung (Oktaeder, Dendriten)	M	42	152	61
		Natronlauge, feuchtes rotes Lackmuspapier	Bläuung des Papiers	R	42	—	—

Tabelle 1 (Fortsetzung).

Element	Ion	Reagens	Erkennungsform	Art der Reaktion	Textseite	Abbildung Nr.	Abbildung Atlas Seite
Stickstoff	$NH_4^{\cdot}$	Rieglersches Reagens, Kalziumoxyd	Rote Zone um das Kalziumoxyd	T	42	—	—
		Verdampfungsprobe	Kristallkruste, zierliche Dendriten bei dem Sulfat, Chlorid und Nitrat des Ammoniums	M	42, 43	151	61
		Ölsäure	Bewegung und Fältelung des Tropfens	M	43	154, 155	62
	NO_3'	Diphenylamin, Schwefelsäure	Tiefblaue Färbung	T	66	—	—
		Eisenvitriol, konz. Schwefelsäure	Brauner Ring um den Eisenvitriolkristall	M	66	—	—
		Nitron, Essigsäure	Farblose Kristallnadeln, Stachelkugeln, Hanteln	M	66	235—239	94f.
		Berberinazetat, Essigsäure	Gelbbräunliche zierliche Nadelbüschel, dichroitisch	M	67	240, 241	96f.
Zink	$Zn^{\cdot\cdot}$	Lötrohrprobe auf Kohle	Belag in der Hitze gelb, in der Kälte weiß	L	23	—	—
		Kobaltnitrat, Glühprobe	Rinmannsches Grün	G	23	—	—
		Kaliumferrizyanid, Diäthylanilin, Schwefelsäure	Farbenumschlag von gelb in rotstichiges bräunlichgelb bis rot	T	23	—	—
		Dithizon, Tetrachlorkohlenstoff	Farbenumschlag von grün in purpurrot	T	23	—	—
		Ammoniummerkurirhodanid, Essigsäure	Weiße Kristallfällung, zierliche gefiederte Gebilde	M	23	49—53, 102, 103	22f., 45
		Nitroprussidnatrium	Lachsrötliche Kristallfällung, abgerundete Würfel	M	23	54	23
		Kaliumferrizyanid, Salzsäure	Gelbe Kristallfällung, sehr kleine abgerund. Würfel	M	23	55	24
		Isovaleriansäure	Weiße Kristallfällung, Scheiben, Radspeichen usw.	M	24	57	25
		Ammoniumkarbonat	Weiße Kristallfällung, vorwiegend kleine Tetraeder	M	23	56	24
		Oxalsäure	Kristallfällung. Nach dem Eintrocknen wollige Rosetten	M	24	58, 59	25
		Kaliumchromat	Gelbe Kristallfällung	M	24	60—62	26
Zinn	$Sn^{\cdot\cdot}$	Goldchlorid	Mit Stannoverbindungen Rotfärbung in auffallendem Licht, grün im durchfallenden Licht	M	61	—	—
		Rubidiumchlorid, Salzsäure	Kristallfällung, zumeist Oktaeder	M	60	223, 224	89
		Eisendraht, Salzsäure, Diazingrün	Rot- bzw. Violettfärbung	T	61	—	—
		Stangenzink, konz. Salzsäure	Blauer Mantel um die entleuchtete Bunsenflamme	F	—	—	—
		Zink	„Zinnbaum“	M	61	225, 226	90

In der Spalte: „Art der Reaktion“ bedeuten: T Tüpfelprobe, M mikroskopische Kristallfällung, P Perlenreaktion, L Lötrohrprobe, F Flammenfärbung, R Reagensglasversuch, G Glüh- bzw. Schmelzprobe.

Massot: Anleitung zur qualitativen Appretur- und Schlichtanalyse, 2. Aufl. Berlin 1911.
Molisch: Mikrochemie der Pflanze, 3. Aufl. Jena 1923.
Müller-Haußner: Die Herstellung und Prüfung des Papiers. Berlin 1905.
Paper Testing Methods, published by Techn. Association of the Pulp- and Paperind. New York 1928.
Possanner v. Ehrenthal: Lehrbuch der chemischen Technologie des Papiers. Leipzig 1923.
Schwalbe-Sieber: Die chemische Betriebskontrolle in der Zellstoff- und Papierindustrie, 3. Aufl. Berlin 1931.
Tunmann: Pflanzenmikrochemie. Berlin 1913.
Wiesner: Die Rohstoffe des Pflanzenreiches, 4. Aufl., 2 Bde. Leipzig 1928.

I. Weiße Füllstoffe und Aufstrichmassen

(siehe auch Stoffe für feuer- bzw. flammensichere Imprägnierungen).

Wie aus der folgenden Übersicht hervorgeht, gingen die Ansichten über die Verteilung der Füllstoffe in Papieren noch vor kurzem weit auseinander. Einen wichtigen Beitrag zur Klärung dieser namentlich in der Industrie heiß umstrittenen Frage lieferte E. Schilde in einer der Blattbildung füllstoffreicher Papiere gewidmeten Arbeit (Dissertation Dresden). Wenngleich die von ihm gewählte „Schabemethode“ und die Art der analytischen Bestimmung der Füllstoffe einer strengeren Kritik nicht standhalten können, sind die unter denselben Verhältnissen ausgeführten Untersuchungen doch geeignet, einen Schluß auf die Verteilung der Füllstoffe zu ziehen. Das Ergebnis seiner Prüfungen faßt E. Schilde[1] wie folgt zusammen:

1. Fasern und Füllstoffteilchen sinken infolge ihres physikalischen Aufbaues verschieden schnell im Stoffbrei nach unten.
2. Eine Anreicherung des Füllstoffes infolge der Eigenbewegung ist sowohl auf der Oberseite als auch auf der Siebseite möglich.
3. Die verschiedene Absinkgeschwindigkeit der Papierbestandteile kann sich nur bei langsamem Arbeiten bemerkbar machen.
4. Die Füllstoffverteilung auf Grund der Eigenbewegungen wird durch die zwangsläufigen Bewegungen bei der natürlichen und künstlichen Entwässerung verändert.
5. In fast allen fertigen Papieren ist der Füllstoff so verteilt, daß die Siebseite weniger Füllstoff enthält als die übrigen Schichten; die Oberseite enthält teils weniger, teils mehr Füllstoff als dem Gesamtgehalt des Papieres entspricht.
6. Die Zweiseitigkeit (O/S-Wert) wird mit Erhöhung des Quadratmetergewichtes und der Leimung verringert, mit Erhöhung des Holzschliffgehaltes, des Füllstoffgehaltes und der Arbeitsgeschwindigkeit vergrößert.
7. Die fertigen Papiere enthalten in allen Schichten weniger Füllstoff als der Siebauflauf.
8. In der Registerwalzenpartie steigt der Füllstoffverlust mit wachsender Geschwindigkeit der Maschine.
9. Die Sauger vermindern den Füllstoffgehalt auf der Oberseite und auf der Siebseite.

[1] E. Schilde: Füllstofflagerung im Papier. Papier-Fabrikant 1930 S. 409f., 439f.

Einen anderen Weg schlug A. Herzog[1] ein, indem er Längs- und Querschnitte von Papieren herstellte und diese auf mikroskopischem Wege (durchgehendes Licht, polarisiertes Licht, Dunkelfeldbeleuchtung) nach

Tabelle 2. Ansichten über die Verteilung des Füllstoffs im Papier.

Jahr	Verfasser	Veröffentlicht	Nähere Angaben
1911	—	Wbl. Papierfabr. 3552	Füllstoff und Leim werden auf die Siebseite gezogen.
1911	Gorinscheck	Wbl. Papierfabr. 3820	Es ist erklärlich, daß Füllstoffe sich nach der Siebseite lagern.
1911	Marx, London	Wbl. Papierfabr. 4015	Durch Sauger wird der Füllstoff nicht unbedingt nach der Siebseite gezogen.
1921	Ebbinghaus	Wbl. Papierfabr. 813	Kaolin ist auf der Siebseite, Talkum gleichmäßig verteilt.
1921	—	Wbl. Papierfabr. 1547	Füllstoff kann nicht auf der Siebseite sein.
1921	—	Wbl. Papierfabr. 2270	Schütteln des Siebes vermindert die Zweiseitigkeit.
1921	—	Papier-Ztg. 4335	Füllstoff wird in der unteren Papierhälfte angereichert.
1921	Einar Albrecht	Wbl. Papierfabr. 3441	Füllstoff ist auf der Unterseite.
1921	—	Wbl. Papierfabr. 3864	1. Zahlenangabe: Füllstoff unten.
1923	Grunewald	Papierhandel	Auf der Siebseite wird mehr oder weniger alle Erde entfernt.
1923	R. Sieber	Hofmanns Handb., Bd. 3, S. 93	Die Zweiseitigkeit wird vermindert durch Verzögerung des Wasserablaufs.
1927	Arledter	Jahresber. 27 V. d. Z. u. P. Ch. u. I.	Schwere Füllstoffe wie Blanc fix befinden sich auf der Siebseite.
1928	nach Klemm	Z. f. Deutschl. Buchdrucker	2. Zahlenangabe: der Füllstoff liegt auf der Siebseite.
1929	Klemm	Wbl. Papierfabr. 119	3. Zahlenangabe: je ein Beispiel Füllstoff oben und unten.
1929	Hamburger-R.	Papier-Fabrikant 528	4. Zahlenangabe: Füllstoff ist überwiegend auf der Oberseite.

Die Zahlen geben die Seiten in dem betreffenden Jahrgang an.

Einbettung in Salizylsäuremethylester und anderen Einbettungsflüssigkeiten näher untersuchte (Abb. 13—23). Die quantitative Bestimmung der Füllstoffe erfolgte auf mikrochemischem Wege unter Benutzung einer Kuhlmannschen Mikrowaage. Auf seine Veranlassung hat O. Wittwer[2] die Methodik der Herstellung von Längs- und Querschnitten weiter ausgebildet und die Füllstoffverteilung auf mikroskopischem Wege näher studiert. Als besonders geeignet erwiesen sich

[1] A. Herzog: Lichtbrechung und Papierprüfung. Papier-Fabrikant 1932 S. 277.
[2] O. Wittwer: Diplomarbeit. Dresden 1933.

hierfür zarte Längsschnitte. Wittwer konnte im allgemeinen die von E. Schilde erzielten Ergebnisse bestätigen.

Die Zweiseitigkeit der Papiere betrifft nicht allein die etwa vorhandenen Füllstoffe, sondern auch die Fasern selbst. Wie man aus Längsschnitten deutlich ersehen kann, ist die gegenseitige Anordnung der Fasern an der Ober- und Siebseite insofern verschieden, als die Fasern an der Siebseite eine ziemlich deutliche Einstellung in die Maschinenrichtung erkennen lassen, was bei den Fasern an der Oberseite nur in sehr beschränktem Maße der Fall ist. Im übrigen ist es längst bekannt, daß die Herstellung melierter Papiere in bezug auf die Gleichmäßigkeit in der Verteilung der gefärbten Fasern auf der Ober- und Siebseite Schwierigkeiten verursacht, weil die Fasern ein gleiches Verhalten in der Lagerung zeigen wie oben angegeben (vgl. Abb. 24 und 25).

Abgekürztes Verfahren zum Nachweis von weißen Füllstoffen und Aufstrichmassen (Vorprüfung).

I. Kochen von Papierschnitzeln mit Salzsäure (1:1), nachher filtrieren. Filtrat zur Untersuchung verwenden.

II. Die mit Salzsäure ausgekochten und gut ausgewaschenen Papierschnitzel werden nach dem Trocknen verascht. Die Asche wird mit Salzsäure (1:1) ausgezogen und der unlösliche Anteil durch Zentrifugieren und wiederholtes Auswaschen mit Wasser isoliert. Nach dem Trocknen zur Untersuchung verwenden.

III. Das ursprüngliche Papier wird mit einigen Tropfen verdünnter Kobaltnitratlösung befeuchtet, getrocknet und verascht. Eine deutliche Grünfärbung der Asche deutet auf zinkhaltige Stoffe wie **Zinkspat, Zinkweiß** und bei gleichzeitiger Anwesenheit von Barium auf **Lithopone.**

Zur Bestätigung des Vorbefundes dienen die im folgenden zusammengestellten Reaktionen.

Zu I:

A. Aus der Lösung fällt beim Erkalten ein weißer kristallinischer Niederschlag aus ($PbCl_2$), der von Schwefelwasserstoff rasch gebräunt wird (Abb. 63—65). Hinweis auf . . . . **Bleiweiß**

B. Beim Verdampfen eines Tropfens der Lösung auf dem Objektträger scheiden sich am Rande des Tropfens farblose Kristallnadeln und -büschel von $CaSO_4 + 2\,H_2O$ aus (mikroskopisch zu kontrollieren) (Abb. 32—37). Mit Bariumchlorid entsteht ein weißer Niederschlag ($BaSO_4$). Von Schwefelwasserstoff nicht geschwärzt. Hinweis auf . . . . **Gips**

C. Nach Zusatz von verdünnter Schwefelsäure bilden sich farblose Kristallnadeln und -büschel von $CaSO_4 + 2\,H_2O$ (mikroskopisch zu kontrollieren) (Abb. 32—37). Das ursprüngliche Papier liefert nach Einwirkung von verdünnter Schwefelsäure außer den genannten Kristallen auch Kohlensäure (Abb. 43). Hinweis auf . . . . **Kreide**

D. Die Lösung wird mit Ammoniak und Ammoniumoxalat versetzt, der etwa entstehende Niederschlag abfiltriert und das Filtrat mit Ammoniumphosphat behandelt. Es entsteht ein kristallinischer Niederschlag (mikroskopisch zu kontrollieren) von $NH_4MgPO_4 + 6\ H_2O$ (Abb. 44—48, 113). Hinweis auf magnesiumhaltige Stoffe wie . . . . **Magnesit, Magnesia usta, Dolomit**

Zu II:

A. Der trockene Rückstand wird mit etwas Kaliumbisulfat gemengt und in der Platinöse einige Zeit geglüht. Die Perle wird mit etwas heißem Wasser ausgezogen und die Lösung auf Alizarinpapier getüpfelt. Nach dem Räuchern des feuchten Fleckes mit Ammoniak wird erwärmt. Das Entstehen eines intensiv himbeerroten Fleckes (Alizarintonerdelack) deutet auf . . . . **Kaolin, Ton**

B. Der trockene Rückstand wird mit Kalium-Natriumkarbonat gemengt und in der Platinöse geglüht (aufgeschlossen). Die Perle wird zerdrückt und wiederholt mit heißem Wasser ausgezogen. Der Rückstand wird in starker Salzsäure gelöst, von einer Platindrahtöse aufgenommen und stark geglüht. Eine langandauernde Grünfärbung der Flamme (durch das „Kaliumfilter“ betrachten! s. „Reagenzien“) deutet auf bariumhaltige Stoffe wie . . . . **Schwerspat, Lithopone**

C. Aufschließen wie bei B. Die Perle wird in einigen Tropfen Salzsäure (1:1) gelöst und mit 1 Tropfen 2n-Natronlauge und 1 Tropfen einer alkalischen Lösung von p-Nitrobenzolazo-α-Naphthol versetzt. Eine entstehende Blaufärbung weist auf magnesiumhaltige Silikate hin, wie . . . . **Talk, Asbestine**

Spezielle Betrachtung der wichtigsten weißen Füllstoffe.

Schwerspat, Barytweiß, Permanentweiß, Echtweiß, Blanc fixe.

$BaSO_4$.

a) Spezifisches Gewicht 4,3—4,7 g/cm³; Substanz in Bariumquecksilberjodid (Rohrbachsche Lösung, $s = 3{,}5$ g/cm³) untersinkend.

b) Gefälltes Bariumsulfat aus außerordentlich feinen Teilchen bestehend (2 μ kaum überschreitend); gemahlener Schwerspat zeigt plattenförmige kristallinische Bruchstücke mit meist scharfen Umrissen.

c) Spezifische Doppelbrechung gering (0,01); mittlere Lichtbrechung sehr stark ($n_D = 1{,}65$); Substanz nach der Einbettung in Monobromnaphthalin fast unsichtbar (mikroskopisch zu prüfen).

d) Von basischen Farbstoffen nicht angefärbt (z. B. 0,1%ige Lösung von Auramin), dagegen von sauren Farbstoffen (wie Wasserblau, Patentblau u. a.). [A. Beckh.]

e) Papierasche im Platinlöffel mit Natrium-Kaliumkarbonat aufschließen, Schmelze mit heißem Wasser wiederholt ausziehen, Rückstand in Salzsäure auflösen. Platindraht in die saure Lösung eintauchen und in der Gebläseflamme glühen: Langandauerndes wenig lebhaftes Grün. Zweckmäßig erfolgt die Betrachtung der Flamme durch das Kaliumfilter (s. „Reagenzien"). Das Spektrum (Taschenspektroskop oder Spektralokular nach Abbe und Mikroskopobjektiv verwenden) zeigt zahlreiche Linien im Grün (besonders $\lambda = 555$ und $510\,\mu\mu$), Gelb und Orange.

f) Ein Tropfen der schwach salzsauren Lösung (e) erwärmt und mit einem Tropfen Kieselfluorwasserstoffsäure versetzt: Fällung von Bariumfluorsilikat ($BaSiF_6$) in Form von Weidenblättern, die manchmal zu Kreuzen und Stachelkugeln verwachsen sind. Betrachtung in etwa 100facher Vergrößerung. Abb. 26 und 27. [Behrens-Kley.]

g) Auf Filtrierpapier ein Tropfen der neutralen oder schwach sauren Probelösung und ein Tropfen Natriumrhodizonat aufgetragen: Brauner oder rotbrauner Fleck (nur anwendbar, wenn Schwermetalle nicht zugegen sind, also z. B. im systematischen Gang der qualitativen Analyse innerhalb der Erdalkaligruppe). [F. Feigl.]

h) Feste Substanz mit Holzkohlenpulver und der 4fachen Menge Natriumkaliumkarbonat in der Reibschale gut mischen und auf einem Magnesiastäbchen vor dem Lötrohr (Reduktionsflamme) schmelzen (Weingeistbrenner anwenden). Die noch warme Schmelze in ein Spitzröhrchen bringen, einen Tropfen Wasser hinzusetzen und gut verrühren. 1 bis 2 Tropfen Jodazidlösung rufen eine lebhafte Gasentwicklung hervor (Stickstoff). [F. Feigl.]

i) Die im vorigen erhaltene Schmelze (h) auf einem Silberblech mit heißem Wasser behandeln: Schwarzer Fleck (Bildung von Ag_2S).

k) Die ursprüngliche Probe auf dem Uhrglas mit Merkuriazetat oder -nitrat versetzen und schwach erwärmen: Oberflächliche Gelbfärbung von basischem Merkurisulfat. [G. Denigès.]

l) In der wässerigen Lösung der Schmelze (e) nach Zusatz von Bariumchlorid und Salzsäure weiße Fällung von Bariumsulfat ($BaSO_4$). In heißer konzentrierter Schwefelsäure löslich; beim Erkalten in kleinen rhombischen Täfelchen und Kreuzen ($5-12\,\mu$) auskristallisierend.

m) In der wässerigen Lösung der Schmelze (e) erzeugt 1 Tropfen wässeriger Benzidinlösung zierliche Rosetten von Benzidinsulfat, die im Polarisationsmikroskop oder in schiefer mikroskopischer Beleuchtung deutlich hervortreten. In essigsaurer Lösung werden farblose Nadeln und Blättchen mit gerader Auslöschung erhalten. Abb. 28—31. [Behrens-Kley.]

Gips, Annaline, Lenzin, Brillantweiß, Satinite.

$CaSO_4 + 2\,H_2O$.

a) Spezifisches Gewicht 2,2—2,4 g/cm³; Substanz auf Bariumquecksilberjodidlösung schwimmend.

b) Spezifische Doppelbrechung gering (0,01); mittlere Lichtbrechung $n_D = 1{,}53$; Substanz nach Einbettung in Fenchelöl mikroskopisch fast unsichtbar.

c) Substanz in kochender Salzsäure zum großen Teil löslich. Beim Erkalten eines Tropfens auf dem Objektträger fällt ein Teil in Form von Gipskristallen aus. Mikroskopisch zu prüfen Abb. 32.

d) Aufschließen der Probe wie bei Bariumsulfat (e). Schmelze mit heißem Wasser wiederholt ausziehen und einen Teil in verdünnter Salzsäure auflösen. Platindraht in die Lösung wiederholt eintauchen und in der völlig entleuchteten Bunsenflamme glühen: Bei der Betrachtung der Flamme durch das Kalziumfilter kurz andauernde ziemlich helle, gelbgrüne Färbung. Im Spektralapparat vorherrschend orangerote ($\lambda = 605\,\mu\mu$), orangegelbe und grüne Linien ($\lambda = 505\,\mu\mu$).

e) Ein Teil der gut gewaschenen Schmelze von (d) wird in verdünnter Salzsäure gelöst. 1 Tropfen dieser Lösung wird mit 1 Tropfen verdünnter Schwefelsäure oder mit Natriumsulfat auf dem Objektträger versetzt: Bildung von monoklinen Gipskristallen (Prismen, „Schwalbenschwanzzwillinge", Büschel und Fächer dünner Nadeln). Abb. 33—37. [Behrens-Kley.]

f) Die im vorigen erhaltenen Gipskristalle werden auf dem Objektträger gewaschen und 1 Tropfen Essigsäure, sowie etwas festes Seignettesalz hinzugefügt: Nach kurzer Zeit verschwinden die Gipsnadeln und an ihrer Stelle erscheinen gutausgebildete Kristalle von Kalziumtartarat ($CaC_4H_4O_6 + 4\,H_2O$). Rhombische Prismen mit Sphenoiden, gestreckte Sechsecke, Trapeze usw. Beim Reiben mit einem Platindraht oder Glasstab entstehen „Impfstriche". Abb. 38—40. [Behrens-Kley.]

g) Die in Salzsäure gelöste Schmelze (d) wird mit Ammoniak und Ammonoxalat versetzt: Weiße, kristalline Fällung von Kalziumoxalat ($CaC_2O_4 + H_2O$).

h) Natriumkarbonat fällt aus der in Salzsäure gelösten Schmelze einen körnigen Niederschlag, der alsbald kristallinisch wird. Mit Natriumbikarbonat und Ammoniumkarbonat scheiden sich beim gelinden Erwärmen kleine Rhomboeder von Natriumkalziumkarbonat ($CaCO_3 \cdot Na_2CO_3 + 5\,H_2O$) ab (6—10 μ). Abb. 41 und 42. [Behrens-Kley.]

i) Nachweis des Sulfations (SO_4'') wie bei Bariumsulfat (h—m).

Kreide, Kalkstein.

$CaCO_3$.

a) Spezifisches Gewicht stark wechselnd. Substanz auf Bariumquecksilberjodid schwimmend.

b) Mittlere Lichtbrechung $\pm$ 1,56; in Monobrombenzol mikroskopisch nahezu unsichtbar.

c) Ein Stück Papier wird auf dem Objektträger unter dem Deckglas ausgekocht. Nach dem Erkalten verdünnte Salzsäure unter das Deckglas gesaugt: Gasentwicklung (CO_2). Abb. **43**.

d) Substanz im Probeglas mit verdünnter Salzsäure versetzt: Aufbrausen (Entwicklung von CO_2). 1 Tropfen frisch bereiteten Bariumhydroxyds, der an einem in den oberen Teil des Probeglases hineingehaltenen Glasstabe hängt, zeigt starke Trübung ($BaCO_3$).

e) Substanz auf dem Objektträger mit verdünnter Schwefelsäure behandeln: Bildung von Gipskristallen (vgl. „Gips", e). Abb. 33—37.

f) Umwandlung der erhaltenen Gipskristalle (e) in Kalziumtartarat wie bei „Gips" (f). Abb. 38—40.

g) Substanz in Salzsäure gelöst. Flammenfärbung und spektroskopische Prüfung wie bei „Gips" (d).

Magnesit, gefälltes Magnesiumkarbonat.

$MgCO_3$.

a) Spezifisches Gewicht des natürlichen Minerals 2,9—3,1 g/cm^3; Substanz auf Bariumquecksilberjodidlösung schwimmend.

b) Starke spezifische Doppelbrechung des natürlichen Magnesits (0,20).

c) Härte des natürlichen Magnesits 4—4,5.

d) Natürlicher Magnesit vor dem Lötrohr schwarz und magnetisch werdend.

e) 1—2 Tropfen einer alkoholisch-alkalischen Lösung von Diphenylkarbazid werden auf der Tüpfelplatte mit einem Körnchen der festen Substanz versetzt. Nach 5 Minuten wird mit heißem Wasser gewaschen: Substanz rotviolett angefärbt. [F. Feigl.]

f) Mit heißer Salzsäure Kohlensäureentwicklung unter dem Mikroskop. Sonst wie bei „Kreide" (c) auszuführen.

g) Substanz im Probeglas mit heißer Salzsäure behandeln: Kohlensäureentwicklung und Trübung eines Tropfens einer Bariumhydratlösung (siehe „Kreide", d).

h) Die salzsaure Lösung, aus der vorher der Kalk als Oxalat ausgefällt wird, wird mit Ammoniak schwach alkalisch gemacht, schwach erwärmt und 1 Tropfen mit einem Körnchen Natriumphosphat versetzt: Kristallskelette („schneeflockenartig") und gut ausgebildete hemimorphe rhombische Kristalle („Sargdeckel") von Ammoniummagnesiumphosphat ($NH_4MgPO_4 + 6\,H_2O$). Abb. 44—48, 113. [Behrens-Kley.]

i) 1 Tropfen der salzsauren Lösung mit 1 Tropfen Wasser auf der Tüpfelplatte mit 2 Tropfen alkoholischer Chinalizarinlösung versetzt und 2 Tropfen 2 n-Natronlauge bis zur Violettfärbung hinzugefügt. Nach nochmaligem Zusatz von Natronlauge: Blaue Färbung oder blauer Niederschlag. [F. L. Hahn, H. Wolf und G. Jäger.]

k) Die salzsaure Lösung wird nach Entfernung etwa vorhandener Elemente der Aluminiumgruppe mit 1 Tropfen 1n-Kalilauge und 1 Tropfen 1n-Jodlösung auf der Tüpfelplatte versetzt und das Ganze gut umgerührt. Nach kurzer Zeit wird der Laugenzusatz soweit vermehrt, daß die Lösung zitronengelb wird. In der Lösung schwimmen braune Flocken einer Adsorptionsverbindung von Magnesiumhydroxyd und Jod. [F. Schlagdenhauffen.]

l) 1 Tropfen einer alkalischen Lösung von Paranitrobenzolazoalphanaphthol mit 1 Tropfen der Probelösung versetzt und so lange tropfenweise verdünnte Lauge hinzugefügt, bis ein etwaiger Niederschlag von Kalziumhydroxyd entsteht: Blaufärbung der Lösung. [K. Weißelberg.]

m) Die salzsaure Lösung wird nach Entfernung etwa vorhandener Elemente der Aluminiumgruppe mit Natronlauge versetzt und eine wässerige oder alkoholische Lösung von Titangelb hinzugefügt: Feuerrotfärbung. [J. M. Kolthoff.]

Gebrannte Magnesia, Magnesia usta.

MgO.

a) Substanz in Salzsäure ohne Kohlensäureentwicklung löslich.

b) Papierasche leicht und weich.

c) Reaktionen auf Magnesium siehe „Magnesit" (e, h, i, k, l und m). Abb. 44—48, 113.

Dolomit.

$CaCO_3 \cdot MgCO_3$.

a) Spezifisches Gewicht 2,8—2,9 g/cm³; Substanz auf Bariumquecksilberjodid schwimmend.

b) Starke spezifische Doppelbrechung (0,18).

c) Härte der Substanz 3,5—4.

d) Heiße Salzsäure löst unter Kohlensäureentwicklung.

e) Auf dem Objektträger ein Körnchen Substanz mit verdünnter Schwefelsäure versetzen: Bildung von Gipskristallen (Abb. 33—37).

f) Salzsaure Lösung mit Ammoniak alkalisch machen und mit Ammoniumoxalat versetzen: Weißer Niederschlag von kristallinischem Kalziumoxalat.

g) Im Filtrat von (f) Magnesium nachweisen wie bei Magnesit (mit Natriumphosphat). Abb. 44—48, 113.

h) Gekochtes Papier in der Reibschale mit Wasser zerreiben. Die trübe Flüssigkeit durch ein Sieb schlagen und auf dem Wasserbad eindampfen. Diphenylkarbazid gibt mit diesem Rückstand (Dolomit) keine Anfärbung. Dagegen wird ein positives Ergebnis erzielt (Rotviolettfärbung), wenn der Rückstand vorher auf einem Platinblech stark geglüht wird. [F. Feigl.]

i) Weitere Reaktionen auf Magnesium siehe „Magnesit" (i, k, l, m). Abb. 44—48, 113.

Zinkspat.

$ZnCO_3$.

a) Spezifisches Gewicht 4,1—4,5 g/cm^3; Substanz in Bariumquecksilberjodid untersinkend.

b) Härte des natürlichen Minerals 5.

c) Vor dem Lötrohr auf Kohle: In der Hitze gelber Belag, der beim Erkalten weiß wird.

d) Papier mit heißer Salzsäure: Kohlensäureentwicklung. Trübung von Bariumhydroxyd ($BaCO_3$).

e) Papierasche mit heißer Essigsäure ausziehen und zentrifugieren. 1 Tropfen der klaren Lösung auf dem Objektträger versetzen mit Ammoniummerkurirhodanid: Charakteristische weiße Kristallfällung (zumeist gekrümmte und gefiederte Gebilde, daneben auch rechtwinkelige Kristalle des rhombischen Systems [$Zn(CNS)_2 \cdot Hg(CNS)_2$]. Zweckmäßig ohne Deckglas arbeiten und auffallendes Licht oder Dunkelfeldbeleuchtung anwenden. Abb. 49—53. [Behrens-Kley.]

f) Auf der Tüpfelplatte 15 Tropfen einer Kaliumferrizyanidlösung mit 10 Tropfen einer Lösung von Diäthylanilin in Schwefelsäure vermengen. Zusatz der Probelösung verändert die rein gelbe Farbe in rotstichiges Hellbräunlichgelb bis Bräunlichrot; gleichzeitig Trübung oder Niederschlagsbildung. [E. Eegriwe.]

g) Lösung (e) mit etwas Kobaltnitrat versetzen und von Filterpapier aufsaugen lassen. Nach dem Veraschen Grünfärbung (Rinmannsches Grün). Vorsicht, da Zinn- und Antimonsalze ähnliche Färbungen geben. Die Reaktion kann auch unmittelbar mit dem zu prüfenden Papier vorgenommen werden.

h) 1 Tropfen der schwach essigsauren Lösung (e) im Reagensglas mit 1 Tropfen Dithizon in Tetrachlorkohlenstoff versetzen und kräftig durchschütteln: Die grüne Farbe der Reagenslösung schlägt nach Purpurrot um. [H. Fischer.]

i) 1 Tropfen der Lösung (e) auf dem Objektträger versetzen mit einem Körnchen Nitroprussidnatrium: Kristallfällung von schwach lachsroter Farbe (Würfel mit stark abgerundeten Kanten). Zur Wahrnehmung der Farbe auffallendes Licht erwünscht. Abb. 54. [Behrens-Kley.]

k) Auf dem Objektträger 1 Tropfen der salzsauren Lösung versetzen mit 1 Körnchen Kaliumferrizyanid: Gelbe Kristallfällung, bestehend aus sehr kleinen, an den Kanten meist stark abgerundeten Würfeln von Zinkferrizyanid [$Zn_3Fe_2(CN)_{12}$]. Abb. 55. [Behrens-Kley.]

l) Auf dem Objektträger ein Stückchen Papier mit Natronlauge erwärmen und den Auszug mit einem Körnchen Ammoniumkarbonat zusammenbringen und gelinde erwärmen: Kristallfällung von $3\,Na_2CO_3 \cdot 8\,ZnCO_3 + 8\,H_2O$. Vorwiegend farblose kleine Tetraeder. Abb. 56. [Behrens-Kley.]

m) 1 Tropfen der auf Zink zu prüfenden Lösung auf dem Objektträger versetzen mit 1 Tropfen verdünnter Isovaleriansäure: Kristallfällung von deutlich polarisierenden Täfelchen, die meist zu Scheiben, Kugeln und radspeichenähnlichen Gebilden verwachsen sind. Zinkvalerat. Abb. 57. [H. Behrens.]

n) 1 Tropfen der neutralen oder schwachsauren Lösung (e) auf dem Objektträger mit 1 Körnchen Oxalsäure oder Ammoniumoxalat versetzen. Weiße Kristallfällung von Zinkoxalat (C_2O_4Zn): Farblose kleine Oktaeder, in Ammoniak löslich. Nach dem Eintrocknen der ammoniakalischen Lösung wollige Rosetten. Abb. 58 und 59. [Behrens-Kley.]

o) 1—2 Tropfen der neutralen Lösung auf dem Objektträger bis zur Krustenbildung konzentrieren und mit 1 Tropfen 10—15%iger Kaliumchromatlösung versetzen: Gelbe Kristallfällung von $ZnCrO_4$. In der Regel unscheinbare kleine Körner, daneben auch größere Prismen, Nadeln, Garben und Stachelkugeln. Abb. 60—62. [Behrens-Kley.]

Zinkweiß.

ZnO.

a) Mit Salzsäure weder in der Kälte noch in der Hitze Kohlensäureentwicklung.

b) Reaktionen auf Zink wie bei „Zinkspat" (e—o). Abb. 49—62.

Bleiweiß (Holländisch-, Kremser-, Schiefer-, Silber-, Berliner-, Kremnitzerweiß).

$2\,PbCO_3 \cdot Pb(OH)_2$.

a) Papier mit Salzsäure: Kohlensäureentwicklung. Trübung von Bariumhydroxyd ($BaCO_3$).

b) Aus der salzsauren Lösung (a) scheidet sich beim Erkalten ein weißer kristallinischer Niederschlag ab ($PbCl_2$). Verdünnte Lösungen liefern zumeist rhombische Prismen (100—150 μ), die zu Bündeln und Gittern verwachsen sind; auch federartig gestaltete Formen treten häufig auf. Rautenförmige Kristalle entstehen in der Regel bei Gegenwart von konzentrierter Salzsäure. Bei rascher Fällung sind die Kristalle im durchgehenden Licht fast undurchsichtig. Abb. 63—65.

c) Papier mit starker Essigsäure behandeln: Lösung der weißen Masse.

d) 1 Tropfen der Lösung (a oder c) mit Schwefelwasserstoff behandeln: Braune bis schwarze Fällung. (Zweckmäßig Körnchen Schwefeleisen auf einen Objektträger legen, einen Glasring von rund 1 cm Höhe aufsetzen und ein Deckglas mit dem Probetropfen nach unten auflegen. Zum Schwefeleisen bringt man einen Tropfen verdünnte Salzsäure.)

e) Sulfidfaden in die zu prüfende Lösung eintauchen und eintrocknen lassen: In neutraler Lösung zuerst Gelb-, dann Braunfärbung, in saurer Lösung Braun- bis Schwarzfärbung. Die Gelbfärbung schlägt beim Räuchern des Fadens mit Schwefelammon in Braun um. Nach dem Bleichen mit Hypobromit und Behandeln mit Kaliumbichromat entsteht gelbes Bleichromat. [F. Emich.]

f) Einige Tropfen der essigsauren oder salzsauren Lösung auf dem Objektträger zur Trockene eindampfen, den Rückstand in 1 Tropfen Wasser aufnehmen und ein kleines Zinkstück (am besten ein auf dem Amboß breitgeschlagenes Drehspänchen) einlegen: Abscheidung rasch wachsender Kristallskelette von metallischem Blei („Bleibaum"). Lupenbetrachtung ausreichend (Abb. 66).

g) Neutrale oder schwach salzsaure Lösung mit Jodkalium versetzen und aufkochen: Beim Erkalten zitronengelbe glitzernde Schuppen von Bleijodid (PbJ_2), die zumeist aus 6eckigen Kristallplatten von starker Doppelbrechung bestehen. Häufig Perlmutterglanz. Abb. 67 und 68. [Behrens-Kley.]

h) 1 Tropfen der essigsauren Lösung (c) mit etwas Kupferazetat versetzen und dazu überschüssiges Kaliumnitrit: Kristallfällung von $K_2PbCu(NO_2)_6$ als schwarze, ab und zu dunkelrot durchscheinende Würfel. Größe etwa 10—25 μ. Zusatz eines Körnchens Zäsiumchlorid zu empfehlen: $Cs_2PbCu(NO_2)_6$. Abb. 69, vgl. auch Abb. 105. [Behrens-Kley.]

i) Auf Tüpfelpapier 1 Tropfen verdünnter Schwefelsäure auftragen. In die Mitte des feuchten Fleckes 1 Tropfen Lösung (c) bringen und noch 1 Tropfen verdünnter Schwefelsäure. Den Niederschlag (PbSO) mit wenig Wasser auswaschen und 1 Tropfen Zinnchlorür-Kaliumjodidlösung aufbringen: Intensive Orangerotfärbung. [N. A. Tananaeff.]

k) 1 Tropfen der neutralen essigsauren Lösung (c) auf Karminsäurepapier tüpfeln: Nach dem Räuchern mit Ammoniak violetter Fleck. [Bleireaktion nach F. Pavelka.]

l) 1 Tropfen Lösung (c) auf Filterpapier bringen und 1 Tropfen verdünnter Schwefelsäure aufsetzen. Säure durch Antüpfeln mit Alkohol verdrängen und Papier trocknen. Auf die Mitte des vorher mit Bleistift markierten Tropfens 1 Tropfen Gallozyaninlösung aufsetzen und mit 1%igem Pyridin auswaschen: Tiefvioletter Fleck. [Bleireaktion nach F. Pavelka.]

m) Essigsaure Lösung (c) mit Lösung von Kaliumchromat versetzen: Intensivgelber Niederschlag (Chromgelb, $PbCrO_4$), in Kalilauge löslich.

Lithopone.

Gemenge von $BaSO_4$, ZnS und wechselnden Mengen ZnO.

a) Substanz in verdünnter Salzsäure unter Schwefelwasserstoffentwicklung teilweise löslich. Körnchen der Probe auf einen Objektträger legen, Glasring aufsetzen und ein Deckglas mit 1 Tropfen Bleiazetat auflegen. Zur Probe 1 Tropfen Salzsäure hinzufügen und mäßig erwärmen: Bildung von schwarzem Bleisulfid (PbS).

b) 1 Tropfen Natriumazid in ein Spitzröhrchen bringen und in den hängenden Tropfen mit einem Platindraht ein Körnchen der Probesubstanz hinzufügen: Gasentwicklung (N). [F. Feigl.]

c) Reaktionen auf Zink siehe „Zinkspat" (e—o). Abb. 49—62.

d) Reaktionen auf Barium siehe „Schwerspat" (e—g). Abb. 26, 27.

Kaolin, Porzellanerde, weißer Ton, weißer Bolus, China clay.

$H_4Al_2Si_2O_9$.

a) Spezifisches Gewicht 2,2—2,6 g/cm^3; Substanz auf Bariumquecksilberjodid schwimmend.

b) Feines Pulver von geringer Härte (1—1,5). Abb. 70—72. Korngröße verschieden (2—30 μ).

c) Spezifische Doppelbrechung gering (0,01); mittlere Lichtbrechung 1,56; in Monobrombenzol mikroskopisch fast unsichtbar.

d) Von verdünnten Mineralsäuren nicht zersetzt. Konzentrierte Schwefelsäure wirkt in der Hitze unter Bildung von Aluminiumsulfat ein.

e) Papierasche gut zusammenhaltend. Nach starkem Glühen ein Blättchen bildend, das beim Auffallen auf einen harten Gegenstand schwach klingt. [P. Klemm.]

f) Beim Anhauchen der Papierasche charakteristischer Tongeruch. [Knösel.]

g) Papierasche mit 1 Tröpfchen 5%iger Kobaltnitratlösung versetzen, und auf dem Platinblech glühen: Ultramarinblauer Fleck (Thénards Blau). Unsicher.

h) Phosphorsalzperle: Kieselskelett (Abb. 73).

i) Probe in kleinem Platintiegel mit Flußsäure oder einem Gemenge von Ammoniumfluorid und konzentrierter Schwefelsäure versetzen und bis zur beginnenden Dampfentwicklung erwärmen. Zum Auffangen des sich entwickelnden SiF_4 ein gut gefirnistes oder mit Kollodium überzogenes Deckglas verwenden, das auf der Unterseite 1 Tropfen verdünnter Salzsäure und etwas Natriumchlorid trägt: Bildung von Na_2SiF_6 in Form von mikroskopisch kleinen hexagonalen Kristallen (6eckige Täfelchen, Rosetten, Sterne usw.). Färbung scheinbar blaßrosa. Lichtbrechung gegenüber der Flüssigkeit sehr gering, daher schiefe Beleuchtung anwenden. Abb. 74—77, 148. [Behrens-Kley.]

k) Feste Probe in einer Platinöse mit Natrium-Kaliumkarbonat aufschmelzen. Perle nach dem Zerdrücken in wenig n-Salpetersäure auflösen. 1—2 Tropfen der Lösung in einem Mikrotiegel mit 1 Tropfen konzentrierter Salpetersäure verrühren. Auf Filterpapier 1 Tropfen der so vorbereiteten Lösung und 1 Tropfen Molybdatlösung zusammenbringen und schwach erwärmen. Mit Benzidinlösung antüpfeln und über Ammoniak räuchern: Blaufärbung des Fleckes. [Kieselsäurereaktion nach F. Feigl und P. Krumholz.]

l) Die aus der Schmelze von (k) mit starker Salzsäure abgeschiedene gallertige Kieselsäure mit Malachitlösung behandeln. Nach längerem Auswaschen mikroskopisch betrachten: Körnige bis häutige Gebilde, die manchmal einen zellartigen Bau zeigen. Farbe grün. An Stelle von Malachitgrün auch Methylenblau gut brauchbar (Abb. 78).

m) Papier durch Kochen mit 1%iger Natronlauge aufschließen, Faserbrei durch ein feinmaschiges Sieb schlagen. Das durch das Sieb Gegangene zentrifugen, den Rückstand mit Salzsäure behandeln und mit Wasser wiederholt waschen. Nach dem Trocknen mit Kaliumbisulfat auf dem Platindraht aufschließen. Schmelze mit wenig heißem Wasser aufnehmen und zentrifugieren. 1 Tropfen der klaren Lösung auf Alizarinpapier bringen und mit Ammoniak räuchern: Tüpfelfleck nach dem Erwärmen himbeerrot. Da außer Aluminium auch Eisen, Chrom, Uran und Mangan farbige Alizarinlacke geben, empfiehlt sich folgende Arbeitsweise: 1 Tropfen der schwach sauren Probelösung auf Kaliumferrozyanidpapier bringen (Aluminium bleibt in Lösung, während die anderen Ionen gefällt werden), 1 Tropfen Wasser auf den durch die gefällten Ferrozyanide gebildeten Fleck setzen und mit 1 Tropfen Alizarinlösung antüpfeln. Weitere Behandlung wie vorstehend. [Aluminiumreaktion nach F. Feigl und R. Stern.]

n) Lösung von (m) mit Kalilauge fällen. 1 Tropfen Filtrat auf schwarzer Tüpfelplatte mit 2 n-Essigsäure bis zur sauren Reaktion versetzen und 1 Tropfen Morinlösung hinzufügen: Auftreten einer grünen Fluoreszenz. [Aluminiumreaktion nach Fr. Goppelsroeder.]

o) Lösung von (m) mit Ammoniak fällen. Niederschlag nach dem Waschen in wenig Salzsäure auflösen und auf dem Wasserbad fast eindampfen. Rückstand auf einem Objektträger mit Zäsiumbisulfat versetzen: Bildung von charakteristischen Kristallen von $Cs_2SO_4 \cdot Al_2(SO_4)_3 + 24\,H_2O$ (tesserale glasklare Kristalle von etwa 40—100 μ Größe, bei stärkerer Konzentration Dendriten). Abb. 79—84. [Behrens-Kley.]

Talk, Talkum, Federweiß, Speckstein.

$H_2Mg_3Si_4O_{12}$.

a) Spezifisches Gewicht 2,6—2,8 g/cm³; Substanz auf Bariumquecksilberjodid schwimmend.

b) Spezifische Doppelbrechung 0,04; mittlere Lichtbrechung 1,55.

c) Von Säuren nicht zersetzt.

d) Mikroskopisch kleine Bruchstücke, häufig Plättchenform, Umriß ganz unregelmäßig.

e) Papierasche grau, wenig zusammenhängend.

f) Von basischen Farbstoffen (0,1%ige Lösung von Auramin) angefärbt. [A. Beckh.]

g) Aufschließung und Reaktionen auf Silizium siehe „Kaolin" (h—l). Abb. 73—78, 148.

h) Aufschließung und Reaktionen auf Magnesium siehe „Magnesit" (e, h—m). Abb. 44—48, 113.

Asbestine, Agalit, Nematolith.

(Gepulverter und auf trockenem Wege gereinigter Asbest.)

Magnesiumsilikat von stark wechselnder Zusammensetzung (Asbestine soll mindestens 95% Magnesiumsilikat enthalten und frei sein von den üblichen Verunreinigungen des Asbestes: S, Fe, Ca).

Im Pulver Reste der ursprünglichen Kristallnadeln und Stäbchen unter dem Mikroskop sichtbar; im übrigen von Talk chemisch schwer zu unterscheiden.

II. Farbige Füllstoffe und Aufstrichmassen.

Chromgelb, Leipzigergelb, Kölnergelb, Zwickauergelb.

$PbCrO_4$ und basische Chromate (hellste Sorte: $PbCrO_4 + PbSO_4$).

a) Farbe gelb.

b) Kleine Probe mit Kalilauge erwärmen und filtrieren: Gelbe Lösung, die auf Zusatz überschüssiger Essigsäure gelben Niederschlag ergibt ($PbCrO_4$).

c) In konzentrierter Salzsäure mit grüner Farbe löslich; beim Abkühlen Abscheidung von $PbCl_2$ in langen Nadeln (Abb. 63—65).

d) Papierasche mit hirsegroßem Stückchen Na_2O_2 im Mikrotiegel bis zum Schmelzen erhitzen; Schmelze in einigen Tropfen verdünnter Schwefelsäure (1:5) lösen, dann zentrifugieren. Rückstand ($PbSO_4$) auf Blei untersuchen. Siehe „Bleiweiß". Abb. 63—69.

e) Klare Lösung von (d) mit 1—2 Tropfen alkoholischer Lösung von Diphenylkarbazid versetzen: Intensive Violettfärbung. [Chromreaktion nach P. Cazeneuve.]

f) Auf Filterpapier 1 Tropfen der Lösung (d) mit starker Lauge tüpfeln und mit 1 Tropfen Bleiacetat versetzen: Gelber Fleck von $PbCrO_4$.

g) Auf Filterpapier 1 Tropfen der Lösung (d) mit 1 Tropfen Silbernitrat (salpetersäurehaltig) zusammenbringen: Roter Fleck von $Ag_2SO_4 + Ag_2Cr \cdot O_4$.

h) Auf dem Objektträger Schmelze von (d) mit heißem Wasser ausziehen und mit Salpetersäure bis zur deutlich sauren Reaktion versetzen. 1 Tropfen der Lösung mit 1 Tropfen Silbernitrat gemengt: Große trikline prismatische Kristalle von gelbroter bis blutroter Farbe

(Spieße und unregelmäßig ausgebildete tafelförmige Kristalle von ansehnlicher Größe sind gleichfalls vertreten) ($Ag_2Cr_2O_7$). Aus verdünnter Salpetersäure in der Wärme umkristallisierbar. Bei Gegenwart von Schwefelsäure entstehen Mischkristalle von Ag_2SO_4 und Ag_2CrO_4 (rhombische Prismen von ansehnlicher Größe und gelb- bis orangeroter Farbe). Abb. 85—88. [Behrens-Kley.]

i) Auf dem Objektträger 1 Tropfen der Chromatlösung (d) versetzen mit 1 Tropfen sehr verdünnter essigsaurer Lösung von Benzidinchlorid: Intensiv blauviolette, nahezu schwarze Kristallfällung von Benzidinchromat (Nadeln, Stachelkegeln, haarförmige Gebilde, Täfelchen). Abb. 89—91. [Behrens-Kley.]

Zinkgelb, Samtgelb, Zitronengelb.

(Mit Berlinerblau grüne Mischfarbe: Zinkgrün.)

$$3\,(ZnCrO_4) \cdot K_2Cr_2O_7 \cdot n\,ZnO.$$

a) Farbe gelb.

b) In Säuren und alkalischen Laugen leicht löslich.

c) Alkalische Lösung mit Schwefelnatrium versetzen: Weißer Niederschlag von ZnS.

d) Weitere Reaktionen auf Zink siehe „Zinkspat“, auf Chrom siehe „Chromgelb“ (Abb. 85—91).

Ocker.

Aluminiumsilikat mit viel $Fe_2(OH)_6$, Fe_2O_3, Fe_3O_4 und Mn_2O_3.

a) Farbe gelb.

b) In konzentrierter Salzsäure ein Teil der vorhandenen Eisenverbindungen mit gelber Farbe löslich.

c) Baumwolle oder Schießbaumwolle in 1 Tröpfchen der Probelösung bringen und eintrocknen lassen, darauf Räuchern der Fasern mit Schwefelammonium: Schwarzfärbung, in verdünnter Salzsäure löslich, mit gelbem Blutlaugensalz Blaufärbung (Berlinerblau). [F. Emich.]

d) In der Platinschlinge wenig Substanz mit Natriumkaliumkarbonat glühen bzw. aufschließen, Schmelze mit Salzsäure aufnehmen, einige Tropfen Salpetersäure zusetzen und erhitzen. 1 Tropfen der Lösung auf Kaliumferrozyanidpapier: Blauer Fleck (Berlinerblau, $Fe_4[Fe(CN)_6]_3$).

e) Auf dem Objektträger 1 Tropfen der Lösung (d) mit 1 Körnchen Kaliumferrozyanid zusammenbringen: Unter dem Mikroskop blaue amorphe Häute, Fetzen und Flocken (Abb. 92). Beim Eintrocknen unter dem Deckglas Niederschlag zu breiten blauen Adern zusammengeschoben (Abb. 93). Beim Eintrocknen ohne Deckglas starker Schwund des Niederschlages (Risse). Abb. 94. [Behrens-Kley.]

f) 1 Tropfen der Lösung (d) auf der Tüpfelplatte mit 1 Tropfen Kaliumrhodanidlösung vereinigen: Rotfärbung [$Fe(CNS)_3$].

g) Reaktion wie bei (f) ausführen, jedoch auf einem Objektträger eintrocknen lassen: Rote Kruste, die bei nicht zu starkem Erhitzen strahlige und sonstige zierliche Kristallgebilde von dunkelroter Farbe zeigt (Abb. 95).

h) Substanz auf Platinblech mit Soda-Salpeter glühen: Blaugrüne Schmelze (Manganatbildung).

i) Die Fällung von Bariumoxalat wird durch Ferrichlorid auffällig abgeändert: Statt kurzen farblosen Stäbchen entstehen gekrümmte und gekrauste Gebilde von lichtbräunlicher Farbe, oft zu Büscheln vereinigt. Abb. 96 und 97. [Behrens-Kley.]

k) Schmelze von (g) mit wenig Wasser auslaugen und 1 Tropfen der Lösung in einem Mikroporzellantiegel mit 1 Tropfen konzentrierter Schwefelsäure und 1 Tropfen Silbernitratlösung verrühren. Sodann eine Messerspitze festes Ammoniumpersulfat eintragen und schwach erwärmen: Violettfärbung (Bildung von Permanganat). [H. Marshall.]

l) Auf Tüpfelpapier 1 Tropfen der in wenig heißem Wasser gelösten Schmelze (g) mit 1 Tropfen ammoniakalischer Silbernitratlösung decken: Schwarzer Fleck (MnO_2), der beim Erwärmen besonders deutlich hervortritt. [N. A. Tananaeff und Iw. Tananaeff.]

m) Schmelze (g) auf dem Objektträger mit Tropfen Salzsäure aufnehmen und eintrocknen lassen. Mit einigen Körnchen Kaliumbioxalat bestreuen und 1 Tropfen Wasser hinzufügen: Kristalle zu charakteristischen Speichenkränzen angeordnet (100—120 μ), lebhaft polarisierend ($MnC_2O_4 + 3\,H_2O$). Reaktion ziemlich träge. Abb. 98. [Behrens-Kley.]

Siena (beste Sorte des Ockers).

Zusammensetzung wie bei „Ocker", jedoch wesentlich höherer Eisengehalt, manchmal fast reines $Fe_2(OH)_6$, so daß Ton nur Nebenbestandteil ist. Kieselsäure ist stets vorhanden.

a) Farbe hellbraun, dunkelgelb, orangegelb, rötlich bis braunrot.

b) Beim Kochen mit konzentrierter Salzsäure Abscheidung von gallertiger Kieselsäure. Nach dem Auswaschen färben mit Malachitgrün. Siehe „Kaolin" (l). Abb. 78.

c) Reaktionen auf Eisen siehe „Ocker (b—h). Abb. 92—97.

Umbra.

Vorwiegend $Fe_2(OH)_6$, MnO_2, $Mn_2O_4H_2$, Ton.

a) Farbe braun.

b) Mit starker Salzsäure erhitzen: Entwicklung von Chlor (Geruch!). Aus Kaliumjodidlösung wird Jod abgeschieden.

c) Reaktionen auf Eisen und Mangan siehe „Ocker“ (b—m). Abb. 92—98.

Gebrannter Ocker.

(Durch Erhitzen des gewöhnlichen Ockers erhalten.)

a) Farbe braunrot bis rot.

b) Reaktionen auf Eisen und Mangan siehe „Ocker“ (b—m). Abb. 92—98.

Rötel, roter Bolus, Englischrot.

Zusammensetzung stark wechselnd, sonst wie bei „Ocker“ mit viel Fe_2O_3.

a) Farbe rot bis braunrot.

b) Reaktionen auf Eisen und Mangan siehe „Ocker“ (b—m). Abb. 92—98.

Eisenrot, Engelrot, Caput mortuum, Kolkothar, Venetianerrot.

Fe_2O_3, mit Gips, Kreide und anderen Stoffen vermengt.

a) Farbe braunrot.

b) Konzentrierte heiße Salzsäure löst vollständig.

c) Eisennachweis wie bei „Ocker“ (b—h). Abb. 92—97.

Zinnober.

HgS.

a) Farbe rot.

b) Konzentrierte Salpetersäure löst nicht, wandelt aber in eine weiße Verbindung um [$Hg_3S_2(NO_3)_2$].

c) Königswasser löst vollständig ($HgCl_2$).

d) Mit Schwefelnatrium digerieren: Unter vorübergehender Lösung Abscheidung von kristallisiertem Zinnober.

e) 1 Tropfen Natriumazid in ein Spitzröhrchen bringen und in den hängenden Tropfen mit dem Platindraht ein Körnchen der festen Probesubstanz halten: Gasentwicklung (N). [Sulfidreaktion nach F. Feigl.]

f) Lösung (c) auf dem Wasserbad fast vollständig eindampfen. 1 Tropfen auf der Tüpfelplatte mit 1 Tropfen Paradimethylaminobenzylidenrhodanin und einigen Tropfen Natriumazetat versetzen: Rosafärbung. [Hg-Reaktion nach K. Heller und P. Krumholz.]

g) Auf Tüpfelpapier 1 Tropfen der nahezu eingedampften Lösung (c) mit 1 Tropfen Zinnchlorürlösung antüpfeln und 1 Tropfen Anilin zusetzen: Schwarzbraunfärbung (metallisches Quecksilber). [N. A. Tananaeff.]

h) Nahezu eingedampfte Lösung (c) auf ein kleines Stück Kupferblech bringen. Das reduzierte Quecksilber waschen und an der Luft trocknen. Bei schwacher Rotglut auf einen Objektträger sublimieren bzw. destillieren: Im auffallenden Licht mikroskopisch kleine Kugeln von Quecksilber mit schönen Glanzlichtern (Abb. 99).

Grünspan.

$$Cu(C_2H_3O_2)_2 \cdot Cu(OH)_2 + 5\,H_2O.$$

a) Farbe grün.

b) In Salzsäure mit gelbgrüner Farbe gelöst.

c) Die entleuchtete Bunsenflamme wird durch Lösung (b) grün gefärbt.

d) Ammoniak erzeugt in der Lösung (b) eine tiefblaue Färbung. Bei sehr geringen Kupfermengen weiße koloriskopische Kapillare anwenden und mikroskopisch einstellen.

e) Sulfidfaden in die schwachsaure Probelösung eintauchen: Braunfärbung des Fadens; in verdünnter Salzsäure unlöslich, jedoch löslich in Zyankalium. Im Bromdampf verschwindet die Braunfärbung; nach dem Ansäuern und Versetzen mit gelbem Blutlaugensalz entsteht rotbraunes Ferrozyankupfer. [F. Emich.]

f) Lösung (b) mit Kaliumferrozyanid versetzen: Braune Fällung von Ferrozyankupfer.

g) Etwas Papierasche mit Soda und Zyankalium in der Reibschale verreiben und auf Holzkohle vor dem Lötrohr in der Reduktionsflamme erhitzen bzw. schmelzen: In der Schmelze metallisches Kupfer in Form von Bröckchen und Flittern mikroskopisch leicht nachzuweisen.

h) Von der salzsauren Lösung (b) einige Tropfen zur Trockene eindampfen, den Rückstand in 1 Tropfen Wasser auflösen und auf poliertes Eisen (z. B. eine vorher mit Äther entfettete Schreibfeder) abklatschen: Abscheidung von fein- bis grobkörnig-kristallinischem Kupfer. Zuweilen vom Eisen abblätternd; Oberfläche unter dem Mikroskop im auffallenden Lichte in der Regel deutlich warzig; charakteristische Farbe des Kupfers sehr schön hervortretend (Abb. 100 und 101).

i) 1 Tropfen Lösung (b) mit 1 Tropfen 10%iger Seignettesalzlösung versetzen auf Benzoinoxympapier tüpfeln und über Ammoniak räuchern: Grünfärbung. [F. Feigl.]

k) Auf der Tüpfelplatte 1 Tropfen der Lösung (b) mit je 1 Tropfen 10%iger wässeriger Zinkazetatlösung und Ammoniumquecksilberrhodanidlösung zusammenbringen: Kristallinische, schmutzigviolette Fällung (unter dem Mikroskop wie Zinkmerkurithiozyanat, jedoch dunkelviolett, die gefiederten Kristalle leicht zerbrechlich). Abb. 102 und 103. [F. Feigl.]

l) Lösung (b) eindampfen und mit wenig Essigsäure aufnehmen. 1 Tropfen der Lösung auf dem Objektträger mit 1 Tropfen Ammoniummerkurirhodanid versetzen: Kristallfällung von $Cu(CNS)_2 \cdot Hg(CNS)_2 + H_2O$. Spießige Kristalle von gelber Farbe. Abb. 104. [Behrens-Kley.]

m) Probetropfen wie bei (l) auf dem Objektträger mit wenig Bleiazetat versetzen und Überschuß von Kaliumnitrit hinzufügen: Kristallfällung von $K_2CuPb(NO_2)_6$. Schwarze, in dünnen Exemplaren dunkelviolettrote Würfel (25—70 μ). Abb. 69, 105. [Behrens-Kley.]

n) 1 Tropfen der Lösung (b) mit 1 Tropfen Korenmannschem Reagens versetzen: Lange schmale Kristalle und Dendriten von gelber Farbe. Zusammensetzung unbekannt. [Korenmann.]

o) Beim Kochen mit Wasser und etwas Schwefelsäure deutlicher Geruch nach Essigsäure.

p) 1 Tropfen der auf Essigsäure zu prüfenden Lösung (b) auf dem Objektträger mit 1 Tropfen Natronlauge versetzen und über einer kleinen Flamme zur Trockene bringen. Nach dem Erkalten mit 1 Tropfen Uranylformiatlösung versetzen: Bildung von gelblichen Tetraedern von Natriumuranylazetat [$NaC_2H_3O_2 \cdot UO_2(C_2H_3O_2)_2$] (Abb. 106 und 107). Vgl. auch Abb. 139 und 140. [D. Krüger und E. Tschirch.]

q) Auf einen Objektträger einen Glasring von etwa 1 mm Höhe aufsetzen und mit einem Deckglas bedecken, dessen Unterseite 1 Tropfen verdünntes Ammoniak trägt. Die auf Essigsäure zu prüfende feste Probe innerhalb des Ringes mit einigen Tropfen verdünnter Schwefelsäure mäßig erhitzen. Nach einigen Minuten den auf dem Deckglas befindlichen Tropfen mit 1 Körnchen Silbernitrat versetzen: Bildung farbloser, überwiegend 6seitiger, langgestreckter Kristalle von Silberazetat ($AgC_2O_2H_3$). Starke Doppelbrechung; Auslöschung gerade. Abb. 108 und 109. [H. Behrens.]

r) Auf der Tüpfelplatte 1 Tropfen der auf Essigsäure zu prüfenden Lösung mit 1 Tropfen Lanthannitratlösung (5%ig) und 1 Tropfen Jodlösung (0,01-n) versetzen und verrühren, sodann 1 Tropfen Ammoniak (1-n) hinzufügen: Nach einigen Minuten um den Ammoniaktropfen ein blauer bis blaubrauner Ring. [D. Krüger und E. Tschirch.]

Schweinfurtergrün, Mitisgrün, Würzburgergrün, Wienergrün usw. $Cu(C_2H_3O_2)_2 \cdot 3\ Cu(AsO_2)_2$.

a) Farbe grün.

b) Substanz in verdünnter Salzsäure lösen und Stückchen Zink hinzufügen: Knoblauchartiger Geruch (AsH_3).

c) Substanz wie bei (b) im Probeglas lösen und auf die Öffnung des Glases feuchtes Silbernitratpapier legen: Grauer Fleck. [Arsenreaktion nach Gutzeit.]

d) In einen auf feuchter Brotscheibe bei 20—25° in einer Petrischale üppig wuchernden Pilzrasen von Penicillium brevicaule (Reinkultur zu beziehen von Dr. G. Grübler & Co. in Leipzig) die zu prüfende Substanz eintragen und nach einigen Stunden, spätestens nach einem Tage prüfen, ob ein knoblauchartiger Geruch entstanden ist. Bildung von Diäthylarsin [$AsH(C_2H_5)_2$]. [Biologische Arsenreaktion nach Gosio.]

e) In Ammoniak tiefblaue, vollständige Lösung.

f) Mit Schwefelsäure gekocht, auffallender Geruch nach Essigsäure. Siehe auch „Grünspan“ (o—r). Abb. 106—109, 139 und 140.

g) Reaktionen auf Kupfer siehe „Grünspan“ (b n). Abb. 69, 100- 105.

Chromgrün, Ahorngrün, Laubgrün, Moosgrün, Smaragdgrün, Maigrün, Resedagrün (häufig mit Schwerspat, Gips u. a. verschnitten).

Gemenge von Chromgelb und Berlinerblau.

a) Farbe grün.

b) Mit Natron- oder Kalilauge gelbe Lösung und brauner Bodensatz. Letzterer in Salzsäure löslich (bis auf etwa vorhandenen Schwerspat).

c) Alkalische Lösung von (b) mit Eisenchlorid und Salzsäure versetzen: Blaufärbung (andernfalls ist nicht Berlinerblau, sondern ein anderer blauer Farbstoff vorhanden).

d) Alkalische Lösung (b) mit $S(NH_4)_2$ behandeln: Schwarzer Niederschlag (Unterschied von mit „Zinkgelb" gemischter Farbe).

e) Weitere Reaktionen auf Chrom und Eisen siehe „Chromgelb" und „Ocker". Abb. 85—97.

Guignetgrün, Chromoxydgrün, Arnaudongrün, Mathieu Plessygrün, Pannetiergrün.

$Cr_2H_4O_5$.

a) Farbe grün.

b) Gegen verdünnte Säuren beständig.

c) Alkalibeständig.

d) Probe im Mikrotiegel mit Na_2O_2 aufschließen. Reaktionen auf Chrom siehe „Chromgelb" (e—i). Abb. 85—91.

Graphit.

C nebst sandigen, tonigen und anderen Verunreinigungen.

a) Farbe grau bis schwarz.

b) Probe im Porzellantiegel längere Zeit glühen: Keine Veränderung.

c) Mit $K_2Cr_2O_7 + H_2SO_4$ zu Kohlensäure verbrennend.

d) Mit Salpeter in der Flamme verpuffend.

Ruß, Lampenruß, Flammruß, Kienruß, Gasruß, Azetylenruß.

Lockerer C mit kondensierten teerigen Stoffen. Häufig mit Schiefer, Ton u. a. Stoffen verschnitten.

a) Farbe schwarz.

b) Beim Erhitzen vollständig verbrennend unter Hinterlassung von sehr wenig Asche.

Rebenschwarz, Rebschwarz, Frankfurterschwarz.

Unreiner C mit viel mineralischen Verunreinigungen (besonders K- und Ca-Salze).

a) Farbe schwarz.

b) Beim Glühen unter Hinterlassung von viel Asche verbrennend (K- und Ca-haltig).

Beinschwarz, Elfenbeinschwarz, Pariserschwarz, Knochenschwarz, Spodium.

Knochenkohle und Knochenasche (Abb. 110 und 111).

a) Farbe schwarz.

b) Beim Erhitzen verbrennend unter Hinterlassung von viel Asche.

c) In der Wärme mit verdünnter Salpetersäure ausziehen und die Lösung mit reichlich Salpetersäure enthaltendem Ammoniummolybdat versetzen: Gelbe Fällung von $(NH_4)_3PO_4 \cdot 10\,MoO_3 + 3\,H_2O$.

d) Fällung von (c) unter dem Mikroskop betrachten: Kristallinische, stark abgerundete Kristallkörner von gelber Farbe. Abb. 112. [Behrens-Kley.]

e) Substanz mit Natriumkaliumkarbonat in der Platinschlinge aufschließen. Schmelze mit wenig Wasser auslaugen. 1 Tropfen der Lösung auf dem Objektträger neben 1 Tropfen Wasser, in welchem NH_4Cl und etwas Magnesiumazetat gelöst sind, bringen. Beide Tropfen durch Hinzufügen eines Tröpfchens Ammoniak zusammenfließen lassen: Kristallfällung von NH_4MgPO_4. Siehe „Magnesit" (h); vgl. auch Abb. 44—48, 113. [Behrens-Kley.]

f) Körnchen Substanz auf dem Objektträger mit Schwefelsäure behandeln: Bildung von Gipskristallen (s. „Gips"). Abb. 32—37.

Schiefergrau, Steingrau, Silbergrau, Mineralgrau.

Gemahlener Tonschiefer (bituminöses Aluminiumsilikat).

a) Farbe gelblich- bis rötlichgrau.

b) Bei mäßigem Erhitzen unverändert, nicht verglimmend.

c) Mikroskopische Untersuchung der in Öl eingebetteten Substanz: Falls die Mahlung nicht zu weit getrieben ist, zeigen die größeren Bröckchen zahlreiche Einschlüsse von zarten Kriställchen (Rutil, Amphibol) und kohligen Teilchen (Abb. 114).

Blaue Pigmentfarben (Smalte, Kobaltblau, Ultramarin, Berlinerblau, Indigo) siehe „Bläuungsmittel".

Antimonpräparate.

Antimonweiß, Algarotpulver: $SbCl_3 + Sb_2O_3$.

Neapelgelb, Antimongelb: $Pb_2Sb_2O_7$.

Antimonzinnober: $Sb_2S_6O_3$.

Brechweinstein: $C_4H_4O_7KSb$.

Der Nachweis des Antimons wird wie folgt geführt:

a) Einen Teil der Papierasche auf dem Platinblech mit verdünnter Salzsäure verrühren, gelinde erwärmen und dann ein Stückchen Zink eintragen: Nach dem Abspülen des Platinbleches ein schwarzer oder brauner Belag.

b) Sulfidfaden in die zu prüfende Lösung eintauchen und verdunsten lassen: Orangegelbfärbung. [F. Emich.]

c) Einen Tropfen der Probelösung auf Filterpapier, das mit 5%iger Phosphormolybdänsäurelösung imprägniert ist, auftragen und über Wasserdampf halten: Nach kurzer Zeit ein blauer Fleck. [F. Feigl und F. Neuber.]

d) Auf einer Tüpfelplatte in 1 cm^3 Rhodamin B-Lösung 1 Tropfen der stark salzsauren, durch Natriumnitrit oxydierten Probelösung eintragen: Umfärbung der ursprünglich hellroten Farbstofflösung nach Violett. [E. Eegriwe.]

e) Die salzsaure Lösung, in der das Antimon in der dreiwertigen Form enthalten ist, mit einem Körnchen Zäsiumchlorid versetzen: Kristallfällung von dünnen, farblosen, 6seitigen Blättchen (bis 80 μ). Bei Gegenwart von Natriumjodid lebhafte Orangefärbung der Kristalle ($2\,Cs_2SbCl_5 + 5\,H_2O$). Abb. 115. [Behrens-Kley.]

f) Auf der Tüpfelplatte 1 Tropfen der salzsauren Lösung von (e) mit einem Körnchen Natrium- oder Kaliumjodid versetzen: Starke Gelbfärbung der Lösung.

g) Die Papierasche auf dem Platindraht mit Kaliumoxyd und wenig Kaliumchlorat bis zur Rotglut erhitzen, die Schmelze in Wasser lösen und ein Körnchen Natriumchlorid hinzufügen: Kristallfällung von $Na_2H_2Sb_2O_7 + 6\,H_2O$. Farblose, linsenförmige Gebilde (20—50 μ). Auslöschung gerade, Doppelbrechung schwach negativ. Aus sehr verdünnten Lösungen größere tetragonale Prismen. Leicht Impfstriche bildend (Abb. 116; vgl. auch Abb. 143). [Behrens-Kley.]

III. Stoffe für feuer- bzw. flammensichere Imprägnierungen.

Asbest (Hornblende- und Serpentinasbest).

Wasserhaltige Magnesiumsilikate mit geringen Mengen von Eisen- und Aluminiumverbindungen.

Der Hornblendeasbest zeigt beträchtliche Länge, ist aber von verhältnismäßig spröder Beschaffenheit. Er wird hauptsächlich auf Pappen und Papiere verarbeitet. Wegen seiner großen Widerstandsfähigkeit gegen starke Mineralsäuren wird er auch vielfach als Filterstoff benutzt. Dort, wo es auf große Geschwindigkeit der Fasern ankommt (Textilindustrie), ist der Serpentinasbest vorzuziehen; er ist allerdings kürzer als der vorgenannte und nicht säurefest. Der in Kollergängen mechanisch aufgeschlossene und von seinen erdigen Verunreinigungen befreite Asbest besteht, wie die mikroskopische Untersuchung lehrt, aus Kristallnadeln von hoher Lichtbrechung und außerordentlicher Feinheit (die Breite beträgt manchmal nur etwa 0,5 μ). Vielfach sind die Fasern noch zu

Bündeln vereinigt, die eine deutliche Parallelstreifung erkennen lassen. An den Enden sind solche Bündel häufig *pinselartig* aufgetrieben. Durch den Mahlvorgang sind die Einzelfasern oft bloßgelegt und, im Gegensatz zu ihrer ursprünglichen Beschaffenheit, mannigfach *verbogen* und miteinander *verflochten*. In Papieren und Pappen sind sie häufig so stark deformiert und klumpig verflochten, daß sie das Aussehen von schmierig gemahlenen Bastfasern annehmen. Eine besondere mikroskopische Struktur kommt den Asbestfasern *nicht* zu. Ihrer mineralischen Natur entsprechend, sind sie *unverbrennlich*. Abb. 117—121.

Stärke.

$C_6H_{10}O_5$.

a) Papier mit sehr verdünnter Jodlösung behandeln: *Blaufärbung*.

b) Papier auf dem Objektträger in kaltem Wasser gut zerfasern und mikroskopisch auf etwa vorhandene *Stärkekörner* untersuchen. Polarisationsapparat (Nikols gekreuzt) sehr vorteilhaft, weil die stark *doppelbrechenden* Stärkekörner durch ihr *Polarisationskreuz* klar hervortreten (Abb. 122). Über die mikroskopische Unterscheidung der wichtigsten Stärkearten siehe Tabelle 3 und Abb. 123—129.

Tabelle 3. *Mikroskopische Unterscheidungsmerkmale der für die Faserstoffindustrie wichtigsten Stärkearten des Handels.*

	Kartoffel	Weizen	Mais	Reis
Allgemeine Form	Einfache Körner, daneben auch Zwillings- u. Drillingskörner, sowie halbzusammengesetzte[1] Körner. Zwischen Groß- und Kleinkörnern alle Übergänge in der Größe. Großkörner eiförmig oder unregelmäßig abgerundet. Kleinkörner kugelig oder ellipsoidisch (Abb. 127—129)	Einfache und Zwillingskörner. Großkörner linsenförmig. Kleinkörner kugelig oder unregelmäßig rundlich (Abb. 125 und 126)	Einfache, polyedrische oder abgerundete Körner (Abb. 124)	Einfache und zusammengesetzte (2—200 Teilkörner) Körner. Polyedrisch (5—6-seitig, seltener 3—4eckig) (Abb. 123)
Sichtbarkeit der Einzelkörner	Großkörner mit freiem Auge sichtbar	Nur mit einer kräftigen Lupe sichtbar		Nur mikroskopisch sichtbar
Durchmesser der Großkörner in μ (häufigster Wert)	60—100 [2] 70	25—30	15—20	3—7

(Fortsetzung siehe nächste Seite.)

[1] Im Korn 2 oder 3 Kerne, die von konzentrischen Schichten und einer gemeinsamen Hülle umgeben sind. [2] Längsdurchmesser.

Tabelle 3 (Fortsetzung).

	Kartoffel	Weizen	Mais	Reis
Durchmesser der Kleinkörner in μ (häufigster Wert)	Alle Übergänge zu den Großkörnern	7	—	—
Schichtung der Großkörner in Wasser	Sehr deutlich (exzentrisch) (Abb. 122, 127—129)	Selten und auch da nur undeutlich (zentrisch) (Abb. 126)	Nicht sichtbar	Nicht sichtbar
Kern der Großkörner	Sehr deutlich (exzentrisch). Exzentrizität $^1/_4$—$^1/_6$	Deutlich sichtbar (zentrisch), manchmal lufterfüllte, kleine Höhlung, seltener Spalten	Große lufterfüllte Höhlung, radial spaltenförmig zerklüftet	Wenig deutlich, manchmal kleine rundliche Höhlung
Polarisationskreuz zwischen gekreuzten Nicols	Ausgezeichnet sichtbar (exzentrisch (Abb. 122)	Klar, aber nicht so deutlich wie bei Kartoffelstärke (zentrisch)	Undeutlich	
Mittl. Lichtbrechung (n. Lippmann)	1,5135	1,5245	1,5222	1,5219
Verkleisterungstemperatur in °C (nach E. Ott)	58,7—62,5	62,5—68,7	55,0—67,5	58,7—61,2

Getreidemehl.

Papier mit 1—2%iger Natronlauge etwa 10 Minuten kochen und den nach dem kräftigen Schütteln entstandenen Faserbrei durch ein nicht zu feines Sieb schlagen. Das durch das Sieb Gegangene zentrifugieren. Rückstand mikroskopisch in konzentriertem Chloralhydrat untersuchen: Mehl enthält stets zellige Anteile der Frucht- und Samenschale der betreffenden Getreidefrüchte (Kleienanteile). Bei der Untersuchung ist besonders auf die charakteristisch gebauten Haare der Fruchtschale Rücksicht zu nehmen. Aus der Abb. 130 ist deutlich ersichtlich, daß das Weizenkorn nur an seinem oberen Ende einen dichten Haarschopf trägt, während das untere Ende, das eine dem kleinen Keim entsprechende Wölbung zeigt, haarfrei ist. Ein schmaler seitlicher Spalt an der Bauchseite durchzieht das Korn seiner ganzen Länge nach. Ein Stück des mit einem Rasiermesser tangential abgetragenen oberen Endes der Fruchtschale läßt nach der Einbettung in konzentriertem Chloralhydrat den vorhandenen Haarwald schon in schwacher mikroskopischer Vergrößerung erkennen (Abb. 131).

Einzelne Haare erreichen eine ansehnliche Länge, die nach Wittmack bis 752 μ betragen kann. Die bei der Untersuchung des Papiers etwa gefundenen Kleienbestandteile dienen im Bedarfsfall zur näheren Bestimmung der zur Mehlbereitung verwendeten Getreideart bzw. Stammpflanze. Über die Unterscheidung des hauptsächlich in Frage kommenden Weizen- und Roggenmehles ist die Tabelle 4 einzusehen. Siehe auch Abb. 132 und 133.

Tabelle 4. Unterscheidung von Weizen- und Roggenmehl nach Schimper[1].

	Weizen	Roggen
Haare	Wanddicke beinahe stets, mit Ausnahme der zwiebelförmigen Basis, größer als die Breite des Lumens oder demselben zum mindesten gleich (Ausnahme: Spelt)	Wanddicke in der Regel, mit Ausnahme der Spitze, geringer als die Breite des Lumens
Längszellen	Dickwandig, stark getüpfelt, die Verdickungen im Profil eckig	Dünnwandig, schwach getüpfelt, die Verdickungen im Profil gerundet
Querzellen	Meist länger als die Längszellen oder doch ebensolang, selten kürzer Dickwandig, stark getüpfelt. Enden meist dünner als die Längsseiten und gewöhnlich dachartig zugespitzt	Meist viel kürzer als die Längszellen, nur ausnahmsweise ebensolang oder etwas länger. Dünnwandig, schwach getüpfelt. Enden sind dicker als die Längsseiten und gewöhnlich gerundet
Aleuronzellen	Relativ groß. Die größten nach Wittmack 32—40 μ breit und 56 bis 72 μ lang	Relativ klein. Die größten 23 bis 40 μ breit und 40—64 μ lang
Stärkekörner	Bis 40 μ breit, selten mit zentralem Hohlraum	Bis 52 μ breit, häufig mit zentralem Hohlraum

Zucker (Traubenzucker, Glykose, Glukose, Dextrose).

$C_6H_{10}O_5$.

a) Wässerigen Auszug des Papiers in einem kleinen Schälchen auf dem Wasserbad konzentrieren. Mit Fehlingscher Lösung bis zur deutlichen Blaufärbung versetzen und aufkochen: Umschlag der blauen Farbe in gelb oder grüngelb und sofortige Abscheidung von rotem Kupferoxydul (bei sehr geringen Zuckermengen nur Trübung).

b) Auf dem Objektträger je 1 Tropfen einer Lösung von salzsaurem Phenylhydrazin in Glyzerin und einer Lösung von Natriumazetat in Glyzerin (beide im Verhältnis 1 : 10) aufsetzen, vermischen und mit einem Tropfen des stark konzentrierten Papierauszugs versetzen. Auf dem Wasserbade etwa $^1/_2$ Stunde erwärmen: Mikroskopische Sphärite, Garben und Büschel von gelber Farbe (Osazonbildung). Stark polarisierend. Abb. 134—137. [Senft.]

[1] A. F. W. Schimper, Anleitung zur mikroskopischen Untersuchung der vegetabilischen Nahrungs- und Genußmittel, 2. Aufl. Jena 1901. Vgl. auch Hager-Tobler, Das Mikroskop und seine Anwendung, 13. Aufl. Berlin 1925.

Tierischer Leim.

Siehe IV. Organische Leim- und Imprägnierungsmassen, „Leim".

Wasserglas.

$4\ SiO_2 \cdot Na_2O$.

a) Reaktionen auf Silizium siehe „Kaolin" (h—l). Abb. 73—78, 148.

b) Papier mit verdünnter Salzsäure aufkochen, Lösung auf dem Wasserbad weitgehend konzentrieren. 1 Tropfen der Lösung auf dem Objektträger eindunsten lassen: In der rückständigen Kruste glasklare Würfel von NaCl vorhanden (Abb. 138).

c) Rückstand der Lösung auf dem Platindraht in der entleuchteten Flamme des Bunsenbrenners glühen: Langandauernde Gelbfärbung. Im Spektroskop eine sehr helle gelbe Linie (D) sichtbar.

d) 1 Tropfen der Lösung (b) auf dem Objektträger mit 1 Tropfen Uranylazetat versetzen: Schwach gelbe Kristallfällung von $NaC_2H_3O_2 \cdot UO_2(C_2H_3O_2)_2$. Scharf ausgebildete Tetraeder; Ecken der Kristalle häufig durch das Gegentetraeder abgestumpft. Abb. 139 und 140; vgl. auch Abb. 106 und 107. [Behrens-Kley.]

e) 1 Tropfen der konzentrierten Lösung auf dem gefirnißten Objektträger mit einem Körnchen Ammoniumfluorsilikat versetzen: Kristallfällung von Na_2SiF_6. Siehe auch „Kaolin" (i) und Abb. 74—77, 148. [Behrens-Kley.]

f) Auf einer dunklen Tüpfelplatte 1 Tropfen der Lösung (mit NH_3 neutralisieren) mit 8 Tropfen Zinkuranylazetat versetzen und verrühren: Gelber Niederschlag von $NaZn(UO_2)_3(CH_3 \cdot COO)_9 + 9\ H_2O$. [Natriumreaktion nach J. M. Kolthoff.]

g) Auf dem Objektträger den zur Trockene verdampften Rückstand mit 1 Tropfen Zinkuranylazetat und etwas Essigsäure versetzen: Schwach gelbe Kristallfärbung (scheinbar oktaedrisch, wahrscheinlich rhomboedrisch). Ab und zu auch tetraedrische Gebilde $[NaZn(C_2H_3O_2)_3 \cdot 3\ UO_2(C_2H_3O_2)_2 + 9\ H_2O]$. Abb. 141 und 142. [Behrens-Kley.]

h) 1 Tropfen der salzsauren Lösung (b) mit 1 Tropfen frisch gesättigter, wässeriger Lösung von Kaliumpyroantimoniat versetzen: Kristallfällung von Natriumpyroantimoniat ($Na_2H_2Sb_2O_7 + 2\ H_2O$). In der Regel linsenförmige, farblose Gebilde. Leicht Impfstriche bildend. Kalzium und Magnesium dürfen nicht zugegen sein. Abb. 116, 143. [Behrens-Kley.]

Quarzpulver.

SiO_2.

a) Spezifisches Gewicht 2,7 g/cm³; Substanz auf Bariumquecksilberjodid schwimmend.

b) Härte 7; Pulver in ein Holzstück fest eindrücken und damit eine Glasplatte reiben: Unter der Lupe deutliche Kratzspuren sichtbar.

c) Pulver auf dem Objektträger in Glyzerin einbetten: Unter dem Mikroskop erscheinen die größeren Körner farblos, durchsichtig und rissig mit muscheligem Bruch und scharfen Kanten. Manchmal sehr feine Einschlüsse fester, flüssiger oder gasförmiger Art vorhanden (Abb. 144—146; vgl. auch Abb. 119—121).

d) Vor dem Lötrohr auf Kohle unschmelzbar.

e) Spezifische Doppelbrechung gering (+ 0,009). In Nitrobenzol fast unsichtbar.

f) Zwischen gekreuzten Nikols Interferenzfarben der gröberen Körner sehr lebhaft und stark wechselnd.

g) „Achsenbild" der gröberen Körner sehr charakteristisch (mit stark konvergentem Licht und starkem Objektiv ohne Okular betrachten): Die Balken des schwarzen Polarisationskreuzes reichen nicht bis zum Mittelpunkt. In weißem Licht erblickt man inmitten einer Schar konzentrischer farbiger Ringe ein gefärbtes Mittelfeld (Abb. 147). Das Korn, das das Achsenbild liefert, wird allerdings nur selten, d. h. nur zufällig, so gelagert sein, daß dessen optische Achse zur Längsrichtung des Mikroskops parallel liegt. Trotz der dadurch bedingten Verzerrung des Achsenbildes wird man aber doch feststellen können, daß die Balken des Polarisationskreuzes nicht bis zum Mittelpunkt reichen und daß das zentrale Feld im allgemeinen hell erscheint.

h) Reaktionen auf Silizium siehe „Kaolin" (h—l). Abb. 148; vgl. auch Abb. 73—78.

Glaspulver.

$CaO \cdot 3\,SiO_2 + Na_2O \cdot 3\,SiO_2$.

(Je nach der Glasart stark wechselnd.)

a) Vor dem Lötrohr auf Kohle schmelzend (Kaliglas sehr strengflüssig, Natronglas weniger strengflüssig).

b) Lichtbrechung des farblosen Glases etwa 1,55, also der von Nitrobenzol gleich; Lichtbrechung des Flaschenglases etwa 1,60, also der des Anilins gleich. Doppelbrechung fehlend oder nur sehr schwach vertreten.

c) Aufschließen und Reaktionen auf Silizium siehe „Kaolin" (h—l). Abb. 73—78, 148.

d) Feingepulverte Substanz im Platinlöffel mit rauchender Salzsäure versetzen und die Lösung eindampfen. Versuch ist zu wiederholen. Rückstand auf 120° erwärmen, mit heißem Wasser und Salzsäure aufnehmen und zentrifugieren. Klare Lösung auf Kalzium und Natrium prüfen. Siehe „Gips" (c—h). Abb. 32—42 und „Wasserglas" (b—h). Abb. 106 und 107, 138—140.

e) Die klare Lösung (d) ist gegebenenfalls auch auf Kalium näher zu untersuchen (Vorprüfung: Betrachtung der Flammenfärbung mit dem „Kaliumfilter" nach A. Herzog). Sonderreaktionen auf Kalium siehe „Alaun" (c—m). Abb. 160—168.

Kieselgur, Infusorienerde, Diatomazeenerde[1].

Vorwiegend SiO_2.

a) Reaktionen auf Silizium siehe „Kaolin“ (h—l). Vgl. auch Abb. 73 bis 78, 148.

b) Papierasche mit konzentrierte Schwefelsäure und etwas 20%iger Chromsäurelösung einige Minuten kochen, sodann zentrifugieren. Wiederholt waschen. Herstellung von mikroskopischen Präparaten: Bei Gegenwart von Kieselgur mannigfach geformte zierliche Kieselpanzer verschiedener Kieselalgen (Diatomazeen). Abb. 149. Zur optischen Auflösung der feinen Strukturen sind Objektive mit hoher numerischer Apertur nötig, auch ist die Einbettung der Kieselalgen möglichst in Luft vorzunehmen. Für analytische Zwecke ist eine Vergrößerung von 150 vollständig ausreichend, da es nicht auf eine Bestimmung der botanischen Arten ankommt (Abb. 150).

Porzellanpulver.

Siehe „Kaolin“ (vgl. auch Abb. 72—84).

Ammoniumsalze.

[Insbesondere Ammoniumsulfat $(NH_4)_2SO_4$, Ammoniumchlorid NH_4Cl und Ammoniumphosphat $(NH_4)_3PO_4$.]

a) Papier mit heißem Wasser ausziehen, Lösung stark eindampfen. 1 Tropfen der Lösung mit 1 Tropfen Rieglerschem Reagens auf einer Tüpfelplatte mischen und ein linsengroßes Häufchen von CaO eingetragen: Rote Zone um das CaO. [Ammoniakreaktion nach E. Riegler.]

b) Auf einen Objektträger einen Glasring legen (Höhe etwa 3 mm, Durchmesser etwa 10 mm) und 1 Tropfen der stark eingeengten wässerigen Lösung hineinbringen. Zusatz von 2 Tropfen starker Natronlauge und sofortiges Bedecken des Ringes mit einem Deckglas, an dessen Unterseite 1 Tropfen 10%iger Platinchloridlösung hängt. Nach schwachem Erwärmen Bildung gelber tesseraler Kristalle von $(NH_4)_2 \cdot PtCl_6$. Abb. 152. [Behrens-Kley.]

c) Auf den Boden der Kammer (wie bei f) 1 Tropfen der Probelösung mit 1 Tropfen starker Natronlauge zusammenfließen lassen und sofort ein Deckglas mit 1 Tropfen Salzsäure (1 : 1) auf der Unterseite auflegen: Nebelbildung; Entstehen von Kristallskeletten (NH_4Cl) im Säuretropfen, der nach dem Verdunsten eine Kruste mit zierlichen, tannenzweigähnlichen Kristallbildungen zurückläßt (Abb. 151).

d) Wie bei (b), jedoch an Stelle des Platinchloridtropfens feuchtes rotes Lackmuspapier: Bläuung infolge Bildung von NH_3.

[1] Man verwendet z. B. einen Anstrich von Kieselgur, Glaspulver und Wasserglaslösung. Darauf streicht man eine Masse aus gemahlenem Porzellan, Steingut und Kieselgur, die gleichfalls mit Wasserglas angeteigt wurde, und nachträglich folgt noch eine Behandlung mit $CaCl_2$.

e) 1 Tropfen der wässerigen Lösung auf dem Objektträger vollständig eindunsten lassen: Dendritische zierliche Kristallbildungen (Abb. 151). — Gegensatz zu den Chloriden des K und Na, die relativ große, glashelle Würfel in der Kruste enthalten; vgl. Abb. 138.

f) Kruste (e) mit 1 Tropfen alkoholischer Pikrinsäurelösung zusammenbringen: Kristallfällung von gelbem Ammoniumpikrat $(C_6H_2NO_2)_3O \cdot NH_4$. Vorwiegend Kristallskelette von zum Teil fächerartiger Form, stark doppelbrechend. Abb. 153, 165. [Patschowsky.]

g) Auf den Objektträger einen etwa 1 mm hohen Glasring legen und in die so gebildete Kammer 1 Tropfen der Probelösung oder 1 Körnchen der zu prüfenden festen Substanz hineinbringen, mit einem Tropfen starker Natronlauge oder einem Bröckchen Ätznatron versetzen und sofort mit einem Deckglas bedecken, das an der Unterseite 1 Tröpfchen freier Ölsäure trägt: Starke Bewegung des Ölsäuretropfens, Ausschleudern einzelner Teile desselben (zum Teil fädig), starke Ausbreitung des Tropfens auf dem Deckglas und deutliche Fältelung der zurückbleibenden, weißlichgrau aussehenden Ammoniumseifenhaut. Abb. 154 und 155. [Ammoniakreaktion nach A. Herzog.]

h) Wässerige Lösung auf dem Objektträger mit salpetersäurehaltigem Silbernitrat fällen (AgCl), Niederschlag mit heißem Wasser auswaschen und in konzentriertem Ammoniak lösen: Bildung scharfumrissener kleiner Kristalle (10—20 μ) von Chlorsilber (AgCl). Starke Vergrößerung und Auflichtkondensor vorteilhaft (Nachweis von Salzsäure bzw. Chloriden). Abb. 156—158. [Behrens-Kley.]

i) 1 Tropfen der Lösung auf dem Objektträger mit einem Körnchen Thalliumnitrat versetzen: Weiße Kristallfällung von Thallochlorid (TlCl). Dendriten vorherrschend, daneben farblose Würfel und kreuzförmige Rosetten. Umkristallisieren aus heißem Wasser möglich. Infolge der starken Lichtbrechung im durchgehenden Licht dunkel erscheinend. Auffallendes Licht daher empfehlenswert (Nachweis von Salzsäure bzw. Chloriden). Abb. 159. [Behrens-Kley.]

k) Reaktionen auf Schwefelsäure siehe „Schwerspat" (l und m). Vgl. auch Abb. 28—37.

l) Reaktionen auf Phosphorsäure siehe „Beinschwarz" (c—e). Vgl. auch Abb. 44—48, 112 und 113.

Zinksulfat.

$ZnSO_4$.

a) Zinknachweis in der wässerigen oder salzsauren Lösung siehe „Zinkspat" (e—o). Vgl. auch Abb. 49—62.

b) Schwefelsäurenachweis in der wässerigen oder salzsauren Lösung siehe „Schwerspat" (l und m) und „Gips" (e). Vgl. auch Abb. 28—31 und 33—37.

Aluminiumsulfat.

$Al_2(SO_4)_3 + 18\,H_2O$.

a) Papier mit heißem Wasser oder verdünnter Salzsäure ausziehen. Aluminiumnachweis siehe „Kaolin" (m—o). Vgl. auch Abb. 79—84.

b) Schwefelsäurenachweis in der Lösung siehe „Schwerspat" (l und m) und „Gips" (e). Vgl. auch Abb. 28—31 und 33—37.

Alaun.

$Al_2(SO_4)_3 \cdot K_2SO_4 + 24\,H_2O$.

a) Papier mit heißem Wasser oder verdünnter Salzsäure ausziehen. Aluminiumnachweis siehe „Kaolin" (m—o). Abb. 79—84.

b) Schwefelsäurenachweis siehe „Schwerspat" (l und m) und „Gips" (e). Vgl. auch Abb. 28—31 und 33—37.

c) 1 Tropfen Lösung mit 1 Tropfen 10%igem Platinchlorid versetzen: Gelbe Kristallfällung von stark lichtbrechendem K_2PtCl_6. Scharf geformte Oktaeder (bis 70 μ), Aggregate von mehreren Kristallen, Dendriten (Abb. 160). Betrachtung im auffallenden Licht zu empfehlen (Lieberkühn). Beim Reiben des Glases mit einem Platindraht „Impfstriche". [Behrens-Kley.]

d) Natriumnitrit, Kupferazetat, Bleiazetat und Essigsäure mit dem Probetropfen auf dem Objektträger zusammenbringen: Kristallfällung von $K_2CuPb(NO_2)_6$. Näheres siehe „Bleiweiß" (h). Abb. 69, 105. [Behrens-Kley.]

e) 1 Tropfen der Lösung mit 1 Tropfen Wismutnitrat in Schwefelsäure auf dem Objektträger zusammengebracht: Weiße Kristallfällung von $3\,K_2SO_4 \cdot Bi_2(SO_4)_3$. Farblose 6seitige Scheibchen, die manchmal zu sternförmigen Gebilden auswachsen; Abb. 161. [Behrens-Kley.]

f) Auf schwarzer Tüpfelplatte 1 Tropfen der Lösung mit 1 Tropfen Silbernitrat und einem Körnchen Natriumkobaltinitrit versetzen: Gelber kristallinischer Niederschlag von $K_2Na[Co(NO_2)_6]$. [L. Burgess und O. Kamm.]

g) In der entleuchteten Bunsenflamme auf dem Platindraht glühen und durch das Kaliumfilter nach A. Herzog betrachten: Selbst bei Gegenwart von viel Natrium ist eine Rotfärbung der gelbgrün gesäumten Flamme zu erkennen[1]. Betrachtung der Flamme mit dem Spektroskop: Charakteristische Linien im Rot (752 α) und Blau (405 β). [A. Herzog.]

h) Auf dem Objektträger 1 Tropfen der auf Kalium zu prüfenden Lösung mit 1 Tropfen Weinsäurelösung (1 : 10) versetzen, erhitzen und am Deckglasrand Alkohol hinzufügen: Kristallfällung von Kaliumbitartarat ($KHC_4O_6H_4$). Farblose Kristalle (hexagonale Täfelchen, Platten, kurz-wetzsteinartige Formen usw.) von starker spezifischer Doppelbrechung. Leicht Impfstriche bildend. Abb. 162 und 163. [N. Schoorl.]

[1] Weniger empfehlenswert sind die im Handel erhältlichen violetten Lichtfilter.

i) Auf dem Objektträger 1 Tropfen der Probelösung mit 1 Tropfen alkoholischer Pikrinsäurelösung versetzen: Kristallfällung von gelbem Kaliumpikrat [$C_2H_2(NO_2)_3OK$]. Vorherrschend lange Kristallnadeln und Nadelbüschel des rhombischen Systems (Abb. 164). Kaliumreaktion nach Patschowsky. Es sei bemerkt, daß Kalziumpikrat in Wasser sehr leicht löslich ist, schwerer löslich sind Natrium- und Ammoniumpikrat. Das Natriumpikrat kristallisiert immer in dichten garbenförmigen Büscheln von gelben Nadeln; das Ammoniumpikrat zeigt schiefwinkelige, aus dünnen gelben Stäben zusammengesetzte Kristallskelette, von zum Teil fächerartiger Form. Starke Doppelbrechung. Abb. 153, 165.

k) Auf dem Objektträger 1 Tropfen der auf K_2SO_4 zu prüfenden, ziemlich konzentrierten Lösung erwärmen und beiseite stellen: Ausscheidung von Kristallen (K_2SO_4), rhombisch, schwach doppelbrechend (Abb. 166).

l) Auf dem Objektträger den auf Kaliumsulfat zu prüfenden Rückstand versetzen mit etwas gut filtrierter Lösung von Bismarckbraun: Abscheidung zarter, stark dichroitischer Kristalle von feinfaseriger Beschaffenheit; in der Regel zu feinen Büscheln vereinigt, daneben aber auch körnigflockige bis brockige Abscheidung von Farbstoffteilchen (unsicher!). Abb. 168. [J. W. Retgers.]

m) Auf dem Objektträger 1 Tropfen der auf K_2SO_4 zu prüfenden, ziemlich konzentrierten neutralen Lösung mit 1 Kriställchen Nickelsulfat zusammenbringen: Schwachgrüne Kristallfällung von Kalium-Nickelsulfat. Gut ausgebildete monokline Prismen und gröbere, wetzsteinartige Formen vorherrschend. Starke spezifische Doppelbrechung. Abb. 167.

Borax.

$$B_4O_7Na_2 + 10\,H_2O.$$

a) Ein etwa 1 cm langes Stück Kurkumafaden an einem Wachsklötzchen befestigen und das freie Ende in die mit einem Körnchen Kaliumbisulfat versetzte Probelösung eintauchen. Nach dem Trocknen mikroskopisch untersuchen: Braun- oder Rotfärbung des Fadenendes. Mit 1 Tropfen 13%iger Sodalösung zusammenbringen: Blaufärbung.

b) 1 Tropfen des salzsauren Auszugs des Papiers auf Kurkumapapier bringen und bei 100° trocknen: Rotbrauner Fleck, der beim Antüpfeln mit 1%iger Natronlauge blau oder grünschwarz wird. [Borsäurenachweis nach F. W. Daube.]

c) Probelösung alkalisch machen und 1 Tropfen in einem Mikrotiegel verdampfen. Nach Zusatz von 2—3 Tropfen einer 0,05%igen Lösung von Purpurin in konzentrierter Schwefelsäure: Farbenumschlag von Orange nach Weinrot. [Borsäurenachweis nach F. Feigl und P. Krumholz.]

d) In einem Platinlöffelchen eingedampften Rückstand mit einigen Tropfen konzentrierter Schwefelsäure versetzen, dann etwas Methylalkohol hinzufügen und anzünden. Über das Platinlöffelchen sofort ein Glasschälchen stülpen, dessen Innenseite durch Anhauchen feucht gemacht ist. Diese Probe einige Male wiederholen, dann das Schälchen mit Wasser (2 Tropfen) ausziehen und den Auszug auf einem Objektträger verdunsten lassen: Im krustigen Rückstand scharfgeformte 6seitige Plättchen und Stäbchen von H_3BO_3 (vgl. Abb. 169—171). [Behrens-Kley.]

e) Auf dem Platindraht in der entleuchteten Bunsenflamme glühen: Langanhaltende Gelbfärbung (Na, durch das Natriumfilter betrachten). Durch das Kaliumfilter nach A. Herzog gesehen, langanhaltende lebhafte Grünfärbung. [A. Herzog.]

f) Im Spektroskop gesehen, zeigt die Boraxflamme (e) die Natriumlinie (**D**) und zahlreiche Streifen bzw. Linien im Grün.

Borsäure.

H_3BO_3.

a) Kurkuma- und Purpurinreaktion wie bei „Borax" (a und b).

b) Nach Verdampfen des wässerigen Auszuges auf dem Objektträger 6seitige Kristalle von Borsäure wie bei „Borax" (d). Abb. 169 bis 171. [Behrens-Kley.]

c) Auf dem Platindraht in der entleuchteten Bunsenflamme glühen: Schon ohne Lichtfilter deutliche Grünfärbung sichtbar.

d) Wässerigen Auszug mit einigen Tropfen Methylalkohol versetzen und anzünden: Grüngesäumte Flamme.

IV. Organische Stoffe, die zum Leimen, Wasserdichtmachen und Durchscheinendmachen Verwendung finden[1].

I. Papier mit etwa 70%igem Alkohol unter Zusatz von etwas Essigsäure 1 Stunde in der Kälte ausziehen.

A. Weiterbehandlung des Papiers . . . . *siehe II*

B. Der alkoholische Auszug wird auf dem Wasserbade stark eingeengt und wie folgt auf **Harz**[2] (Harzleimung, Lacke[3]) untersucht:

a) Raspailsche Reaktion: Mit Zucker und konzentrierter Schwefelsäure Rotviolettfärbung. Die Reaktion gelingt auch mit dem ursprünglichen Papier, sofern Eiweißstoffe, Fette und verholzte Fasern nicht zugegen sind. Nach v. Wiesner genügt ein auf das Papier gebrachter Tropfen konzentrierter Schwefelsäure, um die Rotviolettfärbung zu bewirken.

---

[1] Analysenschema nach S. 48.

[2] Unterscheidung der Harze siehe Tabelle 5, S. 48.

[3] Die gebräuchlichen Lacke sind Lösungen von Harzen oder Umwandlungsstoffen derselben. Als Lösungsmittel kommen in Betracht: Alkohol, Terpentinöl, trocknende Öle, Firnisse, Zaponlack, Azeton, Amylalkohol usw.

b) In Wasser gegossen, auffallende Trübung (Harzemulsion). Mikroskopisch sind schaumige Harzkügelchen zu erkennen, die sich beim Erwärmen zusammenballen (Abb. 172). Nach völligem Verdunsten des Wassers hinterbleibt eine feste Harzkruste, die beim Erwärmen einen deutlichen Harzgeruch zeigt (Abb. 173).

c) Reaktion nach Storch-Liebermann: Falls genügend trockener Rückstand vorliegt, wird dieser im trockenen Reagensglas unter schwachem Erwärmen mit Essigsäureanhydrid geschüttelt. Nach dem Erkalten wird das Essigsäureanhydrid mit einer fein ausgezogenen Pipette in ein Probeglas gebracht und an dessen Rand einige Tropfen Schwefelsäure ($s = 1{,}53\ g/cm^3$) herablaufen gelassen. Harze veranlassen eine Rotviolettfärbung. Im Notfall kann die Reaktion auch unmittelbar mit dem Papier (etwa 10 cm^2) vorgenommen werden.

d) Fügt man zu 1—2 cm^3 Methylsulfat eine kleine Menge des Extraktes hinzu und erwärmt, so entsteht eine Färbung, die von Rosa über Violett in Dunkelviolett übergeht und beim stärkeren Erwärmen wieder verschwindet.

Weitere Reaktionen, die mit dem ursprünglichen Papier vorgenommen werden können:

e) Das Papier wird mit Eisessig in der Wärme ausgezogen. Beim Eingießen des Auszuges in Wasser entsteht eine dicke weiße Trübung (Harzemulsion). Mikroskopische Kontrolle angebracht. Fette, Wachse, Paraffin und ähnliche Stoffe dürfen jedoch nicht zugegen sein.

f) Das Papier wird auf eine hohle Unterlage gelegt und mit einigen Tropfen Äther beträufelt. Nach dem Verdampfen des Äthers zeigt sich ein deutlicher Harzrand. Gegebenenfalls ist der Versuch durch neuerliches Anträufeln von Äther zu wiederholen. Die Betrachtung erfolgt am besten mit durchfallendem Licht [Herzberg] (Abb. 174). An Stelle von Äther ist besonders bei schwachen Harzleimungen Xylol vorzuziehen, weil dieses eine schärfere Begrenzung des Fleckes liefert und nur ein einmaliges Auftropfen nötig macht (Abb. 175 und 176). Fette, Wachse, Paraffin und ähnliche Stoffe dürfen jedoch nicht zugegen sein, da sie gleichfalls eine helle Umrandung zeigen.

g) Geschmolzenes Stearin erzeugt einen durch das Papier schlagenden Fettfleck (Gegensatz zur Tierleimung). Nach der Entfernung des Stearins hinterbleibt ein glasig durchsichtiger Fleck.

h) Das Papier wird in der Hand stark geknittert und schwach gerieben, ohne daß Löcher entstehen. Zieht man dann auf dem Papier Tintenstriche, so schlagen diese bei Harzleimung nicht durch (Gegensatz zur Tierleimung).

Tabelle 5. Unterscheidung der Harze auf Grund ihres Verhaltens gegen Lösungsmittel. (Nach Valenta.)

	Epichlorhydrin	Dichlorhydrin
Elemi	Löst leicht und vollkommen sowohl kalt, wie in der Wärme, gibt gelbliche bis grünliche Lösung, die beim Verdunsten klare, gelbliche Schichten hinterläßt	Löst leicht und vollkommen. Beim Erwärmen bräunt sich die Lösung
Mastix	Löst leicht in der Kälte und in der Wärme. Die Lösung ist lichtgelb und hinterläßt beim Verdunsten eine farblose, glänzende Schicht	Löst etwas schwerer. Beim Erwärmen bräunt sich die Lösung
Dammar	Löst unvollkommen, leichter in der Wärme; das klare gelbliche Filtrat gibt eine feste, klare farblose Lackschicht	Löst in der Kälte ziemlich leicht mit bräunlicher Farbe; die Lösung wird beim Erwärmen dunkelbraunviolett
Courbarilkopal	Löst kalt unvollständig, in der Hitze fast vollständig zu klarem, gelblichen Firnis	Löst kalt vollkommen; die gelbe Lösung wird beim Erwärmen braun
Sandarak	Löst kalt und warm unvollständig; Lösung hellgelb gefärbt	Löst kalt vollkommen; braungelbe Lösung wird in der Wärme tiefbraun
Schellack, gebleicht	Löst wenig, auch warm unvollkommen	Löst in der Wärme leicht und vollkommen; Lösung gelblich, wird nicht braun, Lackschicht trocknet sehr langsam
Zansibarkopal	Löst in der Kälte zum Teil, leichter warm. Die Lösung ist lichtgelb und gibt eine harte klare Schicht	Löst kalt, teilweise mit bräunlicher Farbe, beim Erhitzen dunkelbraune Lösung
Angolakopal	Löst in der Kälte teilweise, leichter warm. Die schwach gelbliche Lösung gibt eine feste Lackschicht	Löst leichter; Lösung wird beim Erwärmen braun
Manilakopal	Löst kalt zum Teil (oder ungelöster Teil quillt gallertartig auf), warm fast vollständig; gibt eine gelbe Lösung und feste Lackschicht	Löst in der Wärme zum größten Teil; Lösung braungelb, wird beim Erhitzen braun
Kaurikopal	Löst kalt teilweise (Rest quillt auf), in der Wärme vollkommen. Farbe lichtgelb, Lack klar	Löst fast vollkommen; Lösung ist braungelb, wird beim Erhitzen braun
Bernstein	Löst teilweise, sehr langsam. Lösung gelb	Löst nur wenig. Beim Erhitzen färben sich die Bernsteinstücke braun

Additional material from *Mikrochemische Papieruntersuchung;*
ISBN 978-3-662-33495-9 is available at http://extras.springer.com

II. Das von Harz befreite Papier (I) wird auf dem Wasserbade mit niedrigsiedendem Petroläther etwa $^1/_2$ Stunde ausgezogen (Rückflußkühler).

Zuvor überzeuge man sich durch eine Vorprobe, ob Fette und fettähnliche Körper in nennenswerter Menge zugegen sind, etwa durch Aufkochen des roh zerfaserten entharzten Papiers mit Chloralhydrat oder durch Behandlung der Fasern mit Kupferoxydammoniak. In beiden Fällen treten bei Gegenwart von Fetten und fettähnlichen Stoffen diese als stark lichtbrechende rundliche Gebilde deutlich hervor (mikroskopisch im heißen Zustande betrachten) (Abb. 177 und 178). Bei negativem Ausfall der Vorprobe gehe man gleich zur Behandlung nach III über

A. Weiterbehandlung des Papiers . . . . *siehe III*

B. Der nach dem vollständigen Verdampfen des Petroläthers verbleibende Rückstand wird auf Farbe, Konsistenz und Geruch (bei Wachs und Wollfett besonders nach dem Erwärmen hervortretend) geprüft. Gegebenenfalls wird auch der Schmelz- und Erstarrungspunkt ermittelt.

	Schmelzpunkt in °C	Erstarrungspunkt in °C
Stearin	71,6	70
Bienenwachs	61,5—70	59,5—63,4
Karnaubawachs	83 —91	80 —87
Walrat	42 —49	43,4—48
Chinesisches Wachs	81,5—83	80,5—81
Wollfett	35,5—42,5	37,5—40
Cholesterin	148,5	—
Paraffin und Zeresin . . .	38 —82[1]	—

Der Hauptanteil des Rückstandes wird der Verseifung mit alkoholischer Kalilauge unterworfen: 20 cm³ Alkohol werden auf dem Wasserbade erwärmt, in ein kleines, den Rückstand enthaltendes Kölbchen gespült und mit 1 g Ätzkali versetzt, das zuvor in 1—2 cm³ Wasser gelöst wurde. Man erhitzt auf dem Wasserbade (Rückflußkühler) mindestens $^1/_2$ Stunde zum Sieden und gießt das Ganze in ein etwa 100 cm³ Wasser enthaltendes Becherglas. Beim Eingießen entsteht entweder eine klare Lösung (Seife) oder die Flüssigkeit ist stark getrübt. Im letzteren Falle können neben Seife auch Paraffin, Zeresin, Cholesterin und Wachsalkohole (Melissylalkohol, Zerylalkohol, Zetylalkohol usw.) zugegen sein. Diese bilden beim Kochen eine geschlossene ölige Schicht an der Oberfläche der Flüssigkeit (zum mindesten bilden sich „Fettaugen"). Zur Trennung des verseiften Anteils von dem

[1] Hartparaffine des Handels zumeist 56—65°.

„Unverseifbaren" und den Wachsalkoholen wird die Flüssigkeit nach dem Erkalten in einem kleinen Scheidetrichter mit Petroläther ausgeschüttelt und die wässerige Lösung vom Petroläther getrennt.

a) Wässeriger Anteil: Prüfung auf **Fett**.

1. Auf dem Objektträger wird 1 Tropfen der Lösung (zuvor auf dem Wasserbade einengen) mit 1 Tropfen einer 20%igen Lösung von Kalziumazetat versetzt: Bildung eines häutigen Niederschlages von körnig-spröder Beschaffenheit (im auffallenden Licht bläulich, im durchgehenden bräunlich erscheinend): Abb. 179 und 180. Ab und zu flachzylindrische, in der Querrichtung leicht zerfallende Stücke sichtbar (Kalkseife, Abb. 181).
2. Mit Schwefelsäure versetzt, bildet sich beim Kochen an der Oberfläche der Flüssigkeit eine Fettschicht (Fettsäuren, die aus Neutralfett und etwa vorhandenen Wachsen stammen).
3. Geringe Mengen der Fettsäuren werden auf dem Objektträger mit 1 Tropfen Kalilauge-Ammoniak versetzt. Die Fetttropfen verwandeln sich häufig in kristallinische, aus Kristallnadeln bestehende Massen (Seifen). Tritt scheinbar keine Veränderung ein, so erfolgt die Untersuchung des Fetttröpfchens zwischen gekreuzten Nicols (Umwandlung des Tropfens in einen Sphärokristall). Die Untersuchung kann auch mit dem ursprünglichen Fett vorgenommen werden. Die mikroskopische Betrachtung ist auch nach 1—2tägigem Liegen des Präparats zu wiederholen. Abb. 182—187. [Verseifungsreaktion auf Fette nach H. Molisch.]
4. Bei Gegenwart von viel Ölsäure (2) läßt man auf dem Objektträger etwas starkes Ammoniak zufließen. Es entstehen hübsche Myelinformen, deren eigenartige Entwicklung sehr fesselnd ist. Abb. 188—190. [Nestler.]
5. Ein Teil des ursprünglichen Petrolätherextraktes wird mit etwas Kaliumbisulfat gemischt und die krümelige Masse in einem trockenen Reagensglas so lange erhitzt, bis sich Dämpfe entwickeln. Auf die Mündung des Reagensglases setzt man ein kleines Uhrglas auf, an dessen Unterseite ein Tropfen einer Lösung von Paranitrophenylhydrazin hängt. Bei Gegenwart von Glyzeriden der Fettsäuren entsteht eine Trübung des Tropfens unter Ausscheidung von gelben Flöckchen. Der Tropfen wird auf einem Objektträger mikroskopisch untersucht: feine Kristallnadeln, die häufig sternförmig gruppiert sind (Abb. 191). Oft bildet sich auch ein Haufwerg von stark gebogenen Nadeln, die stark polarisieren (Abb. 192 und 193). Betrachtung im Dunkelfelde ist zu empfehlen. Die Reaktion

kann auch nach der Verseifung mit dem stark eingeengten wässerigen Anteil (Seife) vorgenommen werden, da er freies Glyzerin enthält. Akroleïnreaktion [H. Behrens].

b) Der vom Petroläther (Ausschütteln der verseiften Probe) durch Verdampfen befreite Rückstand („Unverseifbares") wird auf seinen Schmelzpunkt untersucht:

	Schmelzpunkt in °C
Stearinsäure	69,3
Alkohole des Bienenwachses	75—76
(Reiner Melissyllalkohol	88)
Zetylalkohol aus Walrat	50
Zetylalkohol aus Karnaubawachs	85
Zerylalkohol aus chinesischem Wachs	79
Alkohole und unverseifbare Rückstände des Wollfettes	33,5

Steht genügend Material zur Verfügung, so wird der Rückstand auf dem Wasserbade (Rückflußkühler) etwa 1 Stunde mit Essigsäureanhydrid erhitzt.

1. Es tritt völlige Lösung ein . . . . . . *siehe weiter unten*
2. Auf der heißen Lösung schwimmt eine klare ölige Schichte . . . . **Zeresin, Paraffin**

Die Lösung (1) wird in siedend heißes Wasser gegossen, wobei sich die Azetate der Wachsalkohole **(Bienenwachs, Karnaubawachs, Walrat, chinesisches Wachs)** und des **Cholesterins** abscheiden. Eine Schmelzpunktsbestimmung ist manchmal angebracht:

	Schmelzpunkt in °C
Azetat des Zetylalkohols	22—23
Azetat des Melissylalkohols	70
Azetat des Cholesterins	114

Eine Trennung der genannten Wachse wird in der Regel bei Papieren nicht möglich sein. Man beachte das Aussehen und den Geruch des Petrolätherrückstandes.

Sonderreaktionen auf Cholesterin (auf vorhandenes Wollfett deutend):

α) Ein Teil des unverseifbaren Rückstandes wird in Chloroform gelöst und mit dem gleichen Volumen konzentrierter Schwefelsäure geschüttelt: Purpurrotfärbung.

β) Ein anderer Teil wird in Essigsäure gelöst und Azetylchlorid und ein Stück wasserfreies Zinkchlorid hinzugefügt. Nach dem Erwärmen: Eosinrotfärbung.

γ) Essigsäureanhydrid und Schwefelsäure geben ähnliche Erscheinungen wie bei Harzen; die Rotbraunfärbung schlägt aber nach kurzer Zeit meist in Grün um.

δ) Der in Alkohol gelöste Rückstand wird mit einem Tropfen einer alkoholischen Lösung von Digitonin versetzt: Bildung von feinspießigen Kristallen und Kristallbüscheln (Digitonin-Cholesterin). Abb. 194. [Cholesterinreaktion nach Brunswik.]

ε) Die Lösung des Rückstandes in absolutem Alkohol scheidet beim Erkalten mikroskopisch kleine rhombische Kristalle von tafelförmiger Gestalt ab; sie sind stark doppelbrechend (Abb. 195). Phytosterin, welches im unverseifbaren Anteil von pflanzlichen Fetten enthalten ist, bildet Kristalle von länglicher Form (Abb. 196). Gemenge von Cholesterin und Phytosterin liefern Mischkristalle von charakteristischem Aussehen (Abb. 197)[1].

III. Das mit Petroläther entfettete Papier wird etwa 1 Stunde mit kaltem Wasser ausgezogen.

A. Weiterbehandlung des Papiers . . . . *siehe IV*

B. Der Auszug wird mit sehr verdünnter Jodlösung versetzt. Sofern eine Weinrotfärbung entsteht: **Dextrin.**

IV. Das mit kaltem Wasser ausgezogene Papier wird $^1/_2$ Stunde mit Wasser gekocht.

A. Weiterbehandlung des Papiers . . . . *siehe V*

B. a) Der wässerige Auszug wird entweder durch Absitzenlassen oder durch Zentrifugieren geklärt. Der mikroskopische Rückstand wird mit sehr verdünnter Jodlösung auf **Stärkekleister** untersucht (Blaufärbung). Abb. 204. Auch die klare Lösung

---

[1] Bei durchscheinenden Papieren ist auch der Mahlungsgrad (Pergaminmahlung) der Papierfasern oder eine etwaige Pergamentierung zu berücksichtigen (vgl. Abb. 198—203). Nähere Angaben über die Beziehungen zwischen der Transparenz und dem Mahlungsgrad von Zellstoffpapieren enthält die Arbeit von H. Reß (Dissertation Dresden 1934; siehe auch Papier-Fabrikant 1934, S. 361 f.).

Ab und zu enthalten Papiere auch **Kautschuk,** dessen Nachweis wie folgt vorgenommen wird:

Das Papier wird mit Chloroform am Rückflußkühler ausgezogen und das Chloroform abdunsten lassen. Bei Gegenwart von Kautschuk hinterbleibt ein klebriger, fadenziehender und zäher Rückstand. Mineralöle und fette Öle können beigemengt sein. Der Rückstand wird am Rückflußkühler mehrere Stunden mit $^1/_2$ n-alkoholischer Kalilauge gekocht, der Alkohol verjagt und der Rückstand mit heißem Wasser ausgekocht. Vorhandener Kautschuk ballt sich stark zusammen. Ist die alkalische Flüssigkeit stark getrübt, so wird mit Petroläther ausgeschüttelt. Im wässerigen Anteil bilden sich nach dem Ansäuern mit Schwefelsäure und Erhitzen Fettaugen an der Oberfläche (Fettsäuren). Den Petrolätherauszug prüft man wie oben angegeben auf unverseifbare Anteile. Kautschuk kann auch an seinem Schwefelgehalt (Erhitzen mit Soda-Salpeter, Auslaugen der Schmelze mit Salzsäure und Fällen der Schwefelsäure mit Bariumchlorid) und an dem charakteristischen unangenehmen Geruch beim Verbrennen erkannt werden.

ist in derselben Weise zu prüfen. Der Rückstand wird auch auf etwa vorhandene Kleienbestandteile von Getreidekörnern mikroskopisch abgesucht, die auf vorhandenen **Mehlkleister** hindeuten (Abb. 130—133).

b) Der größte Teil des klaren Anteiles wird auf dem Wasserbad stark eingeengt und dann mit dem 10fachen Volumen 96%igem Alkohol unter Zugabe von nicht zuviel 10%igem wässerigem Chlorammonium versetzt, der entstandene Niederschlag abzentrifugiert und durch Übergießen mit heißem Wasser gelöst. Etwaige Trübungen bleiben unberücksichtigt. Mit der Lösung werden folgende Reaktionen vorgenommen:

1. Die Lösung wird mit Natronlauge und Fehlingscher Lösung bis zur Blaufärbung versetzt: Violettfärbung (Biuretreaktion) . . . . *siehe c und d*
   Keine Violettfärbung . . . . *siehe e*
2. Eine Probe wird mit dem Millonschen Reagens behandelt: Beim Kochen zuerst weiß gefällt, dann allmählich Rosa- bis Ziegelrotfärbung. Auch mit dem ursprünglichen Papier auszuführen . . . . *siehe c und d*
   Keine Rosa- bzw. Ziegelrotfärbung . . . . . . *siehe e*
3. Die Reaktion mit dem Reagens nach Adamkiewicz fällt positiv aus (Violettrotfärbung). Auch mit dem ursprünglichen Papier auszuführen . . . . *siehe c und d*
   Keine Violettrotfärbung . . . . *siehe e*
4. Tanninlösung im Überschuß erzeugt eine weiße Fällung oder Trübung; der getrocknete Niederschlag zeigt beim Glühen mit Natronkalk Ammoniakentwicklung (charakteristischer Geruch, rotes Lackmuspapier wird gebläut), vgl. Abb. 205 . . . . *siehe c und d*
   Mit Tanninlösung kein Niederschlag . . . . . *siehe e*

c) Die Tanninfällung (4) bleibt nach Behandlung mit Salzsäure unverändert . . . . **Pflanzeneiweiß**

Sonderreaktionen auf Pflanzeneiweiß:

α) Mit konzentrierter Natronlauge entsteht ein flockiger Niederschlag, der sich beim Erwärmen wieder auflöst. Nach Zusatz von Bleiessig und längerem Kochen erhält man einen grauen bis schwärzlichen Niederschlag (Schwefelblei enthaltend).

β) Mit Natriumchlorid oder Magnesiumsulfat ergibt die Lösung (b) (Alkoholniederschlag des wässerigen Auszuges in heißem Wasser gelöst) beim Schütteln einen voluminösen Niederschlag.

γ) Beim vorsichtigen Überschichten der Lösung mit Salpetersäure (oder umgekehrt) entsteht an der Berührungsstelle beider Flüssigkeiten ein weißer Ring von geronnenem Eiweiß.

δ) Die Lösung wird einmalig aufgekocht und mit einigen Tropfen Salpetersäure oder Essigsäure versetzt. Nochmaliges Aufkochen ergibt deutliche Flockenbildung von geronnenem Eiweiß.

ε) Ab und zu enthält der beim Abkochen des Papiers erhaltene Auszug (bzw. dessen Sediment) Haare und sonstige Kleienbestandteile der Frucht- und Samenschale von Getreidearten (mikroskopisch festzustellen, Abb. 130—133).

d) Die Tanninfällung wird durch Einwirkung von Salzsäure größtenteils gelöst . . . . **Tierischer Leim**

Sonderreaktionen auf tierischen Leim:

α) Mit konzentrierter Natronlauge und Bleiessig gekocht, verändert sich der entstandene weiße Niederschlag nicht.

β) Die mit Natriumchlorid oder Magnesiumsulfat versetzte Lösung (Alkoholfällung des wässerigen Papierauszuges in kochendem Wasser gelöst) bleibt auch nach längerem Schütteln klar.

γ) Die von etwa vorhandenem Pflanzeneiweiß durch Schütteln mit Natriumchlorid befreite Lösung wird mit einer wässerigen Lösung von Quecksilberchlorid und Natronlauge im Überschuß versetzt. Zuerst entsteht ein gelber Niederschlag, der bald schmutziggrün bis schwarz wird. Am Boden ein schwarzer Niederschlag von metallischem Quecksilber (mikroskopisch zu prüfen, Abb. 99).

δ) Die Lösung wird versetzt mit Ammoniummolybdat und Salpetersäure: Starke Trübung bis flockiger Niederschlag [nach E. Schmidt].

ε) Phosphorwolframsäure erzeugt in der Lösung einen weißen Niederschlag.

ζ) Oberflächenleimung des Papiers bewirkt einen deutlich harten Griff. Mit feuchten Fingern kräftig gedrückt, zeigt das Papier klebrige Beschaffenheit. Nach dem Anhauchen und Reiben Geruch nach Tierleim.

η) Nach Einwirkung von Chlor auf das Papier entsteht Chloramin (NH_2Cl), das nach gründlichem Wässern des Papiers von Jodkaliumstärke gebläut wird. [Chloraminreaktion nach Croß, Bevan und Briggs.]

ϑ) Geschmolzenes Stearin auf das ursprüngliche Papier getropft, erzeugt einen nicht durch das Papier hindurchgehenden Fettfleck. Nach Entfernung des Stearins ist der Fleck kaum sichtbar (Gegensatz zur Harzleimung).

ι) Das Papier wird in der Hand geknittert und schwach getrieben, ohne daß Löcher entstehen. Tintenstriche, die nachher auf dem roh geglätteten Papier gezogen werden, schlagen hindurch (Gegensatz zur Harzleimung).

e) Der negative Ausfall der Reaktionen IVb, 1—4 spricht, sofern die folgenden Sonderreaktionen positiv ausfallen, für **Arabisches Gummi**. Abb. 206.

Weitere Reaktionen für Arabisches Gummi:

α) Die Lösung der Alkoholfällung in heißem Wasser wird mit Bleiessig versetzt. Der entstandene weiße Niederschlag (käsig flockig bis gelatinös) wird auf dem Filter mit 50%iger Essigsäure übergossen. Es tritt Lösung ein.

β) Fehlingsche Lösung und Natronlauge bewirken eine weiße, flockige Abscheidung.

γ) Die Lösung der Alkoholfällung wird mit einigen Tropfen 10%iger Guajakollösung und einigen Tropfen Wasserstoffsuperoxyd behandelt und geschüttelt. Nach mäßigem Erwärmen entsteht eine Gelbrotfärbung (manchmal sogar eine Tiefrotfärbung).

δ) Die Lösung der Alkoholfällung wird mit einigen Tropfen konzentrierter Orzinlösung und Salzsäure im Überschuß versetzt und gekocht: Violettfärbung der Flüssigkeit, nach und nach Abscheidung eines indigblauen Niederschlages.

V. Das nach IV mit heißem Wasser ausgekochte Papier wird mit 10%iger wässeriger Lösung von Natriumkarbonat etwa $^1/_2$ Stunde gekocht.

A. Weiterbehandlung des Papiers . . . . *siehe VI*

B. Der filtrierte Auszug wird mit verdünnter Schwefelsäure gekocht.

a) An der Oberfläche der Flüssigkeit bildet sich eine ölige Schicht aus Fettsäuren bestehend (manchmal nur Fettaugen) . . . . **Leinöl-, Mohnölfirnis**[1]

b) In der Lösung entsteht eine starke flockige Abscheidung: . . . . **Kaseïn**

Weitere Reaktionen auf Kaseïn[2]:

α) Die Flocken färben sich nach dem Kochen mit starker Salpetersäure gelb (mikroskopisch zu prüfen).

β) 1 Tropfen konzentrierter Salpetersäure auf das Papier gebracht, ruft sofortige Gelbfärbung hervor (Holzschliff stört die Reaktion, Leim verändert nicht). [Levi.]

[1] Firnisse sind aus trocknenden Ölen unter Sauerstoffaufnahme gewonnene Flüssigkeiten, die nach einiger Zeit zu einem farblosen bis gelblichen Häutchen auftrocknen. Bei den gekochten Firnissen dienen als Zusätze Bleiglätte, Braunstein, Manganborat usw.; bei den in der Kälte hergestellten werden verschiedene Harz- oder Ölpräparate verwendet.

[2] Die Extraktion des Kaseïns aus dem Papier kann auch durch Kochen mit verdünnter Natronlauge oder mit Boraxlösung erfolgen.

γ) Nach Behandlung der Flocken (b) mit dem Reagens von Adamkiewicz: Rotviolettfärbung beim Erwärmen.
δ) Die Flocken (b) geben die Biuretreaktion.
ε) Nach dem Trocknen der Flocken (b) bildet sich beim Glühen mit Natronkalk Ammoniak (Geruch, rotes Lackmuspapier wird gebläut).

VI. Das nach dem Auskochen mit 10%iger Natriumkarbonatlösung zurückbleibende Papier bzw. der Faserbrei wird zur Herstellung eines mikroskopischen Präparats benutzt und nachgesehen, ob an den Fasern Anhängsel von durchsichtigen Fetzen, Häuten oder Fäden zu finden sind. Bejahendenfalls werden diese auf ihre stoffliche Zusammensetzung wie folgt geprüft:

1. a) Mit Diphenylamin und konzentrierter Schwefelsäure Blauschwarzfärbung . . . . **Nitratzellulose**
   b) Nicht so . . . . *siehe 2*
2. a) Eisessig löst, Chlorzinkjod färbt gelb . . . . **Azetylzellulose**
   b) Nicht so . . . . *siehe 3*
3. Kupferoxydammoniak löst, Chlorzinkjod färbt weinrot: **Zellulose, abgeschieden aus Viskose oder Kupferoxydammoniakzellulose.**

V. Imprägnierungsstoffe für Dachpappen.

Fettpeche, Steinkohlenteerpech, Braunkohlenteerpech, Holzteerpech, Erdölpeche, Asphalt, Steinkohlenteer, Holzteer.

(Im allgemeinen schwarze, halbweiche bis spröde Massen von bituminösem Geruch.)

1. **Fettpeche:**
   a) In den gewöhnlichen Fettlösungsmitteln nur zum Teil löslich.
   b) Reich an Fettsäuren und unverseifbaren Stoffen (Cholesterin). Verseifungszahl 10—35, Säurezahl 0,2—25.
   c) Reaktion nach Gräfe (siehe „Reagenzienverzeichnis") negativ.
2. **Steinkohlenteer-** und **Braunkohlenteerpech:**
   a) In Pyridin, Anilin und in Phenolen sehr leicht löslich. Azeton gibt in der Kälte einen rotbraunen bis tiefbraunen Auszug. In Schwefelkohlenstoff, Chloroform, Benzol schwerer löslich. In Methyl- oder Äthylalkohol nur sehr wenig löslich.
   b) Bei gewöhnlicher Temperatur alkali- und säurebeständig.
   c) Eigenartiger Geruch.
   d) Gräfesche Reaktion positiv (etwa 2 g durch 5 Minuten mit 20 cm³ $^1/_2$ n-Natronlauge in der Siedehitze behandeln, nach dem Erkalten filtrieren und mit einer wässerigen Lösung von Diazobenzolchlorid behandeln: Rotfärbung).

3. **Holzteerpech:**
   a) Im Gegensatz zu allen anderen Pecharten in kaltem Tetrachlorkohlenstoff nur schwer löslich.
   b) Reaktion nach Gräfe negativ.
4. **Erdölpeche** und **Asphalt:**
   a) In Alkohol fast unlöslich, in Schwefelkohlenstoff leicht löslich, weniger gut in Chloroform oder Benzol. Azeton gibt farblose bis gelbe Auszüge.
   b) Enthalten stets Schwefel (Schmelzen mit Soda-Salpeter, Auslaugen mit Wasser, Ansäuern mit Salzsäure und Fällen der Schwefelsäure mit Bariumchlorid).
   c) Bei gewöhnlicher Temperatur alkali- und säurebeständig.
   d) Reaktion nach Gräfe negativ.
5. **Steinkohlenteer:**
   a) Charakteristischer Geruch.
   b) In Pyridin größtenteils löslich; in Benzol und anderen Kohlenwasserstoffen nur teilweise löslich.
   c) Wässeriger Auszug reagiert in der Regel alkalisch.
   d) Reaktion nach Gräfe positiv.
6. **Holzteer:**
   a) Charakteristischer säuerlicher Geruch.
   b) In kaltem absoluten Alkohol fast vollkommen löslich, ebenso in Eisessig.
   c) Wässeriger Auszug reagiert sauer und gibt nach Zusatz eines Tropfens Eisenchlorid anfangs eine grüne, später eine blaugrüne Färbung.
   d) Gräfesche Reaktion negativ.

VI. Metallüberzüge, Metallpulver.

Gang der Untersuchung bei Gegenwart von Metallen.

(Bronzierungen[1], aufgelegte Metallfolien usw.)

Au, Ag, Pb, Cu, Ni, Zn, Al und Sn.

Man versuche das Metall durch Kochen des Papiers mit Wasser abzulösen, evtl. durch Behandlung mit Fett- und Harzlösungsmitteln. Auch durch Schaben mit einer Rasierklinge lassen sich die meisten metallischen Beläge und Flitter in völlig ausreichender Menge mechanisch ablösen. Die Klebstoffe sind in den betreffenden Auszügen zu

[1] Nach V. Pöschl (Farbwarenkunde. Leipzig 1921) versteht man unter „Bronzefarben" alle metallisch glänzenden Farbenpulver. „Es sind seltener reine Metalle (z. B. Aluminium), meist Metallegierungen (und zwar Kupferzinklegierungen, richtig als Messing bezeichnet), die in feinste Pulverform gebracht und durch geeignete Nachbehandlung, Erhitzen unter Oxydation oder Färbung mit organischen Farbstoffen, eine besondere Färbung erhalten haben." Der Nachweis von Kupfer

untersuchen (Stärke, Dextrin, Leim, Gummi, Fette, Harze, Kautschuk usw.). Eiweißstoffe bleiben mit den Metallteilen häufig verbunden; sie geben die Biuretreaktion. Auch Nitratzellulose, Azetylzellulose, Viskose und Kupferoxydammoniakzellulose sind von den Metallteilen kaum zu trennen. Zur Analyse der Metalle diene folgendes Schema:

1. A. Salpetersäure löst vollständig . . . . *siehe 2*
   B. Salpetersäure löst unvollständig:
      a) Prüfung des Rückstandes . . . . *siehe 7*
      b) Prüfung der Lösung . . . . *siehe 2*
2. A. Mit Salzsäure entsteht ein Niederschlag . . . . *siehe 3*
   B. Mit Salzsäure entsteht kein Niederschlag . . *siehe 4B*
3. A. a) Niederschlag filtrieren und zuerst mit kaltem und dann mit heißem Wasser waschen. Lösung in Ammoniak. Nach Verdunsten des Ammoniaks Abscheidung von Kristallen (AgCl); Abb. 156—158.
      b) Auf der Tüpfelplatte mehrere Tropfen der ursprünglichen salpetersauren Lösung mit 1 Tropfen starker Natronlauge und einem Kriställchen salzsaurem Hydroxylamin versetzen: Nach dem Erwärmen unter Aufschäumen Abscheidung eines sich rasch schwärzenden Niederschlages von metallischem Silber. Im Mikroskop (auffallendes Licht) silberglänzende Brocken und Flitter sichtbar. In Salpetersäure löslich. Auch auf Filterpapier tüpfeln, veraschen und auf Gipsplatte stark glühen (Abb. 210 und 211).
      c) Auf dem Objektträger einige Tropfen der salpetersauren Lösung zur Trockne eindampfen, den Rückstand in 1 Tropfen Wasser auflösen und ein kleines Kupferblättchen einlegen: Abscheidung gut ausgebildeter Kristalle und Kristallskelette von metallischem Silber an der Oberfläche des Kupfers. Starkes Reflexionsvermögen des Silbers. Lupenbetrachtung ausreichend (Abb. 207—209).
      d) Boraxperle (Reduktion) gelbbräunlich.
      e) Auf dem Objektträger durch Erwärmen verflüssigte Chromgelatine in nicht zu dicker Schicht auftragen und nach dem Erstarren an verschiedenen Stellen kleine Tropfen der auf Silber zu prüfenden neutralen Lösung auftüpfeln: Nach etwa

und Zink kann nach F. Feigl durch eine einzige Tüpfelreaktion (mit Ammoniumquecksilberrhodanidlösung) erbracht werden. Zu diesem Zweck wird die Probe in Salpetersäure gelöst und die Lösung auf dem Wasserbade stark eingeengt. 1 Tropfen dieser Lösung wird auf der Tüpfelplatte mit 1 Tropfen Ammoniumquecksilberrhodanidlösung versetzt. Bei Gegenwart von Kupfer und Zink entsteht ein violetter Niederschlag (Kupfer allein gibt einen gelbgrünen, Zink allein einen weißen Niederschlag). Abb. 102 und 103, ferner 49—53 und 104.

1 Stunde Bildung braunroter konzentrischer Ringe von Silberbichromat um die Tropfen (Liesegangsche Ringe); Abb. 212 und 213. Unter dem Mikroskop oder der Lupe kontrollieren.

f) Reaktionen mit Kaliumchromat und Kalium- bzw. Ammoniumbichromat siehe „Chromgelb" (g und h). Abb. 85—88. . . . . **Silber**

B. Filtrat von 3 A a gibt mit Schwefelsäure einen weißen Niederschlag . . . . *siehe 4*

C. Filtrat von 3 A a gibt mit Schwefelsäure keinen Niederschlag . . . . *siehe 4*

4. A. a) Niederschlag nach dem Waschen in einigen Tropfen Essigsäure und Ammoniumazetat lösen. Filterpapier mit der Lösung tränken und Schwefelwasserstoff einwirken lassen: Schwärzung (PbS).

b) Weitere Reaktionen siehe „Bleiweiß" (d—m). Abb. 63—69. . . . . **Blei**

B. Filtrat von 3B und 3C bzw. ursprüngliche Lösung (falls mit Salzsäure kein Niederschlag entstand) mit 25%iger Natronlauge versetzen: Es entsteht ein Niederschlag . . *siehe 5*

C. Im Filtrat von 3B und 3C entsteht mit Natronlauge kein Niederschlag . . . . *siehe 6*

5. A. Niederschlag waschen und in einigen Tropfen konzentrierter Salzsäure lösen. Lösung auf Kupfer prüfen. Siehe „Grünspan" (c—m). Abb. 100—105, 69 . . . . **Kupfer**

B. a) Lösung von 5A oder falls mit Salzsäure in der ursprünglichen Lösung kein Niederschlag gebildet wurde, diese, mit stark essigsaurem Dimethylglyoxim auf Tüpfelpapier bringen: Blutroter Fleck von Nickeldimethylglyoxim $(CH_3CNO)_2 \cdot Ni(CH_3CNOH_2)$. [L. Tschugaeff, O. Brunck.]

b) Eindampfen der Lösung auf dem Objektträger und ansäuern mit einigen Tropfen Essigsäure. Nach Hinzufügen einiger Kriställchen von Dimethylglyoxim rote Kristallnadeln, Nadelbüschel und Prismen von Nickeldimethylglyoxim. Ausgezeichneter Dichroismus (rotviolett nach schmutziggelb) besonders gut an Nadelbüscheln sichtbar. Abb. 214—216. [L. Tschugaeff.] . . . . **Nickel**

6. A. Filtrat von 4B oder Flüssigkeit 4C auf Zink untersuchen. Siehe „Zinkspat" (e—o). Abb. 49—62 . . . . **Zink**

B. a) Filtrat von 4B oder Flüssigkeit 4C auf Aluminium untersuchen. Siehe „Kaolin" (m—o). Abb. 79—84.

b) Metallfolie mit 1 Tropfen wässeriger Sublimatlösung betupfen und nach kurzer Zeit den Tropfen mit Filterpapier wieder absaugen: An der betupften Stelle wachsen nach einigen

Minuten weiße, faserähnliche Gebilde von sog. „Fasertonerde" heraus. Abb. 217—219. [Ambronn.] . . . **Aluminium**

7. A. Rückstand metallisch . . . . *siehe 8*
B. Rückstand nicht metallisch . . . . *siehe 9*

8. Rückstand in Königswasser lösen und mit Salzsäure wiederholt eindampfen.

a) Asbestfaden oder Asbestpapier mit der wässerigen Lösung tränken und schwach glühen: Rotfärbung des Asbestes. In starker mikroskopischer Vergrößerung auch sehr kleine Goldkörnchen an den Asbestfäden sichtbar (Vertikalilluminator anwenden).

b) Einige Tropfen der Lösung auf der Tüpfelplatte mit einigen Tropfen Natronlauge und einem Kriställchen salzsaurem Hydroxylamin versetzen: Nach dem Erwärmen Abscheidung eines schwarzen metallischen Pulvers (Au).

c) Denselben Versuch auf gewaschenem Filterpapier ausführen. Papier zwischen zwei Glimmerplatten veraschen und den Rückstand stark glühen. Betrachten unter dem Mikroskop mit Lieberkühnspiegel: Metallisches Gold (Körner, Brocken, Fasern) mit starkem Reflexionsvermögen. Abb. 220. [A. Herzog.]

d) 1 Tropfen der neutralen Lösung auf Kupferblech bringen: Schwärzung des Tropfens und Bildung eines schwarzen Fleckes auf dem Kupfer (Bildung von elementarem Gold).

e) Boraxperle rubinrot.

f) Auf dem Objektträger 1 Tropfen der zu prüfenden Lösung mit 1 Tropfen Zinnchlorür zusammenfließen lassen. An der Berührungsstelle tritt ein ziemlich scharf begrenzter roter Streifen auf.

g) Auf dem Objektträger 1 Tropfen der neutralen Lösung mit 1 Körnchen Ammonrhodanid zusammenbringen. Schöne wollige Rosetten von braunrotem Rhodangold [$Au(CNS)_3$]. Abb. 221. [Behrens-Kley.]

h) Auf dem Objektträger 1 Tropfen der neutralen Lösung mit 1 Körnchen Thalliumnitrat versetzen: Zitronengelbe Kristallfällung von $TlAuCl_4 + 5\,H_2O$. In der Durchsicht fast schwarz aussehend. Starke positive Doppelbrechung. Abb. 222. [Behrens-Kley.] . . . . **Gold**

9. Rückstand in konzentrierter Salzsäure lösen.

a) Auf dem Objektträger 1 Tropfen der gelinde erwärmten Lösung mit 1 Körnchen Rubidiumchlorid versetzen: Feinkristallinischer Niederschlag von Rb_2SnCl_6. Abb. 223 und 224. [Behrens-Kley.]

b) Die Lösung des Rückstandes in konzentrierter Salzsäure wird mit etwas Zink reduziert und das gebildete Zinn in Salzsäure gelöst. Mit Goldchlorid Rotfärbung. Siehe „Gold" (f).
c) Einige Tropfen der salzsauren Lösung auf dem Objektträger zur Trockene eindampfen, den Rückstand in 1 Tropfen Wasser auflösen und ein kleines Zinkstück (am besten ein auf dem Amboß flach geschlagenes Drehspänchen) einlegen: Abscheidung rasch wachsender Kristallskelette von metallischem Zinn („Zinnbaum"). Lupenbetrachtung ausreichend. Abb. 225 und 226.
d) 1 Tropfen der mit Eisendraht reduzierten salzsauren Lösung ($SnCl_2$) mit 1 cm^3 Diazingrünlösung auf der Tüpfelplatte versetzen: Rot- bzw. Violettfärbung. [E. Eegriwe.] . **Zinn**

VII. Farben und Farbstoffe (einschließlich Bläuungsmittel).

A. Papierfärbung.

Zum Färben im Stoff werden entweder wasserunlösliche Farben (Pigmente) oder natürliche und künstliche Farbstoffe verwendet. Die letzteren werden entweder von den Fasern direkt aufgenommen oder durch Vermittlung von Beizen befestigt. Eine Mittelstellung nehmen die sog. Lackfarben ein, die im strengen Sinne des Wortes zu den Pigmenten zu zählen sind. Man benutzt dazu eine Reihe von Oxyden der Metalle und Nichtmetalle, aber auch indifferente Körper wie Stärke und Holzmehl, welche die Farbstoffe unlöslich machen; sie werden dem Stoff hinzugefügt.

Die Entscheidung darüber, ob Papiere durch wasserunlösliche Farben (Pigmente) oder durch organische Farbstoffe farbig gemacht sind, erfolgt am raschesten auf mikroskopischem Wege. Zu diesem Zweck wird ein kleines Papierstück auf einem Objektträger möglichst durchsichtig gemacht (Salizylsäuremethylester, Xylol, Kanadabalsam, Öl usw.) und im Mikroskop mit weit geöffneter Blende des Abbeschen Beleuchtungsapparates betrachtet (Abbesches „Farbenbild"). Bei Gegenwart von Pigmenten erscheinen in der Papiermasse gleichmäßig verteilte körnige, brockige oder splitterige Farbteilchen. Bei Färbungen mit natürlichen und künstlichen Farbstoffen sind diese von den Papierfasern ziemlich gleichmäßig (diffus) aufgenommen.

1. Pigmente.

Der Nachweis der verschiedenen Pigmente erfolgt nach den im Abschnitt II (Farbige Füllstoffe und Aufstrichmassen) angegebenen Reaktionen (s. auch B. „Bläuungsmittel").

2. Künstliche Farbstoffe.

Sofern genügend Material vorliegt, bedient man sich zur Identifizierung von Farbstoffen in Papieren verschiedener Einzelreaktionen mit Säuren, Alkalien, Reduktionsmitteln usw. Auch Gruppenreaktionen sind vielfach in Gebrauch, da es in der Regel ausreicht, die zugehörige Farbstoffgruppe zu bestimmen. Als wichtigstes Reagens verwendet man hierbei das Hydrosulfit. Die einschlägige Literatur enthält zahlreiche, zum Teil sehr umfangreiche Tabellen, die im speziellen Falle eingesehen werden müssen. Zänker und Rettberg haben vor einiger Zeit ein besonderes Schema zur Bestimmung der verschiedenen Farbstoffgruppen ausgearbeitet, bei welchem je eine Koch-, Paraffin-, Säure-, Alkali-, Chlor- und Reibeprobe auszuführen ist.

Der Nachweis kleiner Mengen organischer Farbstoffe geschieht am besten durch Ausmessung der Absorptionsbanden im Spektroskop (Gitterspektroskop, Spektralokular nach Abbe), Abb. 227. Verwiesen sei hier besonders auf das Werk: Formánek, Untersuchung und Nachweis organischer Farbstoffe auf spektroskopischem Wege; Berlin 1908 bis 1927. Das Abziehen der Farbstoffe bewirkt Formánek mit Hilfe folgender Lösungsmittel:

1. Äthylalkohol.
2. 1 Teil Äthylalkohol und 1 Teil Wasser.
3. 90%ige Essigsäure.
5. Essigsäure mit einigen Tropfen konzentrierter Salzsäure versetzt.
6. Schwefelsäure, konzentrierte.

Die mit verschiedenen Lösungsmitteln gewonnenen Auszüge untersucht man für sich spektroskopisch. Haben diese den gleichen optischen Charakter, so vereinigt man sie, teilt das Gemisch in 3 Teile und verdampft auf dem Wasserbade. Die Rückstände löst man in Wasser, reinem Äthylalkohol und Amylalkohol auf und untersucht spektroskopisch. Die Bestimmung der zugehörigen Farbstoffgruppe erfolgt an Hand der im Formánekschen Werke enthaltenen ausführlichen Angaben. Auch auf äußere Merkmale (Fluoreszenz, Dichroismus usw.) ist zu achten. Farbstoffe, die mit Hilfe von Metallbeizen auf der Faser befestigt sind und solche, die durch nachträgliche Metallsalzbehandlung in Lacke übergeführt sind, lösen sich fast vollständig in Essigsäure, welcher einige Tropfen konzentrierter Salzsäure zugesetzt werden. Der essigsaure Auszug wird etwas eingeengt und vorsichtig mit Amylalkohol durchmischt. Der Amylalkohol wird von der wässerigen Flüssigkeit getrennt, auf dem Wasserbade eingedampft und wie oben angegeben in Wasser, Alkohol und Amylalkohol spektroskopisch geprüft. Farblacke, bei denen eine Abscheidung des Farbstoffes in einfacher Weise nicht möglich ist (z. B. bei den Chromfarbstoffen), lösen sich in konzentrierter Schwefelsäure auf. Das Spektrum der Lösung entspricht hier nicht dem Farbstoff selbst, sondern dem Farblack.

Zur Aufnahme der Farbstofflösungen sind die vom Zeisswerk hergestellten koloriskopischen Kapillaren (aus schwarzem Glas) trefflich geeignet. Sie lassen auch eine gute Wahrnehmung einer etwa vorhandenen Fluoreszenz zu. Ihre Länge betrage etwa 1,5 cm, ihr innerer Durchmesser etwa 0,3 mm. Man läßt den zu untersuchenden Farbstofftropfen von oben her in die Kapillare einfließen, wobei man Luftbläschen sorgfältig vermeidet, und verschließt das obere und untere Ende mit je einem passenden runden Deckgläschen. Selbstverständlich muß die Flüssigkeit vollkommen klar sein, was durch vorhergehendes Zentrifugieren leicht zu bewirken ist. Arbeitet man mit dem Abbeschen Spektralokular, so stellt man die Kapillare auf einen Objektträger und bringt diesen unter das Mikroskop (Vergrößerung nicht über 100). Zur Beleuchtung sind unbedingt kräftige Lichtquellen (z. B. elektrisches Bogenlicht, Punktlichtlampe) erforderlich. Abb. 227.

Spezielle Angaben über die Absorptionsspektren zahlreicher organischer Farbstoffe enthält das vorerwähnte umfangreiche Werk von Formánek, das im Bedarfsfall einzusehen ist.

B. Bläuungsmittel.

1. Pigmente.

Der Nachweis von blauen Pigmenten erfolgt nach dem im Abschnitt A. „Papierfärbung" angegebenen mikroskopischen Verfahren. Ergibt diese Vorprüfung das Vorhandensein von blauen Splittern, Brocken oder Körnern, so wird das Papier durch Kochen mit Wasser möglichst erweicht, zerfasert, dann auf dem Objektträger getrocknet und nun werden die gefärbten Teilchen mit einer mit Glyzerin befeuchteten Nadel unter dem Mikroskop ausgesucht (vgl. „Vorbereitung und Vorprüfung des Papiers", S. 5f.); die Prüfung selbst wird wie folgt vorgenommen:

Smalte.

a) In Form von Splittern und Brocken mit muscheligem Bruch vorhanden (Abb. 228).

b) Phosphorsalzperle blau.

c) In heißer konzentrierter Schwefelsäure mit gelbgrüner Farbe teilweise löslich.

d) Die Papierasche bzw. die ausgeklaubten Farbteilchen werden mit Natrium-Kaliumkarbonat im Platinlöffel aufgeschlossen, die Schmelze mit Salzsäure aufgenommen, eingedampft und der Rückstand mit Essigsäure ausgelaugt. Filtrieren oder zentrifugieren. Auf der Tüpfelplatte werden 1—2 Tropfen der klaren Lösung mit einigen Milligrammen Ammoniumfluorid und mit 5 Tropfen einer 10%igen Lösung von Ammoniumrhodanid in Azeton versetzt. Bei Gegenwart von Smalte Blaufärbung (Kobaltreaktion). [J. M. Kolthoff.]

e) Die Papierasche bzw. die ausgeklaubten Farbteilchen werden wie bei (d) aufgeschlossen. Einige Probetropfen der essigsauren Lösung werden mit einem Tropfen Ammoniummerkurithiozyanat versetzt: Unter dem Mikroskop erscheinen dicke blaue Kristalle des rhombischen

Systems, die sehr häufig zu Klumpen und Stachelkugeln vereinigt sind [$CO(CNS)_2 \cdot Hg(CNS)_2$]. Abb. 229 und 230. [Behrens-Kley.]

f) Die Papierasche oder die ausgeklaubten Farbteilchen werden wie bei (d) aufgeschlossen. Einige Probetropfen der essigsauren Lösung werden mit 1 Tropfen Milchsäure versetzt. Unter dem Mikroskop erscheinen rötliche Kristallnadeln und Kristalldrusen von Kobaltlaktat. Abb. 231. [H. Behrens.]

Kobaltblau.

a) In Form von Körnern und Brocken ohne muscheligen Bruch vorhanden.

b) Wie bei „Smalte" (b—f).

Ultramarin.

a) Körner und Brocken ohne muscheligen Bruch (Abb. 232).

b) Nach Einwirkung von Salzsäure Schwefelwasserstoffentwicklung (mit Bleipapier nachweisen).

c) Alkalibeständig.

Berlinerblau.

a) Körner und Brocken ohne muscheligen Bruch.

b) Beim Kochen mit Natronlauge entfärbt; Salzsäure stellt die ursprüngliche Farbe wieder her.

c) Säurebeständig.

d) Beim Erhitzen auf dem Platinblech C und Fe_2O_3 liefernd.

Indigo.

a) Körner und Brocken ohne muscheligen Bruch.

b) In heißem Chloroform, Anilin, Terpentinöl oder Paraffin mit blauer Farbe löslich. Absorptionsspektrum: Dunkles Band zwischen D und d, nach Rot scharf abgesetzt.

c) In Äther oder Alkohol unlöslich, ebenso in verdünnten Säuren und Alkalien.

d) Beim Erwärmen mit Salpetersäure (1:1) entsteht Isatin, das nach dem Eindampfen der Lösung in gelben Ringen zurückbleibt. Umkristallisieren des Rückstandes in heißem Wasser oder in Benzol: Stark pleochroitische Kristalle (gelb-orange), zumeist an den Enden abgeschrägte Prismen. [F. Emich.]

e) Beim Erhitzen auf dem Objektträger (Glimmer) sublimierend. Die entstehenden Mikrokristalle sind in dünnen Schichten deutlich dichroitisch; aus heißem Anilin umkristallisierbar. Ab und zu auch dendritische Kristallbildungen. Abb. 233 und 234.

Eine Übersicht der wichtigsten Reaktionen auf blaue Pigmente gibt die Tabelle 6.

Tabelle 6.

	Smalte	Kobaltblau	Ultramarin	Berlinerblau	Indigo
Chemische Zusammensetzung	Kobaltkaliglas und Kobaltsilikat	Kobaltaluminat mit Tonerde gemengt	Natriumaluminiumsilikate mit Schwefel (z. B. $Al_6Si_6S_4Na_8O_{24}$ + $Al_6Si_6Na_6O_{24}$)	Ferroferrizyanür Fe_7Cy_{18} + 18 H_2O	Indigotin $C_{16}H_{10}O_2N_2$
Boraxperle	blau $Co(BO_2)_2$	blau $Co(BO_2)_2$	—	—	—
Form	Splitter, Brocken, Bruch muschelig (Abb. 228)	Körner und Brocken ohne muscheligen Bruch	(Abb. 232)		
Gegen verdünnte Säuren	beständig		SH_2-Entwicklung	beständig	
Gegen verdünnte Laugen	beständig			entfärbt beim Kochen, Farbe mit Säure wieder hergestellt	beständig
Rhodanammonium und Quecksilberchlorid	prachtvoll blaue Kristalle von Kobaltomerkurithiozyanat (Abb. 229 und 230)		—	—	—
Salpetersäure (1 : 1)	—	—	SH_2-Entwicklung	—	gelbe Ringe (Isatin). Aus heißem Wasser Kristalle (gelb, pleochroitisch)
Heißes Chloroform, Anilin oder Terpentinöl	—	—	—	—	blaue Lösung; nach dem Erkalten Kristalle (pleochroitisch)
Verhalten beim Erhitzen	—	—	—	C und Fe_2O_3 liefernd	sublimierbar, Kristalle, Kristallbüschel (Abb. 233 u. 234)

2. Organische Farbstoffe als Bläuungsmittel.

Zu Weißnüanzierungen empfiehlt z. B. die I. G. Farbenindustrie (Anleitung für die Verwendung der Teerfarbstoffe zum Färben von Papier, Selbstverlag, 1930) folgende Farbstoffe: Viktoriablau BA, Nüanzierblau RE konz., Marineblau BNX, RNX, Methylviolett B extra hochkonz., N blau. Die reinsten Weißtöne ergibt Äthylviolett, gegebenenfalls nüanziert mit Rhodamin B extra. Für gemischte Stoffe eignen sich am besten die Wasserblaufarbstoffe, sowie Reinblau I. Als billigste Nüanzierfarbstoffe für Beklebepapiere dienen Viktoriablau BA eventuell nüanziert mit Rhodamin B extra oder 3 GO. Gut alkaliechte Weißtöne auf vorwiegend holzfreiem Stoff werden mit Zyananthrol RBX, eventuell nüanziert mit Rhodamin B extra oder 3 GO hergestellt. Für weiße Papiere, insbesondere Feinpapiere, von denen neben hervorragender Lichtechtheit sehr gute Alkali-, Säure-, Chlorechtheit verlangt werden, dienen Indanthrenblau RSP Teig, GGSP Teig, eventuell nüanziert mit Indanthrenbrillantrosa BB Teig.

Der Nachweis von Farbstoffen in weißnüanzierten Papieren wird wohl nur in den seltensten Fällen mit Sicherheit möglich sein und auch nur dann, wenn größere Mengen des Papiers z. B. mit Alkohol extrahiert und die alkoholischen Lösungen durch Eindampfen an Farbstoff angereichert werden. Dies gilt jedoch nur für basische und saure Farbstoffe. Zum Bläuen verwendete Indanthrenfarbstoffe sind noch schwieriger nachzuweisen, da bei so geringen Farbstoffmengen die Verküpung nicht sichtbar gemacht werden kann. Vielleicht ist es auf Grund von Belichtungsversuchen möglich, auf die Anwesenheit von lichtechten Indanthrenfarbstoffen zu schließen.

Über die spektroskopische Untersuchung von blauen Farbstoffen siehe Abschnitt A. „Papierfärbung".

VIII. Anhang.

A. Nitrate und andere Stoffe, die in Zigaretten-, Zünd- und anderen Papieren ab und zu enthalten sind.

Zigarettenpapiere enthalten bisweilen absichtlich zugesetzte kleine Mengen von Nitraten; wesentlich größere Mengen davon weisen die zu Zündzwecken präparierten Papiere auf. Unter solchen Umständen ist die Prüfung auf Nitrate nicht zu umgehen. Sie erfolgt nach verschiedenen Verfahren.

1. Auf der Tüpfelplatte wird 1 Tropfen Diphenylamin in konzentrierter Schwefelsäure mit 1 Tropfen des stark eingeengten wässerigen Auszuges des Papieres zusammengebracht: Tiefblaue Färbung bzw. blauer Ring. Gegebenenfalls kann die Reaktion auch unmittelbar auf dem Papier vorgenommen werden. [H. Molisch.]

2. Auf der Tüpfelplatte 1 Tropfen des stark konzentrierter wässerigen Auszuges mit einem stecknadelkopfgroßen Eisenvitriolkriställchen zusammenbringen und 1 Tropfen konzentrierter Schwefelsäure dazufließen lassen: Brauner Ring um das Eisenvitriolkriställchen. [Desbassins de Richemond.]

3. Auf dem Objektträger 1 Tropfen des mit etwas Essigsäure versetzten wässerigen Papierauszuges mit 1 Körnchen Nitron versetzen: Kristallfällung von Diphenylanilodihydrotriazol. Farblose lange Nadeln von großer Feinheit, Stachelkugeln, hantelartige Kristall-

büschel. Starke Doppelbrechung. Dunkelfeldbetrachtung empfehlenswert. Abb. 235—239. [Busch.]

4. 1 Tropfen des stark eingeengten Papierauszuges mit 1 Tropfen Berberinazetat auf dem Objektträger versetzen: Gelbbräunliche Kristallfärbung von Berberinnitrat. Nadeln und zierliche Nadelbüschel mit starkem Dichroismus. Abb. 240 und 241. [Arnaud.]

5. Wässerigen Papierauszug stark einengen und auf dem Objektträger bei Zimmertemperatur vollständig eindunsten lassen. Aus der kalten Lösung kristallisiert Kalisalpeter in säulenförmigen rhombischen Kristallen und Kristallskeletten von starker Doppelbrechung aus. Beim Anhauchen oberflächliche Lösung. Abb. 242.

Weitere in Betracht kommende Zusätze bei Zigarettenpapieren sind hauptsächlich die Oxyde, Superoxyde und Karbonate des Magnesiums und Kalziums, Zellulosenitrate und -chlorate und Kalziumoxalat. Ihre Untersuchung erfolgt nach den in den vorigen Abschnitten angegebenen Verfahren. Siehe auch Skark: Z. österr. Papierind. 1910 S. 898.

B. Fleckenbildungen und sonstige Fehler in Papieren.

Eine wichtige Rolle spielt die mikroskopische bzw. mikrochemische Analyse bei der Untersuchung von Fleckenbildungen und sonstigen Fehlern in Papieren, schon aus dem Grunde, weil das verfügbare Probematerial häufig so knapp bemessen ist, daß es zur Vornahme von makrochemischen Reaktionen nicht ausreicht. Bei der Fülle von Möglichkeiten ist die Aufstellung eines systematischen Ganges der Untersuchung von vornherein ausgeschlossen; abgesehen davon gehört auch viel praktische Erfahrung auf dem Gebiet der Papierherstellung dazu, die Entstehungsursache eines Fehlers richtig zu deuten und für die Zukunft Abhilfe zu schaffen. Naturgemäß wird man sich in erster Linie an die vom Auftraggeber gemachten Angaben und Winke halten und dementsprechend die Prüfung einrichten. Zur Vorprüfung wird man eine Stelle des Papiers, die den Fehler ausgeprägt zeigt, unter dem Mikroskop und der Lupe sorgfältig absuchen und das Ergebnis der Untersuchung sorgfältig notieren. Die Verfahren der mikrochemischen Untersuchung sind die gleichen wie in den vorigen Abschnitten angegeben. In entsprechender Weise sind im Bedarfsfall auch die rein mikroskopischen Untersuchungen, die sich auf den Papierstoff beziehen, nach den an sich bekannten Verfahren auszuführen.

Hinsichtlich der in Papieren häufig vorkommenden Fleckenbildungen hat Dalén (Mitt. staatl. Mat.-Prüf.-Amt Berlin-Dahlem 1906 S. 235) ausführliche Angaben gemacht; er gruppiert wie folgt:

1. Flecke, die in der Aufsicht dunkler erscheinen als in der Durchsicht (Harze, Wachse, Fette, Kohlenwasserstoffe, Stärkekleister, Sand, Knoten aus zusammengeballten, stark gepreßten Fasern, schlecht aufgeschlossene Papierabfälle, Kalk- und Kieselzellen usw.).

2. Flecke, die in der Aufsicht und Durchsicht dunkler oder anders gefärbt sind als die Umgebung (Myzel und Pilzsporen verschiedener Fadenpilze, zellige Verunreinigungen, die auf den Faserrohstoff zurückzuführen sind, wie: Bartfasern, Samenstücke und Reste von Blättern, kleinen Ästen usw. bei Baumwolle, schlecht aufgeschlossene Abfälle der Flachs- und Hanfbereitung, Holzschliffsplitter, Rost, Bronze, Blei, Druckerschwärze, Kohle, Ungleichmäßigkeiten in der Färbung usw.).

3. Flecke, die zunächst nicht oder nicht auffallend sichtbar sind, aber beim weiteren Verarbeiten störend auftreten (Faserknoten, Reste von Chlorkalk, schwefligsaurem Kalk, Stärkeklümpchen, Füllstoffklümpchen, Harz usw.).

Im folgenden seien an Hand der beigefügten Abbildungen nähere Angaben über einzelne der angeführten Fehler gemacht:

a) Stockflecke auf Halbstoffen und Fertigerzeugnissen werden häufig beobachtet. Sie sind auf die Gegenwart von verschieden gefärbten (meist schmutzig olivgrün bis schwarzbraun) Myzelfäden und Sporen von Fadenpilzen zurückzuführen. Sie sind entweder schon in dem verwendeten Faserrohstoff enthalten oder gelangen durch eine später stattgefundene Infektion bei Gegenwart von genügend Wasser zur Entwicklung. Der Nachweis erfolgt auf mikroskopischem Wege in der Weise, daß die fragliche Papierstelle in Chloralhydrat zerfasert und das hergestellte mikroskopische Präparat unter einem Deckglas einmal aufgekocht wird. Schon in mittlerer Vergrößerung treten die Pilzfäden und -sporen durch dunkle Färbung so klar hervor, daß sie gar nicht übersehen werden können (Abb. 243—248). Die glasig durchsichtigen Fasern sind hierbei nur angedeutet sichtbar, namentlich wenn die Untersuchung mit weit geöffneter Blende des Abbeschen Beleuchtungsapparates (Abbes „Farbenbild") vorgenommen wird. In manchen Fällen werden, wie W. Drechsel in einer vorzüglichen Studie gezeigt hat (Dissertation Dresden 1930), auch Strukturänderungen der Fasern beobachtet, die bis zum gänzlichen Zerfalle der Zellwände führen können (Abb. 248). Einen Übergang hierzu stellen nach ihm die Tracheïden des Nadelholzzellstoffes dar, bei denen die Spiralstruktur der Zellwand besonders deutlich hervortritt (Abb. 249). Nähere Angaben sind der Originalarbeit zu entnehmen, die auch eine gute Literaturzusammenstellung enthält.

b) Zellige Verunreinigungen der Baumwolle. Bei der Verarbeitung von Baumwollabfällen gelangen verschiedene zellige Verunreinigungen der Fasern in das Papier. Infolge ihrer von Haus aus braunen bis braunschwarzen Färbung machen sich diese Fremdstoffe im fertigen Erzeugnis sehr unliebsam bemerkbar. Es gehören hierher insbesondere: Stücke der Baumwollsamenschale mit den hauptsächlich am Schmalende des Samens sitzenden „Bartfasern" (Abb. 250 und 251) und Reste von Laub- und Fruchtblättern, Fruchtstielen, Ästen usw. (Abb. 252). Ausführliche Angaben hierüber enthalten eine Arbeit des Verfassers (Faserforschung, 1, 1928) und das Werk Heermann-Herzog:

Mikroskopische und mechanisch-technische Untersuchungen von Textilien. Berlin 1931.

c) Unvollständig aufgeschlossene Scheben. Bei der Herstellung von Zellstoff aus den Holzabfällen (Scheben) der Flachs- und Hanfbereitung (das gleiche gilt auch von den Scheben anderer dikotyler Pflanzen) macht man die Beobachtung, daß die Aufschließung viel schwieriger vonstatten geht als bei den in der Zellstoffindustrie zumeist verwendeten Nadelhölzern. Abgesehen von der geringen Faserausbeute und der Kurzfaserigkeit der aus dem Schebenzellstoff hergestellten Papiere zeigen diese häufig noch unaufgeschlossene Holzteilchen, die sich schon mit freiem Auge in der Aufsicht und Durchsicht sehr unliebsam bemerkbar machen (Abb. 256—258). In der Abb. 256 ist ein Papier aus besonders schlecht aufgeschlossenem Flachsschebenstoff vorgeführt. Der Unterschied zwischen Flachs- und Hanfscheben ist, abgesehen von der beträchtlich verschiedenen Breite der Holzsplitter (Hanf wesentlich breiter), auf mikroskopischem Wege deutlich sichtbar zu machen. Auf Querschnitten durch die betreffenden Holzsplitter fallen die „Gefäße" des Holzkörpers des Hanfstengels durch ihre besondere Weite auf, während dies beim Flachse im Vergleich zu den übrigen noch vorhandenen Holzzellen auch nicht annähernd der Fall ist (Abb. 259 und 260).

d) Holzschliffsplitter. Die Erkennung von Holzsplittern, wie sie im Holzschliff vorliegen, verursacht keine Schwierigkeit: Bei der mikroskopischen Untersuchung fallen schon in verhältnismäßig schwacher Vergrößerung die Tracheïden des Nadelholzes mit ihren charakteristischen großen Hoftüpfeln auf; Gefäße fehlen vollständig. Dagegen sind für die Laubhölzer die stark getüpfelten weiten Holzgefäße kennzeichnend, von denen naturgemäß nur Teilstücke erhalten sind. Beide Arten von Holzschliff zeigen eine ausgeprägte Holzreaktion. Vgl. „Reagenzienverzeichnis", Stichwort „Verholzungsreagenzien" (S. 115f.). Abb. 253.

e) Ungleichmäßigkeiten in der Faserverteilung. Bei der primitiven chemischen und mechanischen Zubereitung der in früherer Zeit besonders in China und Indien zur Herstellung handgeschöpfter Papiere verwendeten Faserrohstoffe (Bambus, Lagetta usw.) ist es begreiflich, daß sich Ungleichmäßigkeiten in der Zerteilung der Rohfasern sehr deutlich bemerkbar machen. Am besten ist hierfür die Betrachtung in der Durchsicht geeignet (Abb. 254 und 255). Auch bei den neueren handgeschöpften japanischen Papieren aus Broussonetia-, Wickströmia- und Edgeworthiafasern sind Ungleichmäßigkeiten in Form von Knoten und Wolken leicht nachzuweisen (Abb. 267). Ebenso machen sich bei Maschinenpapieren Ungleichmäßigkeiten in der Stoffverteilung (auch Füllstoffe, Imprägnierungsmassen usw. können beteiligt sein) in der Durchsicht durch ein „wolkiges" Aussehen bemerkbar (Abb. 262).

Bei vielen und vorwiegend dünneren Papieren wird auf klare Durchsicht, Stoffreinheit und bei Zigarettenpapieren und Bibeldruckpapieren außerdem auf eine möglichst gute Deckfähigkeit (Opazität) besonderer

Wert gelegt. Von der Überlegung ausgehend, daß die Prüfung der Durchsicht und Abdeckfähigkeit von Papieren auf deren Lichtdurchlässigkeit beruht, hat Krenn [Wbl. Papierfabr. Bd. 19 (1932) S. 324] versucht, Kopien der zu vergleichenden Papiere auf hochempfindlichem photographischen Papier herzustellen. Stoffanhäufungen (Wolken) sind auf diese Weise ebenso leicht erkennbar, wie Unreinlichkeiten oder poröse Stellen. Etwa vorhandene Wasserzeichen treten ebenfalls deutlich hervor (Abb. 265—267). Nach der Stärke des zu untersuchenden Papiers und der Lichtempfindlichkeit des Kopierpapiers wird 2—250 Sekunden belichtet, die Belichtungszeit gestoppt und vermerkt. Die Intensität und Entfernung der Lichtquelle sollen konstant gehalten werden.

f) Sklerenchymflecke in Papieren aus Strohstoff bestehen aus knötchenartigen Anhäufungen von verkieselten Sklerenchymzellen des Getreidehalmes. Zu ihrer Feststellung werden die Knötchen mit feinspitzigen Nadeln aus dem Papier herausgenommen und in einen Tropfen Chloralhydrat übertragen. Nach dem Aufsetzen eines Deckglases wird einmal aufgekocht und dann ein kräftiger Druck auf das Deckglas ausgeübt, wobei die Sklerenchymklümpchen genügend auseinanderweichen, um die einzelnen, teils länglichen, teils kurzen Zellen mit starker Tüpfelung hervortreten zu lassen. Die Anwendung schiefer Beleuchtung ist hierbei sehr zu empfehlen, damit sich die glasig durchsichtigen Zellen besser vom Untergrund des Gesichtsfeldes abheben (Abb. 263 und 264). Zwischen gekreuzten Nicols erweisen sich die Sklerenchymzellen als doppelbrechend (vorherrschende Interferenzfarben Grau I — Weiß I). Nach dem Glätten des Papiers fallen die Knötchen meistens als durchsichtige Stellen auf. Über Sklerenchymflecke liegen seitens des Materialprüfungsamtes Berlin-Dahlem nähere Angaben vor [Papier-Fabrikant 1927 S. 411f. und 1929 S. 311f.].

g) Druckerschwärze. Bei der Wiederverarbeitung bedruckten Papiers gelangen trotz aller Sorgfalt Teilchen von Druckerschwärze, die den Fasern sehr zäh anhaften, in das Papier und können bei stärkerer örtlicher Anhäufung störend wirken. Das in Abb. 261 dargestellte, in Kanadabalsam eingebettete Papier läßt an mehreren Stellen dunkle Reste von Druckerschwärze deutlich erkennen.

h) Bronzeflecke, die in der Regel erst nach einiger Zeit im Papier (häufig in Sulfitzellstoffpapier) auftreten und ihre Entstehung feinen Bronzeteilchen verdanken (Holländermesser, Ventile, Rohrleitungen usw.), sind schon unter der Lupe, noch besser aber unter dem Mikroskop (schwache Vergrößerung, auffallendes Licht) an ihrer dunklen Farbe und den charakteristischen dendritischen Formen leicht zu erkennen (Abb. 268). Auf mikrochemischem Wege lassen sich die veraschten fleckigen Papierstellen nach den oben angegebenen Reaktionen auf Kupfer und Zinn ohne Schwierigkeit prüfen. In der Regel wird jedoch die charakteristische Gestalt der Flecke ausreichen, um sie als durch Bronzeteilchen hervorgerufen zu erkennen.

IX. Reagenzien, die bei der mikroskopischen und mikrochemischen Untersuchung von Papieren und Textilien erforderlich sind.

Die Faserstoffe sind nur in Ausnahmsfällen ohne besondere Vorbereitung zur mikroskopischen Untersuchung geeignet. Prüft man z. B. verschiedene in Wasser eingebettete ungefärbte Pflanzenfasern unter dem Mikroskop, so ist man sehr bald enttäuscht von der Eintönigkeit im Aussehen und von den geringfügigen Unterschieden in den Form- und Strukturverhältnissen. Insbesondere zeigen die verschiedenen Bastfasern eine solche Gleichartigkeit in ihrem mikroskopischen Aussehen, daß an eine etwaige Unterscheidung auf diesem Wege gar nicht gedacht werden kann. Es ist dies auch leicht begreiflich, da sie in der lebenden Pflanze vorzugsweise mechanisch-physiologische Funktionen auszuüben haben und dementsprechend als konstruktive Elemente die gleiche äußere Form zeigen.

Wenn die mikroskopische Untersuchung dennoch in nahezu allen praktisch wichtigen Fällen zu einem brauchbaren eindeutigen Ergebnis führt, so ist dies zum großen Teil der differenzierenden Wirkung entsprechender Reagenzien zu danken. Das gleiche gilt auch von der Untersuchung der den Fasererzeugnissen (Textilien, Papiere) absichtlich zugesetzten Fremdstoffe (Appret-, Füll-, Imprägnierungs-, Leimungs- u. a. Stoffe). Namentlich in solchen Fällen, wo das vorliegende Probematerial nicht ausreicht, die Prüfung nach den üblichen Verfahren der qualitativ-chemischen Analyse auszuführen, wird man notgedrungen zur mikroskopischen und mikrochemischen Untersuchung seine Zuflucht nehmen müssen.

Eine Gliederung des durch die Einwirkung von Reagenzien beabsichtigten Sonderzweckes kann etwa in der folgenden Weise erfolgen:

1. Lösung des gegenseitigen Verbandes der zu Bündeln vereinigten Bast- und Sklerenchymfasern mit Hilfe von geeigneten Mazerationsmitteln.

2. Unterschiedliche Färbung der Fasern nach Einwirkung von passenden Farbstoffen und sonstigen Reagenzien behufs ihrer Bestimmung.

3. Sichtbarmachen oder deutlicheres Hervortreten der feineren Strukturverhältnisse von Fasern (Streifung, Schichtung, Verschiebungen, Risse, Tüpfel usw.).

4. Quellungserscheinungen, die zur Unterscheidung von Fasern (Flachs und Hanf in Kuoxam) oder zum Nachweis von stattgefundenen chemischen Beschädigungen (Baumwolle) dienen.

5. Starke physikalische Aufhellung von Präparaten nach Einbetten in Flüssigkeiten von annähernd gleichen Lichtbrechungsexponenten (Azetatseide im Gegensatz zu anderen Kunstseiden in Rizinusöl nahezu unsichtbar; Hervorheben des Papiergefüges; rasches Auffinden gefärbter Anteile in Papieren usw.).

6. Zerstörungserscheinungen, die durch besondere Farb- und andere Reaktionen sichtbar gemacht werden sollen (Diazoreaktion bei chemisch geschädigter Schafwolle; Reaktion nach Allwörden; Färbungen geschädigter Schafwolle mit Benzopurpurin, Indigkarmin usw.).

7. Sichtbarmachen von zelligen Verunreinigungen, die den Fasern von der Gewinnung her anhaften (Zyaninfärbung von Flachs, Papiermaulbeer usw.).

8. Vorbereitung der Fasern zum Zweck der Herstellung von Querschnitten. Quantitativ-mikroskopische Analyse von Fasergemengen.

9. Mikrochemische Analyse von Appret-, Füll-, Imprägnierungs-, Leimungs- und anderen Stoffen.

10. Einschluß- und Umrandungsmittel bei der Herstellung von Dauerpräparaten.

Die in dieser Schrift enthaltene alphabetische Zusammenstellung bringt Vorschriften zur Herstellung der wichtigsten Reagenzien, die bei der mikroskopischen Untersuchung von Textilien und Papieren von Belang sind. Sie sind streng zu beachten, wenn man nicht von Zufällen abhängig sein will. Widersprüche, die hinsichtlich der Wirkung von Reagenzien in der Literatur nicht selten vorkommen, sind in der Hauptsache auf die Nichtbeachtung der Konzentrationsverhältnisse zurückzuführen.

Manche Reagenzien, wie z. B. Kupferoxydammoniak, zersetzen sich schon nach kurzer Zeit und werden dadurch unwirksam; es empfiehlt sich daher, sie erst unmittelbar vor dem Gebrauch frisch anzusetzen. Nach der Herstellung flüssiger Reagenzien ist sorgfältig zu filtrieren, um alle festen Verunreinigungen zu beseitigen. Hierauf ist besonders zu achten, wenn die mit ihnen behandelten mikroskopischen Präparate nachträglich photographisch aufgenommen werden sollen. Bei Flüssigkeiten, die längere Zeit aufbewahrt werden, ist eine öftere Filtration angebracht, um etwa gebildete Absätze zu beseitigen. Die Filtration wird am besten über gesintertem Glase vorgenommen, weil dadurch sonst leicht vorkommende Verunreinigungen mit Papierfasern am besten vermieden werden. Sehr zweckmäßig ist die vom Glaswerk Schott und Genossen in Jena hergestellte Filtriereinrichtung für mikrochemische Zwecke (Abb. 272). Auch das vom Verfasser[1]

[1] A. Herzog, Kunstseide 1929 S. 334.

beschriebene Gefäß zum Mazerieren und Filtrieren von Faserstoffen, Reagenzien usw. kann hierbei vorteilhaft Verwendungfin den (Abb. 270). Es besteht aus einem kugeligen Behälter mit weiter seitlicher Einführungsöffnung und einem mit einem Glashahn verschließbaren Abflußrohr, in welchem ein Jenenser Glasfilter eingeschmolzen ist. Das Gefäß kann im Bedarfsfall auch auf dem Wasserbade erhitzt werden. Bei der Filtration ist das Gefäß natürlich aufzurichten und in ein entsprechendes Stativ einzuspannen. Alle Reagenzien sind vor Luft, direktem Sonnenlicht und Staub sorgfältig zu schützen. Die Aufbewahrung erfolgt entweder in Stift- oder Pipettenfläschchen (Inhalt etwa 50 cm^3). Vgl. Abb. 271, die auch andere bewährte Formen von Reagensfläschchen zeigt. Beim Aufsetzen des Reagenstropfens auf das Tragglas ist jede unmittelbare Berührung mit dem Stift oder der Pipette zu vermeiden, da sonst Fasern und andere Verunreinigungen in das im Glase befindliche Reagens hineingebracht werden. Nach Aufsetzen des Deckglases ist jeder Flüssigkeitsüberschuß mit einem am Rande des Deckglases aufgesetzten Filterpapierstreifen vorsichtig zu entfernen. Zum Schutze des Mikroskopobjektives gegen die Ausdünstungen der Reagenstropfen ist anzuraten, an die Frontlinse ein dünnes rundes Deckgläschen mit Glyzerin anzukleben oder eine besondere, von verschiedenen optischen Firmen beziehbare Objektivschutzkappe zu verwenden.

Feste Reagenzien werden entweder als solche oder in Form von Lösungen angewandt. Ersteres ist besonders bei vielen mikrochemischen Reaktionen der Fall, wo man den Probetropfen möglichst konzentriert zu erhalten wünscht. Sorgt man dafür, daß dieser nach dem Zusatz des festen Stoffes nicht bewegt wird, so bilden sich alsbald verschiedene Diffusionszonen, unter denen eine die entstandenen Kristalle in der gewünschten Ausbildung zeigen wird. In den meisten Fällen gelangen die Reagenzien in flüssiger Form zur Anwendung.

Soll die Flüssigkeit eine bestimmte Konzentration zeigen, so kann dies durch Eindampfen oder durch Verdünnen mit einem passenden Lösungsmittel erreicht werden. Da es bei den in vorliegendem Buche vorgesehenen Fällen nicht auf die absolut genaue Einhaltung der Konzentration ankommt, erübrigen sich quantitativ-chemische Untersuchungen der ursprünglichen Flüssigkeit; in nahezu allen Fällen kann der Gehalt an wirksamer Substanz auf einfachem physikalischen Wege ermittelt werden, vorausgesetzt, daß die Ausgangsflüssigkeit chemisch rein ist. Als Verfahren kommen in praxi hauptsächlich die Bestimmungen der Dichte und des Refraktionswertes in Betracht.

1. Dichte. Als Hilfsmittel werden das Aräometer, die Mohr-Westfalsche bzw. Reimannsche Waage und das Pyknometer benutzt.

Aräometer. Sofern genügend Flüssigkeit vorliegt, und bei der Bestimmung die vorgeschriebene Temperatur genau beachtet wird, liefert das aräometrische Verfahren in kürzester Zeit brauchbare Werte. Bei der Ablesung ist darauf zu sehen, daß sie in der Ebene der Flüssigkeit erfolgt. Zur Erhöhung der Ablesegenauigkeit wird der Skalenbereich zweckmäßig auf mehrere Instrumente verteilt. Da die Aräometerskalen nicht immer die Dichte bzw. das spezifische Gewicht der Flüssigkeit anzeigen, ist es erforderlich, die Skalenwerte miteinander zu vergleichen bzw. auf das Volumgewicht umzurechnen (vgl. die Tabelle 10 und das Nomogramm II, S. 121). Näheres über „Aräometrie“ enthält u. a. der lesenswerte Abschnitt in Berl-Lunge: Chemisch-Technische Untersuchungsmethoden, 8. Aufl., Bd. 1. 1931.

Sehr zweckmäßig ist die Verwendung der Mohr-Westfalschen bzw. Reimannschen Waage; sie hat auch den bemerkenswerten Vorteil, die Bestimmung des Volumgewichtes mit verhältnismäßig geringen Flüssigkeitsmengen zu gestatten.

Pyknometer können, sofern eine chemische Waage zur Verfügung steht, mit bestem Erfolg angewandt werden. Selbstverständlich ist auch hier auf die Temperatur der Flüssigkeit genau zu achten.

Andere Vorrichtungen, z. B. die hydrostatische Waage, kommen nur in vereinzelten Fällen in Betracht. So z. B. läßt sich die chemisch-analytische Schnellwaage von Kuhlmann-Hamburg leicht auf hydrostatische Bestimmungen umstellen.

Aus dem gefundenen Volumgewicht ist der Gehalt einer Flüssigkeit an wirksamer Substanz aus den in der chemischen Literatur vorhandenen Tabellen leicht zu entnehmen (z. B. Chemiker-Kalender, Berlin: Julius Springer). Für die wichtigsten, bei der Untersuchung von Faserstoffen in Frage kommenden Laugen und Säuren können auch die beigefügten Tabellen (16—21) eingesehen werden, ebenso für Alkohol die Verdünnungstabelle 22 oder Nomogramm III, S. 130.

Beispiel: Bei der Prüfung auf etwaige Säurebeschädigung von Baumwolle nach dem Verfahren von Markert wird eine Natronlauge von 18° Bé verlangt. Aus der Tabelle 17 ist zu ersehen, daß einer Dichte von 18° Bé (Volumgewicht 1,142) ein Gehalt von 9,84 % Natriumoxyd (Na_2O) entspricht. Es sind damnach 9,84 g Natriumoxyd in wenig Wasser zu lösen und sodann mit Wasser auf 100 g zu verdünnen.

Bei der Entnahme der Konzentration aus Tabellen ist darauf zu achten, daß die Gehaltsangaben sich in den meisten Fällen auf Gewichtsprozente beziehen. Bei der Herstellung von Verdünnungen verursacht dies gewisse Unbequemlichkeiten, da Flüssigkeiten leichter zu messen als zu wiegen sind. Bei größeren Ansprüchen an die Genauigkeit empfiehlt es sich aber trotzdem nach Gewicht zu mischen, da sonst die Kontraktion der Flüssigkeit zu berücksichtigen ist. Vielfach ist es üblich, die Konzentration so auszudrücken, daß der Gehalt an wirksamer Substanz in Gramm für den Liter Flüssigkeit angegeben wird. In manchen Fällen (Wagnersche Tabellen zum Eintauchrefraktometer) ist unter Gewichtsprozentgehalt die Anzahl Gramme Substanz in 100 cm³ Flüssigkeit zu verstehen.

Bei Alkohol wird der Gehalt in der Regel in Raumprozenten (Vol.-%) angegeben. Es besagt z. B. die Angabe, daß ein Alkohol 75 Raumprozente habe, daß in 100 Raumteilen Flüssigkeit 75 Raumteile Alkohol enthalten sind.

2. Refraktionswert. Sehr bequem läßt sich die Konzentration einer Flüssigkeit aus ihrem Refraktionswert ableiten. Letzterer wird zweckmäßig mit dem vom Zeisswerk nach den Angaben von Pulfrich gebauten Eintauchrefraktometer ermittelt. Ganz besonders ist hier auf die genaue Einhaltung der vorgeschriebenen Temperatur von 17,5° C bzw. auf die vorzunehmende Temperaturkorrektion zu achten. Aus den von Wagner herausgegebenen Tabellen (siehe auch Tabelle 15) läßt sich der einer Flüssigkeit von bestimmtem Refraktionswert zukommende Gehalt an Substanz ohne weiteres entnehmen (Gramme Substanz in 100 cm³ Flüssigkeit). Die mit dem Refraktometer zu erzielende Genauigkeit ist so befriedigend, daß sie sogar zur Kontrolle des Titers einer Maßflüssigkeit ausreicht. Der allgemeineren Verwendung dieses ausgezeichneten Instrumentes steht nur sein verhältnismäßig hoher Preis hindernd im Wege.

Verdünnung von Flüssigkeiten.

Bei der Herstellung von flüssigen Reagenzien zu mikrochemischen Arbeiten kommt es in der Regel nur auf verhältnismäßig kleine Mengen an; es empfiehlt sich daher bei Verdünnungen so vorzugehen, daß die Gesamtmenge der verdünnten Flüssigkeit 100 g oder 100 cm³ beträgt. Ist p der Prozentgehalt der ursprünglichen Flüssigkeit (Gew.-%) und p′ der Prozentgehalt der gewünschten Verdünnung (Gew.-%), so ergibt sich die Anzahl Gramm (x) der ursprünglichen Flüssigkeit, die mit Wasser auf 100 g zu verdünnen sind, nach der Formel:

$$x = 100 \cdot \frac{p'}{p}.$$

In gleicher Weise gilt diese Formel, wenn die Gewichtsprozente auf 100 cm³ Flüssigkeit bezogen sind; x bedeutet in diesem Falle die Anzahl Kubikzentimeter der ursprünglichen Flüssigkeiten, die im Meßkolben auf 100 cm³ aufzufüllen sind. Das am Schlusse beigefügte Nomogramm III (S. 130) läßt eine bequeme graphische Berechnung des x-Wertes zu.

Beispiel 1:

Gegeben: Schwefelsäure von 16° Bé.

Verlangt: 100 g Schwefelsäure, annähernd $^1/_1$-n.

16^0 Bé entsprechen einem Gehalt von 17,66 Gew.-% Schwefelsäure (s. Tabelle 20). 1 Liter Schwefelsäure $^1/_1$-n enthält nach Tabelle 15 49,04 g Schwefelsäure im Liter bzw. 4,77 Gew.-% Schwefelsäure (durch Interpolation der entsprechenden Werte der Tabelle 20 berechnet). Nach obiger Formel ergibt sich die zur Herstellung von 100 g $^1/_1$-n Schwefelsäure erforderliche Gewichtsmenge der ursprünglichen Säure in g:

$$x = 100 \cdot \frac{4.77}{17,66} = 27,0 .$$

Es sind also 27,0 g der ursprünglichen Schwefelsäure mit Wasser auf 100 g zu verdünnen.

Beispiel 2:

Gegeben: Verdünnte Salzsäure von unbekanntem Gehalt.

Verlangt: 100 cm³ $^1/_{10}$-n Salzsäure (annähernd).

$^1/_{10}$-n Salzsäure enthält nach der Tabelle 15: 3,646 g HCl im Liter oder 0,3646 g in 100 cm³. Die Prüfung der ursprünglichen Salzsäure mit dem Eintauchrefraktometer nach Pulfrich ergab bei $17,5^0$ einen Refraktionswert von 79,7 Skalenteilen, entsprechend einem Gehalt von 11,0 Gew.-% HCl, d. h. 11,0 g HCl in 100 cm³ Wasser (entnommen den Tabellen zum Eintauchrefraktometer). Nach obiger Formel berechnet sich x wie folgt:

$$x = 100 \cdot \frac{0,3646}{11,0} = 3,31 .$$

Es sind also 3,3 cm³ der ursprünglichen Salzsäure aus einer Meßpipette oder Bürette in einen Meßkolben abzulassen und auf 100 cm³ mit Wasser aufzufüllen.

Handelt es sich um Normallösungen, so können diese auch fertig bezogen werden. Auch die von der Firma J. D. Riedel-E. de Haën AG., Berlin-Britz gelieferten Fixanalsubstanzen sind zur Herstellung von Normallösungen sehr bequem und daher zu empfehlen.

Ist die Konzentration einer Ausgangsflüssigkeit bekannt, so läßt sich im Notfalle die Herstellung einer gewünschten Verdünnung mit Hilfe der Tropfentabelle 13 bewirken. Selbstverständlich handelt es sich hierbei nur um ein rohes Auskunftsmittel.

Zur Herstellung von Verdünnungen des Alkohols von bestimmtem Gehalt benutzt man zweckmäßig die Tabelle 22, die dem Werke von Behrens-Küster: Tabellen zum Gebrauche bei mikroskopischen Arbeiten, 4. Aufl., Leipzig 1908, entnommen ist.

Reagenzienverzeichnis[1].

Adamkiewiczsches Reagens. 1 Volumen konzentrierter Schwefelsäure mit 2 Volumen Eisessig gemengt. Zum Nachweis von Eiweißstoffen.

[1] In „...“ aufgeführte Worte verweisen auf nähere Angaben im Reagenzienverzeichnis unter dem hervorgehobenen Stichwort. Reagenzien mit C siehe auch unter K und Z.

Äther. Vorzügliches Lösungsmittel für Fette, ätherische Öle, Kohlenwasserstoffe, Wachse, Harze usw.

Alizarin. Gesättigte alkoholische Lösung. In Verbindung mit Ammoniak zum Nachweis von Aluminium [F. Feigl u. R. Stern: Z. anal. Chem. Bd. 60 (1921) S. 9].

Alizarinpapier. Gewaschenes Filterpapier wird mit einer gesättigten Lösung von Alizarin in Alkohol getränkt und getrocknet. Anwendung wie bei „Alizarin".

Alkannin. Reagens auf Fette. Der Farbstoff färbt Fette (wie auch ätherische Öle, Harze, Kautschuk u. a.) intensiv rot, während andere Stoffe viel schwächer oder gar nicht angefärbt werden. Man löse das in Teigform käufliche Alkannin in absolutem Alkohol, setze das gleiche Volumen Wasser zu und filtriere.

Alkohol. a) Absoluter.

b) Wasserhaltiger in verschiedenen Konzentrationen (Tabelle 22 zur Verdünnung von Alkohol siehe S. 129).

Alloxan. Konzentrierte wässerige oder alkoholische Lösung. Färbt tierische Haare und Seide rot [Krasser: S.-B. kais. Akad. Wiss., Wien Bd. 94 (1886) S. 135].

v. Allwördensche Reaktion (Elastikumreaktion). Siehe „Chlorwasser".

Ammoniak. Konzentrierte Lösung zum Abziehen von Farbstoffen von gefärbten Fasern, ferner zur Herstellung von ammoniakalischer „Kalilauge" nach Krais und Viertel, „Kupferoxydammoniak" und der Flüssigkeit nach „Molisch". — Siehe auch Tabelle 16, S. 124.

Ammoniumazetat. Fest.

Ammoniumchlorid. Fest.

Ammoniumchromat. Fest.

Ammoniumfluorid. Fest.

Ammoniumfluorsilikat. Zum mikrochemischen Nachweis von Natrium und Barium [H. Behrens u. C. Kley].

Ammoniumkarbonat. Fest.

Ammoniummerkurithiozyanat. Siehe „Ammoniumquecksilberrhodanid".

Ammoniummolybdat. a) 5 g in 100 cm³ Wasser kalt gelöst und in 35 cm³ Salpetersäure ($s = 1{,}2$ g/cm³) gegossen. Zum mikrochemischen Nachweis von Phosphorsäure; Tüpfelprobe auf Kieselsäure. Außerdem zum Nachweis von tierischem Leim [E. Schmidt].

b) Desgleichen in Verbindung mit „Benzidin" zum Tüpfelnachweis von Phosphorsäure [F. Feigl: Z. anal. Chem. Bd. 61 (1922) S. 454; Bd. 74 (1928) S. 386; Bd. 77 (1929) S. 299. — F. Feigl u. P. Krumholz: Mikrochemie, Pregl-Festschrift 1929 S. 82].

Ammoniumoxalat. 10%ige wässerige Lösung.

Ammoniumpersulfat. Fest. In Verbindung mit Silbernitratlösung (0,1%ig) und konzentrierter Schwefelsäure zum Nachweis von Mangan [H. Marshall: Z. anal. Chem. Bd. 43 (1904) S. 418].

Ammoniumquecksilberrhodanid. 8 g Quecksilberchlorid und 9 g Ammoniumrhodanid in 100 ccm Wasser gelöst. In Verbindung mit 1%iger Zinkazetatlösung zum Tüpfelnachweis von Kupfer [F. Feigl: Mikrochemie Bd. 7 (1929) S. 6].

Ammoniumrhodanid. Fest.

Amylalkohol. Zur Lösung von Farbstoffen behufs spektroskopischer Prüfung nach Formánek: Untersuchung und Nachweis organischer Farbstoffe auf spektroskopischem Wege, 1908.

Anethol. $n_D = 1,55$.

Anilin. $n_D = 1,59$.

Anilinchlorid. Siehe „Verholzungsreagenzien".

Anilinschwarz. Zum Nachweis von Oxyzellulose nach Schwalbe: bei Gegenwart von Oxyzellulose sehr geringe Anfärbung beim Aufdrucken von Anilinschwarz-Vanadin. Nach dem Einlegen in verdünnte Vanadinlösung (1 : 10000) zeigt umgekehrt Oxyzellulose lebhafte Schwarzfärbung beim Aufdrucken von metallfreier Anilinschwarzmasse.

Anilinsulfat. Siehe „Verholzungsreagenzien".

Anisöl. $n_D = 1,54$.

Asbest. Gereinigt zur Glühreaktion auf Gold.

Auramin. 0,1%ige wässerige Lösung zur Färbung von Silikaten [A. Beckh: Wbl. Papierfabr. Bd. 32 (1914) S. 3001].

Azeton. Lösungsmittel für „handelsübliche" Azetatseide (Triazetatseide ist azeton-unlöslich).

Azetylchlorid. Zum Nachweis von Cholesterin.

Bariumchlorid. Fest.

Bariumquecksilberjodidlösung (Rohrbachsche Lösung). $s = 3,5\ g/cm^3$. Bariumsulfat ($s = 4,1$—$4,7\ g/cm^3$) und Zinkspat ($s = 4,1$ bis $4,5\ g/cm^3$) sinken in dieser Lösung unter, während alle Stoffe mit einem spezifischen Gewicht unter $3,5\ g/cm^3$ schwimmen.

Barytwasser. 5%ige wässerige Lösung von Bariumhydrat. Zum Nachweis von Kohlensäure.

Baumwollblau. Zum Nachweis von Pilzsporen und Pilzmyzelien auf Zellulosefasern [T. B. Bright: J. Roy. micr. Soc. 1905 S. 141 und L. D. Galloway: J. Textile Inst. Bd. 21 (1930) S. 277]. Die Fasern werden 1 Minute mit Laktophenol erwärmt und dann mehrere Minuten in einer warmen wässerigen Lösung von Baumwollblau gebadet. Nach dem Waschen mit Wasser wird mit warmem Laktophenol behandelt, um möglichst viel Farbstoff zu entfernen. Nach Einbettung in Laktophenol erscheinen die Pilzanteile blau, Zellulose bleibt ungefärbt.

Baumwollbraun N (I. G. Farbenindustrie) in Verbindung mit Brillantkongoblau 2 RW (I. G. Farbenindustrie) von Schulze zur Bestimmung des Holzschliff- und Zellstoffgehaltes von Papier empfohlen [Papier-Fabrikant 1932 S. 65; Wbl. Papierfabr. 1931 S. 1218; Papier-Ztg. 1931 S. 2250]. Man löst je 1 g der genannten Farbstoffe unter Erwärmen auf dem Wasserbad in 70 cm³ destilliertem Wasser und mischt zum Gebrauch mit einer 6%igen Lösung von Natriumsulfat kristallisiert im Verhältnis 1 : 1 : 1. — Ein lockeres Klümpchen Papierbrei wird im Reagensglas mit etwa 7 cm³ des Gemisches etwa 30 Sekunden gekocht, über einem feinen Sieb von der Farblösung getrennt und gespült. Im mikroskopischen Präparat zeigen dann Zellstoffasern ein leuchtendes violettstichiges Blau; Holzschliff erscheint kastanienbraun.

Benzidin. a) 0,5 g in 10 cm³ konzentrierter Essigsäure gelöst und mit Wasser auf 100 cm³ aufgefüllt. In Verbindung mit „Ammoniummolybdat" und „Natriumazetat" zum Nachweis von Kieselsäure [F. Feigl u. P. Krumholz: Mikrochemie, Pregl-Festschrift 1929 S. 82].

b) In Verbindung mit „Ammoniummolybdat", „Natriumazetat" und Ammoniak zum Nachweis von Phosphorsäure [F. Feigl: Z. anal. Chem. Bd. 61 (1922) S. 454; Bd. 74 (1928) S. 386; Bd. 77 (1929) S. 299].

c) Zum mikrochemischen Nachweis von Schwefelsäure in fester Form vorrätig zu halten [Behrens-Kley].

d) 0,05 g in 10 cm³ Essigsäure gelöst, mit Wasser auf 100 cm³ aufgefüllt und filtriert. Zum Tüpfelnachweis von Mangan und Chrom [F. Feigl: Chem.-Ztg. Bd. 44 (1920) S. 689; Z. anal. Chem. Bd. 60 (1921) S. 24. — N. A. Tananaeff: Z. anal. Chem. Bd. 140 (1924) S. 327]. — Siehe auch „Kalilauge", b).

Benzoazurin. Färbt in heißer, mit Soda oder Natriumsulfat versetzter Lösung Flachs und Hanf lebhaft violett. Beide Fasern zeigen starken Dichroismus: Der Farbenwechsel geht von rotstichigem Blau zu Grünblau [H. Behrens: Anleitung zur mikrochemischen Analyse, 1895, Heft 2]. — Siehe auch „Chrysophenin".

Benzobraun. Zur Erzeugung von Dichroismus auf pflanzlichen Fasern [Behrens].

Benzoinoxym. 5%ige alkoholische Lösung. In Verbindung mit Seignettesalz (10%ig) und Ammoniak ausgezeichnetes Reagens zum Tüpfelnachweis von Kupfer [F. Feigl: Ber. dtsch. chem. Ges. Bd. 65 (1923) S. 2032; Mikrochemie Bd. 1 (1923) S. 76].

Benzol. Zur Bestimmung der Dichte von Fasern.

Benzopurpurin 4 B. Nach Knecht [J. Soc. Dyers & Col. Bd. 24 (1908) S. 68; Chem.-Ztg. Bd. 32 (1908) Rep. 272; Bd. 33 (1909) S. 282] zum qualitativen Nachweis der Merzerisation von Baumwollfasern benutzt: Nach Behandeln mit Salzsäure wird merzerisierte Baumwolle rotviolett, nicht merzerisierte Baumwolle blau. Nach Knaggs [Chem.-Ztg.

Bd. 32 (1908) Rep. 314] und Miller [Ber. dtsch. chem. Ges. Bd. 43 (1910) S. 3430] auch zur Bestimmung des Merzerisationsgrades anwendbar.

Benzopurpurin 10 B. a) In Verbindung mit Malachitgrün von H. Behrens zur Unterscheidung von Flachs und Hanf vorgeschlagen. Faserprobe auf dem Objektträger mit einem Körnchen Malachitgrün und Essigsäure versetzt, zum Kochen erhitzt und nach dem Erkalten der Farbstoff abgesaugt. Hierauf folgt zweimaliges Waschen mit Wasser (heiß und kalt). Zu den grün gefärbten Fasern setzt man etwas lauwarme Lösung von Benzopurpurin 10 B. Nach dem Färben erscheinen Flachs rot, Protoplasmareste im Lumen grün; Hanf buntfarbig mit unreinen Mischfarben von grünblau und violett (Baumwolle wird purpurrot, Holzschliff, Jute, Manila grün gefärbt).

b) Nach W. Sieber (Melliand Textilber. 1928 S. 326) zum Nachweis von Wollschäden in verdünnter Lösung (1 g im Liter) an Stelle von Diazobenzolsulfosäure.

Benzoreinblau. In Verbindung mit Toluylenorange G und Glaubersalz von R. Bartunek [Textile Forschg. Heft 1 (1924) S. 1] zur Unterscheidung von Baumwolle, Flachs und Hanf empfohlen. Die Flotte besteht aus 0,7 g Toluylenorange (Agfa), 0,3 g Benzoreinblau konz. (By) und 10,0 g Glaubersalz kristallisiert, in 1 Liter Wasser gelöst. Die zu prüfenden Fasern werden rasch durch die Flotte gezogen und ausgepreßt. Nach dem Trocknen erscheint Baumwolle gelb, Flachs olivgelb, Hanf grün.

Berberinazetat. Fest. Zum mikrochemischen Nachweis von Salpetersäure [Arnaud: Ann. chim. et phys. Bd. 19 (1890) S. 123].

Bernsteindecklack. Vorzüglicher Deckglaskitt zum Umranden mikroskopischer Präparate [H. Behrens: Z. wiss. Mikroskopie Bd. 2 (1887) S. 54].

Bismarckbraun. Wiederholt filtrierte wässerige Lösung (0,1%) zum Nachweis von Kaliumsulfat nach I. W. Retgers [Z. physik. Chem. Bd. 12 (1893) S. 600].

Bleiazetat. Fest und in stark essigsaurer Lösung. Zum Nachweis von Kalium siehe ,,Natriumnitrit".

Bleipapier. ,,Aschenfreies" Papier wird mit 10%iger Lösung von Bleiazetat getränkt und getrocknet.

Blutlaugensalz, gelbes. Siehe ,,Kaliumferrozyanid".

Blutlaugensalz, rotes. Siehe ,,Kaliumferrizyanid".

Borax. Fest zu Perlenreaktionen.

Borfluorwasserstoffsäure. Siehe ,,Diazobenzolsulfosäure".

Brechweinstein.

Brenzkatechin. Siehe ,,Verholzungsreagenzien".

Brillantkongoblau 2 RW. Siehe ,,Baumwollbraun N".

Brillantpurpurin R. Zum Hervorheben von Zellstoff in Papierfasern. Man färbt mit einer neutralen Lösung von Brillantpurpurin R unter Zusatz von Natriumsulfat, und nach dem Absaugen der Farbstofflösung mit einer schwach alkalischen Lösung von Tuchorange: Zellstoff wird stark rot, Lumpenfasern werden ockergelb gefärbt. Nach der Einwirkung von Tuchorange empfiehlt sich zur Vertiefung des Rot auf dem Zellstoff eine nochmalige Nachbehandlung mit Brillantpurpurinlösung.

Brom.

Bromwasser. Gesättigt. An Stelle von „Chlorwasser" nach Herbig (Z. angew. Chem. 1919 S. 120) zur Ausführung der Reaktion nach Allwörden.

Chikagoblau 6 B.

Chinalizarin (1,2,5,8-Tetraoxyanthrachinon). 10—20 mg in 100 cm³ Alkohol gelöst. In Verbindung mit 2 n-Natronlauge zum Tüpfelnachweis von Magnesium [F. L. Hahn, H. Wolf u. G. Jäger: Ber. dtsch. chem. Ges. Bd. 57 (1924) S. 1394].

Chloralhydrat. Zum Aufhellen gefärbter Objekte bzw. zur Strukturverdeutlichung von Zellmembranen in der Mikroskopie verwendet. 5 g Chloralhydrat werden in 2 cm³ Wasser gelöst.

Chlormagnesiumlösung. Siehe „Jod-Jodkaliumlösung" nach Jenke.

Chloroform.

Chlorwasser. a) Zum Entfärben stark gefärbter Fasern angewendet.

b) In Verbindung mit Ammoniak dient es zum Nachweis von Jute und Neuseelandflachs in Segelleinen, Seilen usw. Man läßt Chlorwasser 1 Minute auf die zu untersuchende Probe einwirken, breitet diese auf einer Porzellanplatte aus und fügt einige Tropfen Ammoniak zu. Jute und Neuseelandflachs werden zuerst hellrot, später dunkelbraun gefärbt. Flachs und Hanf nehmen orange- oder hellbraune Färbung an [J. Vincenz: Anleitung zur mikroskopischen Untersuchung der Gespinstfasern. Cottbus 1890].

c) Zur Ausführung der v. Allwördenschen oder Elastikum-Reaktion (Theoretische Betrachtungen: Diss. Berlin 1913; Beschreibung: Z. angew. Chem. 1916 S. 77; 1917 S. 125 u. 297). Gesättigtes Chlorwasser wird mit 1—2 Teilen destilliertem Wasser verdünnt. Reagens ist stets frisch zu benutzen und nach Naumann (Z. angew. Chem. 1917 S. 135, 297 u. 305, Mschr. Textil-Ind. 1918 S. 124) im Dunkeln aufzubewahren. — Vgl. auch P. Krais u. P. Waentig: Z. angew. Chem. 1916 S. 77 und 1920 S. 65.

Chlorzink. Nach Persoz (C. R. Acad. Sci., Paris Bd. 55 S. 810) zur Unterscheidung tierischer Fasern. 10 g trockenes Chlorzink, 85 g Wasser und 2 g Zinkoxyd werden in einer Schale gekocht und absitzen gelassen; die klare Lösung dient als Reagens. Echte Seide löst sich in Chlorzink (bei 40° C etwa in 1 Stunde, bei 100° C in 15 Minuten). Tierische Haare und pflanzliche Fasern bleiben ungelöst.

Chlorzinkjodlösung. a) Nach F. von Höhnel: 5 g Jodkalium und 1 g Jod in wenig Wasser gelöst und mit 30 g Chlorzink in wässeriger konzentrierter Lösung versetzt. In Summe darf die Lösung nicht mehr als 14 g Wasser enthalten. Vorzüglich tingierendes und strukturverdeutlichendes Mittel für pflanzliche Fasern. Färbt reine Zellulose blauviolett, verholzte Membranen gelb bis gelbbraun.

b) Nach W. Herzberg: Man stelle folgende beiden Lösungen her: A. 20 g trockenes Zinkchlorid in 10 g Wasser, B. 2,1 g Jodkalium und 0,1 g Jod in 5 g Wasser. Man vermische A. mit B., lasse den entstandenen Niederschlag sich absetzen und gieße die überstehende klare Lösung ab; in diese bringt man ein Blättchen Jod. Vor Licht zu schützen! — Das Reagens färbt Holzschliff, rohe Jute, nicht ganz aufgeschlossene Zellstoffe zitronen- bis dunkelgelb, Strohstoff teils gelb, teils blau, teils blauviolett; Zellstoffe (Holzzellstoff, Adansonia, Stroh- und Jutezellstoff) blau- bis rotviolett, Esparto teils blau, teils weinrot, Manilahanf blau, blauviolett, rotviolett, schmutziggelb, grünlichgelb; Lumpenfasern schwach bis stark weinrot.

c) Nach P. Klemm (Wbl. Papierfabr. 1917 S. 2159) zur Unterscheidung von Sulfit- und Natron-, sowie Sulfatzellstoff: Die bei der sauren Aufschließung durch Sulfitlauge erhalten bleibenden Substanzreste (meist Harzteilchen, besonders in den Markstrahlzellen) färben sich mit Chlorzinkjod schwefelgelb und heben sich von der grauvioletten Farbe der Zellhaut deutlich ab. Sulfitzellstoffasern färben sich blaustichig, Natronzellstoffasern rotstichig bis bräunlich violett.

d) Nach Lange (S.-B. 5. internat. Kongr. angew. Chem. Berlin 1903) für merzerisierte Baumwolle: Eine kaltgesättigte Chlorzinklösung wird mit feingepulvertem Jod im Überschuß versetzt, so daß erstere mit Jod gesättigt ist.

e) Nach Ambronn [Pleochroismus gefärbter Zellmembranen. Ber. dtsch. bot. Ges. Bd. 6 (1888) Heft 2] wird durch Behandlung mit Chlorzinkjod deutlicher Pleochroismus auf Pflanzenfasern erzielt.

Chlorzinnjodlösung. Nach Wisbar (Mitt. staatl. Mat.-Prüf.-Amt Berlin-Dahlem 1920 Heft 4 u. 5) zum Mikroskopieren von Pergamentpapieren, welche aus Baumwolle und Holzzellstoff hergestellt wurden, zu benutzen. Ansatz: 0,1 g Jod und 0,5 g Jodkalium werden in wenig destilliertem Wasser gelöst und mit Zinnchlorid von 50^0 Bé auf 10 cm^3 aufgefüllt. Das Reagens differenziert Baumwolle und Holzzellstoff, deren Unterschied nach der Pergamentierung im mikroskopischen Chlorzinkjod-Präparat verwischt ist; Lumpenfasern werden rosa, Zellstofffasern blau — teilweise scheckig — angefärbt.

Cholesterinreaktion. Nach Schwalbe (Wbl. Papierfabr. 1906 S. 2640 und Chemie der Zellulose, S. 609. 1911) als Harzreaktion zur Unterscheidung von Sulfit- und Natronzellstoff. Man übergießt das zerzupfte Probestückchen im Gewicht von etwa 0,5 g mit 1—2 cm^3 Tetrachlorkohlenstoff (oder Chloroform) und erwärmt bis zum Sieden, gießt die Flüssigkeit in ein Reagensglas ab, fügt etwa 0,5 ccm Essigsäureanhydrid [$(CH_3 \cdot CO)_2 \cdot O$; nicht Eisessig!] zu und tropft konzentrierte reine Schwefelsäure hinzu. Bei Sulfitzellstoff tritt zunächst eine zart rosarote Färbung der Flüssigkeit auf, die auf weißem Grund deutlich sichtbar wird. Die Färbung verschwindet aber nach weiterer Zugabe von konzentrierter Schwefelsäure und macht einer grünen Färbung Platz, die sich deutlich geschichtet von einer unteren farblosen Schicht trennt. Im ganzen sind etwa 6—10 Tropfen Schwefelsäure erforderlich. Bei Natronzellstoff treten die Farbreaktionen nicht auf; höchstens macht sich ein schmutziges Gelb bemerkbar.

Chromsäure. a) Zur Isolierung der Elementarfasern, namentlich der monokotylen, sehr stark in Verwendung. Nach J. von Wiesner (Technische Mikroskopie, 1867) wird Kaliumbichromat mit überschüssiger Schwefelsäure gemischt. Nach erfolgter Lösung der ausgeschiedenen Chromsäure wird mit dem gleichen Volumen Wasser gemischt. Chromsäure wirkt bereits im kalten Zustande und greift die Zellulose weit weniger an als Schultzesches Mazerationsgemisch.

b) Nach R. Korn (Dissertation 1916): 1 g Kaliumbichromat in 10 cm^3 Schwefelsäure ($s = 1{,}85$ g/cm^3) gelöst und mit dem gleichen Volumen Wasser verdünnt.

c) Zur Unterscheidung der natürlichen und künstlichen Seiden: Naturseide fixiert Chromsäure und doppelchromsaure Salze mit gelber Farbe, Kunstseide bleibt farblos.

d) Gemenge von 20%iger Chromsäure mit konzentrierter Schwefelsäure zur Prüfung von Aufstrichmassen auf Diatomazeen, Graphit usw.

Chrysophenin. In Verbindung mit „Safranin“ von H. Behrens zur unterschiedlichen Färbung von Flachs und Baumwolle empfohlen. Die Probefasern werden mit heißer Safraninlösung dunkelrosa gefärbt, kalt gewaschen und in eine kalte, mit etwas Soda versetzte Lösung von Chrysophenin gelegt. Nach dem Färben erscheinen Flachs blaß ziegelrot, Baumwolle gelb mit Spuren von rot. In gleicher Weise behandelt färben sich Zellstoff gelb, Wolle und Seide karminrot, Jute und Manila scharlachrot, Hanf dunkelziegelrot. Die Lösungen werden am besten für jeden Versuch neu hergestellt. — Läßt man noch eine schwach alkalische Lösung von „Benzoazurin“ in der Kälte einwirken, so wird Zellstoff blau, Baumwolle gelb, Flachs rötlich, Seide, Wolle, Jute, Holzschliff, Manila ausgesprochen rot gefärbt.

Cochenilletinktur. Alkoholischer Extrakt der Cochenille-Laus, zur unterschiedlichen makroskopischen Färbung von Baumwolle und Leinen verwendet. Baumwolle hellrot, Leinen violett gefärbt.

Croceïnscharlach 7 BV. Anwendung siehe „Naphtholgelb S“.

Deckglaskitt nach Krönig. Ein festes Gemenge von Kollophonium und Wachs, zum Umranden von mikroskopischen Präparaten. Wird mit besonders geformtem, angewärmten Spatel aus dem Behälter entnommen und aufgetragen. Nach A. Herzog (Melliand Textilber. 1927 S. 341) auch zur Herstellung von Abdrücken stark pigmentierter oder stark angefärbter, sowie stark markhaltiger Wollhaare zur Sichtbarmachung der Oberhautschuppen mit Vorteil verwendet.

Dextrose. Fest.

Diäthylanilin (monofrei). Unmittelbar vor dem Gebrauch werden 0,25 g in 200 cm³ Schwefelsäure (1 : 1) gelöst. In Verbindung mit Kaliumferrizyanid zum Nachweis von Zink [E. Eegriwe: Z. anal. Chem. Bd. 74 (1928) S. 228].

Diaminreinblau. Zum Nachweis von Oxyzellulose. Reine Zellulose wird stark angefärbt, während Oxyzellulose fast farblos bleibt.

Dianilblau. Nach A. Herzog (Mschr. Textil-Ind. 1924, S. 409) mit Vorteil statt „Kongorot" zum Nachweis des Dichroismus von Baumwolle angewandt.

Diazingrün.

Diazobenzolchlorid. Frisch bereitete wässerige Lösung (Gräfesches Reagens).

Diazobenzolsulfosäure. Zum Nachweis von Wollschädigungen (Paulysche Reaktion) [H. Pauly: Z. physiol. Chem. 1904 S. 508f.; H. Pauly u. A. Binz: Z. Farb.- u. Text.-Ind. 1904 S. 373]. 2 g Sulfanilsäure, aufgeschwemmt in 3 cm³ Wasser und 2 cm³ konzentrierter Salzsäure, wird mit einer (portionenweise zuzugebenden) Lösung von 1 g Natriumnitrit in 2 cm³ Wasser vorsichtig diazotiert. Die sich hierbei bildende Diazobenzolsulfosäure wird leicht gewaschen, auf dem Filter gesammelt und durch Übergießen mit 10%iger Sodalösung in Lösung gebracht. Das Reagens ist wegen seiner leichten Zersetzlichkeit stets frisch zu verwenden. — Nach E. Franz u. M. Hardtmann (Melliand Textilber. 1934 S. 489) ist die Verwendung des stabilen Diazoniumborfluorids der Sulfanilsäure zur Ausführung der Paulyschen Diazoniumprobe empfehlenswert. Man erhält es durch Diazotieren der Sulfanilsäure und Ausfällen durch Zugabe von Borfluorwasserstoffsäure. Diese Verbindung kristallisiert in schönen langen Nadeln und ist auch im trockenen Zustand völlig ungefährlich. Überdies ist sie monatelang haltbar, so daß man jederzeit die fertige Diazoniumverbindung zur Verfügung hat und diese nicht jedesmal frisch herzustellen braucht. — Über die Diazoreaktion zur Bestimmung der Wollschädigung im Stapel siehe C. Blume [in H. Mark: Beiträge zur Kenntnis der Wolle und ihrer Bearbeitung, S. 91f. Berlin 1925].

Diazoblauschwarz. Siehe „Diazobraun G".

Diazobraun G. a) Zur Erzeugung von Dichroismus auf Pflanzenfasern [Behrens].

b) Zur Trennung der Faserstoffe in heißer, mit Natriumkarbonat alkalisch gemachter Lösung. Wolle wird gelb, Baumwolle, Flachs und

Hanf bräunlich grau, Zellstoff graublau, Jute und Holzschliff braun gefärbt. Der Farbgegensatz kann durch geringen Zusatz von Diazoblauschwarz gesteigert werden.

Dichlorhydrin. Zur Unterscheidung der Harze nach Valenta.

Digitonin. 1%ige frisch zu bereitende Lösung in 85%igem Alkohol zum mikrochemischen Nachweis von Cholesterin im Wollfett nach H. von Brunswik [siehe H. Mark: Beiträge zur Kenntnis der Wolle und ihrer Bearbeitung. Berlin 1925].

Dimethylamidoazobenzol. Siehe „Verholzungsreagenzien".

Dimethylglyoxim. Fest. Zum mikroskopischen und Tüpfelnachweis von Nickel [L. Tschugaeff: Ber. dtsch. chem. Ges. Bd. 38 (1905) S. 2530; O. Brunck: Z. angew. Chem. Bd. 20 (1907) S. 834, 1844; Bd. 27 (1914) S. 315].

Dimethyl-p-Phenylendiaminchlorhydrat. Siehe „Verholzungsreagenzien".

Diphenylamin. Fest. Vor dem Gebrauch werden einige Kristalle in möglichst wenig konzentrierter Schwefelsäure gelöst. Zum Nachweis von Nitraten (Stickstoff). Nitratkunstseide erscheint nach dem Betupfen schön blau gefärbt, während die übrigen Kunstseiden nur bräunlich gefärbt und aufgelöst werden [H. Molisch: Ber. dtsch. bot. Ges. 1883 S. 1. — Weitere Literatur bei J. Tillmanns und W. Sutthoff: Z. anal. Chem. Bd. 50 (1911) S. 473].

Diphenylkarbazid. a) Alkoholisch-alkalische Lösung zur Unterscheidung von Magnesit und Dolomit [F. Feigl: Z. anal. Chem. Bd. 72 (1927) S. 113; Bd. 74 (1928) S. 399].

b) 1%ige alkoholische Lösung in Verbindung mit gesättigtem Bromwasser, 2 n-Kali- oder Natronlauge, 2 n-Schwefelsäure und Phenol (fest) zum Nachweis von Chrom [P. Cazeneuve: C. R. Acad. Sci., Paris Bd. 131 (1900) S. 346].

Dithizon. 1—2 mg in 100 cm³ Tetrachlorkohlenstoff gelöst. Zum Tüpfelnachweis von Zink [H. Fischer: Z. angew. Chem. Bd. 42 (1929) S. 1025; Mikrochemie Bd. 8 (1930) S. 319].

Eau de Javelle (Lösung von Kaliumhypochlorid) und

Eau de Labarraque (Lösung von Natriumhypochlorid). Wichtige Aufhellungsmittel für alle gefärbten Pflanzenteile. Schnitte werden in wenigen Minuten vollkommen entfärbt; auch mit Gerbsäurefarbstoffen gefärbte Objekte (Rindenpartikel, Samenteile) werden rasch und vollständig gebleicht. Zu stark ausgebleichte Objekte können nach Abspülen in Wasser mit Safranin o. ä. nachgefärbt werden. — Man bereitet diese Reagenzien, indem man in zwei Flaschen bringt a) Chlorkalk 20 Teile, Wasser 100 Teile (öfters umschütteln, einen Tag stehen lassen), b) Kaliumkarbonat (bzw. Natriumkarbonat) 25 Teile, Wasser 25 Teile: Hat sich das Salz in b) gelöst, so werden beide Flüssigkeiten zusammengegossen, in fest verschlossener Flasche einen Tag stehen gelassen und dann sorgfältig vom Bodensatz abgegossen. — Das Reagens ist vor Licht geschützt aufzubewahren!

Eisenchlorid (Ferrichlorid). Reagens auf Gerbstoffe. Wird (um nicht zu tiefe Färbung hervorzurufen) in verdünnten 2—5%igen Lösungen angewandt und färbt Gerbstoff oder damit imprägnierte Zellen tief grünschwarz (eisengrünender Gerbstoff) oder tief blauschwarz (eisenbläuender Gerbstoff). — Wie Ferrichlorid kann Ferrosulfat Anwendung finden.

Eisenfärbung. Nach Schwalbe (Wbl. Papierfabr. 1913 S. 2196) zur Unterscheidung von ungebleichtem und gebleichtem Sulfit- und Natronzellstoffpapier. Man raspelt das Papier, befreit das Material von Harz durch Alkohol und Äther, übergießt das trockene Material mit einer $^{1}/_{20}$ n-Eisenchloridlösung (4,5 g wasserhaltiges Eisenchlorid im Liter) und erwärmt im Wasserbad bei 60—80° C solange, bis die Fasermasse wieder auf den Gefäßboden gesunken ist (etwa $^{1}/_{2}$ Stunde). Nach Abfiltrieren wird dann mit warmem destillierten Wasser ausgewaschen, das Fasermaterial mit 1%iger Schwefelsäure übergossen, 4—8 Tropfen einer 2%igen Ferrozyankaliumlösung hinzugefügt und im Wasserbad bei 60—80° C etwa 5—10 Minuten lang erwärmt. Das Fasermaterial soll dann blau aussehen (eventuell durch Nachfärben mit einigen weiteren Tropfen Ferrozyankaliumlösung und Schwefelsäure zu erreichen). Sulfitzellstoffasern erscheinen unter dem Mikroskop tiefblau gefärbt; ungebleichte Natronzellstoffasern färben sich schwach gelblich-grünlich-bräunlich; gebleichte Natronzellstoffasern gar nicht oder ganz schwach bläulich.

Eisenhämatoxylin [nach Heidenhayn]. Von K. Ohara [Sci. Pap. Inst. physic. chem. Res., Tokyo Bd. 21 (1933) S. 104] zur Hervorhebung der Gerinnungsstruktur der echten Seide angewandt. Die innere Zentralzone des Fibroins wird dunkelindigo bis schwarz angefärbt, die äußere Hülle bleibt farblos; das Serizin weist eine graue Färbung auf.

Eisensulfat (Ferrosulfat). In Verbindung mit konzentrierter Schwefelsäure zum Nachweis von Salpetersäure und Nitraten [Desbassins de Richemond: Chem. Zbl. 1835 S. 782]. Siehe auch „Eisenchlorid".

Eisenvitriol. Siehe „Eisensulfat".

Eisessig. Lösungsmittel für Azetatseide. Siehe auch „Essigsäure".

Elastikum-Reaktion. Siehe „Chlorwasser".

Eosin. Siehe „Hoelkeskampsches Reagens".

Epichlorhydrin. Zur Unterscheidung der Harze nach Valenta.

Essigsäure. $CH_3 \cdot COOH$. (Siehe auch Tabelle 21, S. 128f.) a) Konzentrierte Essigsäure = „Eisessig".

b) 2 n- enthält 120,08 g Essigsäure im Liter. Refraktionswert: 37,70.

c) s = etwa 1,0615 g/cm³ mit etwa 50% Essigsäureanhydrid.

d) 96%ige Essigsäure zum Ansäuern von Farbstoffen verwendet.

Essigsäureanhydrid $(CH_3 \cdot CO)_2 \cdot O$. Siehe auch „Cholesterinreaktion".

Fehlingsche Lösung. a) Zum Nachweis von Oxyzellulose nach Schwalbe. Lösung A: 1000 cm^3 destilliertes Wasser, 34,6 g Kupfersulfat. Lösung B: 1000 cm^3 destilliertes Wasser, 173 g Seignettesalz, 135 g Kaliumhydroxyd. A und B werden zum Gebrauch in gleichen Volumenmengen gemischt. Materialproben etwa 3—5 Minuten in der Mischung kochen, in heißem Wasser auswaschen und in verdünnte Essigsäure einlegen. Eventuell Fixation mit Wasserglas. Trocknen. Bei Gegenwart von Oxyzellulose: Rotfärbung.

b) Zur Zuckerbestimmung in Appreturen.

Fenchelöl. $n_D = 1{,}529$.

Ferrichlorid. Siehe „Eisenchlorid".

Ferrosulfat. Siehe „Eisensulfat" und „Eisenchlorid".

Fluorwasserstoffsäure (Flußsäure). In Hartgummi- oder Paraffinflaschen unter einem gutziehenden Abzug aufbewahren. Zum Aufschließen von Silikaten.

Fuchsin. a) Nach Liebermann: Einer gesättigten wässerigen Lösung von Fuchsin wird tropfenweise Natron- oder Kalilauge bis zur eintretenden Entfärbung zugesetzt. Die filtrierte Flüssigkeit ist luftdicht aufzubewahren! Zur makroskopischen Unterscheidung ungefärbter tierischer und pflanzlicher Fasern. Tierische Fasern erscheinen nach dem Eintauchen in die erhitzte Lösung und gründlichem Waschen rot gefärbt. Pflanzliche Fasern bleiben ungefärbt.

b) 1%ige alkoholische Lösung nach Böttger zur Unterscheidung von Baumwolle und Flachs (makroskopisch). Ansatz: 0,01 Teile Fuchsin, 30 Teile Alkohol, 30 Teile destilliertes Wasser. — Auch zur Trennung von Baumwolle und Kapok verwendet.

c) Lösung in Verbindung mit Malachitgrünlösung nach Lofton und Merrit [Paper Makers month. J. Bd. 51 (1921) Nr. 2 — Referat von Wisbar: Mitt. staatl. Mat.-Prüf.-Amt Berlin-Dahlem 1922 Heft 6] zur Unterscheidung von Sulfit- und Natronzellstoff im ungebleichten Zustand in Papier. Man färbt auf dem Objektträger 2 Minuten in einer Mischung von Fuchsin- und Malachitgrünlösung, saugt ab, behandelt etwa 20 Sekunden mit 3—4 Tropfen verdünnter Salzsäure (1 cm^3 konzentrierte Salzsäure auf 1 Liter Wasser) und wäscht mit Wasser aus. Sulfitzellstofffasern erscheinen purpurrot, Natronzellstoffasern (und Holzschliff) blau mit schwächerem oder stärkerem Rotstich. Die wässerige Fuchsinlösung wird 1:100, die Malachitgrünlösung 2:100 hergestellt und im Verhältnis 2 Volumteile Fuchsinlösung auf 1 Volumteil Malachitgrünlösung gemischt. Die Mischung bleibt etwa 8 Tage haltbar. — Abänderung nach Wisbar (Mitt. staatl. Mat.-Prüf.-Amt Berlin-Dahlem 1922 Heft 6): 4,4 cm^3 der 1%igen Fuchsinlösung und 2,2 cm^3 der 2%igen Malachitgrünlösung werden mit 20 cm^3 einer 0,5%igen Salzsäure (durch Verdünnen von 1,34 g einer 37%igen Salzsäure auf 100 cm^3 zu erhalten) versetzt und mit Wasser auf 100 cm^3 aufgefüllt. Ein Faserklümpchen wird 1—2 Minuten in 5—10 cm^3 dieses Gemisches im Reagensglas gekocht, auf einem Sieb abgeschieden und ausgewaschen. Sulfitzellstoff ist rotviolett, Natronzellstoff (sowie Holzschliff) grünlichblau gefärbt.

Fuchsinschweflige Säure. Siehe „Schiffsches Reagens".

Gallozyanin, blau. 1%ige wässerige Lösung. In Verbindung mit 1%iger Pyridinlösung zum Tüpfelnachweis von Blei [F. Pavelka: Mikrochemie Bd. 7 (1929) S. 303].

Gelatine (Höchst). a) 10%ige Lösung, verwendet zur Einbettung der Fasern bei dem A. Herzogschen Zählverfahren und zur Herstellung von Lichtfiltern für mikrophotographische Zwecke [A. Herzog: Textile Forschg. 1922 Heft 2].

b) Mit 3%iger Chromgelatinelösung überzogene Glasplatten zum Nachweis von Silber (Liesegangsche Ringe).

Gentianaviolett. Nach Wasicky (Mitt. techn. Vers.-Amt Wien 1918 S. 31; Z. ges. Textilind. 1919 S. 194) zur Unterscheidung von Sulfit- und Natronzellulosepapier. Die Papierprobe wird in einer wässerigen 0,1:50 hergestellten Lösung des Farbstoffes einmal aufgekocht, 2 Minuten lang darin belassen, dann mit 50%igem Alkohol oberflächlich abgespült, hierauf durch 2 Minuten in 95%igem Alkohol und 0,5%iger Salzsäure differenziert. Aus der Differenzierungsflüssigkeit gelangen die Papierstückchen durch 15 Minuten in 95%igen Alkohol bei einmaligem Wechsel der Waschflüssigkeit, schließlich in Wasser. Papiere aus reiner Natronzellulose zeigen dann ihre Eigenfarbe, da sie den Farbstoff völlig verlieren, während Sulfitzellulosepapiere tiefviolett gefärbt bleiben. Für Mischungen empfiehlt sich die Herstellung einer Farbenskala bekannter Testobjekte zum Vergleich, da solche je nach dem Gehalt an Sulfitzellulose verschieden stark angefärbt werden.

Glyzerin. $n_D = 1,45$. Einschlußmittel für wasserhaltige mikroskopische Präparate. Wirkt physikalisch aufhellend. Vorteilhafter Ansatz: 70 Teile konzentriertes Glyzerin, 28 Teile destilliertes Wasser, 2 Teile konzentrierte Karbolsäure. — Siehe auch „Sudan III-Glyzerin", „Zyanin-Glyzerin", „Indigkarmin".

Glyzeringelatine. Einschlußmittel für Dauerpräparate. 300 g trockene feinste Gelatine werden 2 Stunden lang in 1000 cm^3 Wasser aufgeweicht; dann auf 50° C erwärmt, 10 cm^3 konzentrierte Karbolsäure und 500 cm^3 Glyzerin zugegeben; bei der Temperatur von 50° C gehalten, bis die auf den Karbolzusatz entstandenen Flocken verschwunden sind; im Heißwassertrichter durch doppeltes Papierfilter (oder durch Flanell) filtriert.

Glyzeringummi. Siehe „Gummilösung".

Glyzerinschwefelsäure. Siehe „Schwefelsäure".

Goldchlorid. Verdünnte wässerige Lösung (etwa 1%ig). Zum Nachweis von Zinn [Behrens-Kley].

Goldschmidtsche Lösung. Fertig zu beziehen. Quellungsmittel, angewendet insbesondere bei Sichtbarmachung der Ultrastrukturen von Kupfer- und Viskoseseide.

Gräfesches Reagens. Siehe „Diazobenzolchlorid“.

Guajakol. 10%ige wässerige Lösung in Verbindung mit Wasserstoffsuperoxyd zum Nachweis von arabischem Gummi.

Gummilösung. Zum Einbetten von quer zu schneidenden Fasern nach A. Meyer (Mikroskopisches Praktikum für Pharmazeuten): 16 g bestes arabisches Gummi in 32 g Wasser gelöst, durch ein Leinenläppchen in ein gewogenes Schälchen filtriert und mit 2 g Glyzerin vermengt. Die Lösung wird auf 24 g eingedampft. Gut verschlossen aufzubewahren! — Nach F. von Höhnel wird das Einbetten der Fasern folgendermaßen ausgeführt: Ein Bündel möglichst parallel gelegter Fasern wird mit einer dicklichen, mit etwas Glyzerin versetzten Gummilösung durchtränkt und gut trocknen gelassen. Nach dem Trocknen wird das Bündel zwischen zwei Hälften eines Korkes gelegt, fest eingeklebt, und das Ganze umbunden. Das nachfolgende Schneiden der Fasern mittels eines Rasiermessers oder Mikrotomes muß möglichst senkrecht zur Faserrichtung geschehen. — Der Glyzerinzusatz der Gummilösung darf nicht zu groß bemessen sein, weil sonst das Faserbündel nicht genügend erhärtet.

Hämatoxylin. Zum Anfärben mikroskopischer Präparate. Färbt sowohl die Membranen wie die Eiweißstoffe der Gewebe in einer gut differenzierenden und zugleich diskreten Weise. Bereitung meist nach der von Delafield angegebenen Weise: 4 Teile Hämatoxylin in 25 Teilen Alkohol gelöst, dann wird Ammonalaun (400 Teile konzentrierter wässeriger Lösung) zugefügt, 3—4 Tage an der Luft stehen gelassen, filtriert, 100 Teile Glyzerin und 100 Teile Methylalkohol zugesetzt, wieder mehrere Tage stehen gelassen und dann nochmals filtriert. Dieses Hämatoxylin wird mit längerem Stehen immer besser; es färbt schön violettblau. Ist eine Färbung zu stark geworden, so zieht man den Farbstoff durch Einlegen in eine 2%ige Alaunlösung wieder aus.

Hoelkeskampsches Reagens. Vom Reichsausschuß für Lieferbedingungen (RAL) als Standardreagens für die Unterscheidung von Kupfer- und Viskoseseide vorgeschlagen. 15 cm^3 Pelikantinte 4001 von Günther Wagner, 20 cm^3 einer 5%igen Lösung[1] von Eosin extra (I. G. Farbenindustrie) und 65 cm^3 destilliertes Wasser werden gemischt, und in diesem Bad die zu untersuchenden Proben 5 Minuten lang unter mehrfachem Hin- und Herbewegen bei normaler Temperatur ausgefärbt. Nach dem Spülen und Trocknen erscheint Kupferseide tiefblau, Viskoseseide rot gefärbt. — Nach A. Zart verwendet man an Stelle von der

[1] In der Literatur ist vielfach fälschlich eine 0,5%ige Lösung angegeben.

genannten Markentinte Siriusblau B nach folgendem Ansatz: Stammlösungen von Siriusblau B und Eosin (2 g Farbstoff/Liter) zum Gebrauch 1:1 mischen und in reichlich gehaltenem Färbebad 10 Minuten bei 18—20° C unter dauerndem Bewegen färben. Gut mit kaltem Wasser nachspülen: Kupferseide erscheint tief violettblau, Viskoseseide stark rosa (Kunstseide 1932 S. 150).

Holzkohle. Zu Lötrohrreaktionen.

Hoyersche Flüssigkeit. Einschlußmittel für mikroskopische Präparate, die mit Teerfarbstoffen gefärbt sind. Ein hohes Glasgefäß mit weitem Hals wird zu $^2/_3$ mit hellen Stücken arabischen Gummis angefüllt. Das Gefäß wird sodann mit offizineller Lösung von Kaliumazetat bis an den Hals gefüllt. Nach einigen Tagen löst sich der Gummi (öfters schütteln!). Die sirupdicke Flüssigkeit wird unter negativem Druck filtriert [Hoyer: Biol. Zbl. Bd. 2 (1882/83) S. 23].

Hydrazinhydrat. Nach der Hydrazindampfmethode von K. Ohara [Sci. Pap. Inst. physic. chem. Res., Tokyo Bd. 21 (1933) S. 104] zur Erzeugung von dichroitischer Färbung mit Gold, Silber und Kupfer auf echter Seide angewandt. Die in die Metallsalzlösung eingetauchten und getrockneten Seidenfäden werden dem Hydrazinhydratdampf in einem geschlossenen Gefäß im direkten Sonnenlicht ausgesetzt, wodurch ein zu starker Angriff des Reagens auf die Seide vermieden werden kann. Die tief gefärbten Fäden werden getrocknet und in Kanadabalsam eingeschlossen. Die Reduzierung geht aber in Kanadabalsam noch weiter vor sich, so daß die Fäden nach einigen Monaten noch ganz andere Farben liefern können; der echte Silberdichroismus kommt z. B. erst bei der mehrere Monate lang in der Hydrazinhydratlösung aufbewahrten Probe vor. — Mit dieser Methode ist das Fibroin als deutlich dichroitisch zu erkennen, während das Serizin fast keinen Farbumschlag über dem Polarisator zeigt. Die Färbung tritt nicht gleichmäßig im Faden, sondern im Zentrum besonders deutlich auf.

Hydroxylamin. In Verbindung mit Natronlauge zum Nachweis von Gold und Silber.

Indigkarmin. Nach A. Herzog (Melliand Textilber. 1931 S. 768) in kaltgesättigter, mit Schwefelsäure angesäuerter Lösung zum Nachweis von Wollschädigungen. Mit Glyzerin zu differenzieren. — In Verbindung mit Pikrinsäure zur Herstellung von Dauerpräparaten (Kanadabalsam).

Indikatoren. Besondere Indikatoren zur p_H-Bestimmung. Diese geben zwischen den Grenzfarben (bei extrem saurer bzw. extrem alkalischer Reaktion) Übergangsfarben (Umschlagsgebiet des Indikators), welche durch Zu- oder Abnahme der H-Ionen verändert werden. Zur Bestimmung des p_H-Wertes einer Flüssigkeit wählt man den Indikator aus, welcher mit der zu prüfenden Flüssigkeit eine Übergangsfarbe ergibt, und vergleicht diese mit einer mit demselben Indikator hergestellten Vergleichslösung, deren p_H-Wert bekannt ist.

p_H-Bereich	Indikator	Farbenumschlag
1,2— 2,8	Thymolsulfophthaleïn oder Thymolblau	rot — gelb
1,9— 3,3	p-Benzolsulfonsäureazobenzylanilin (Kaliumsalz)	rot — gelb
3,0— 4,6	Tetrabromphenolsulfophthaleïn oder Bromphenolblau	gelb — blau
4,4— 6,0	Methylrot	rot — gelb
5,2— 6,8	Dibrom-o-Kresolsulfophthaleïn oder Bromkresolpurpur	gelb — purpur
6,0— 7,6	Dibromthymolsulfophthaleïn oder Bromthymolblau	gelb — blau
6,8— 8,4	Phenolsulfophthaleïn oder Phenolrot	gelb — rot
7,2— 8,8	o-Kresolsulfophthaleïn oder Kresolrot	gelb — rot
8,0— 9,6	Thymolsulfophthaleïn oder Thymolblau	gelb — blau
8,2— 9,8	o-Kresolphthaleïn	farblos — rot
9,3—10,5	Thymolphthaleïn	farblos — blau
10,1—12,1	p-Nitrobenzolazosalizylsäure (Natriumsalz) oder Alizaringelb R	gelb — rot

Indol. Siehe „Verholzungsreagenzien“.

Jodazid. Gemenge von Natriumazid und Jod-Jodkalium. Zum Nachweis von Sulfiden. In 100 cm³ 0,1 n-Jodlösung werden 2 g Natriumazid gelöst [F. Raschig: Ber. dtsch. chem. Ges. Bd. 48 (1915) S. 2038].

Jod-Jodkaliumlösung. Reagens auf Stärke, die erst blau, dann rasch blauschwarz gefärbt wird. Außerdem werden Eiweißstoffe (wie in allen freies Jod enthaltenen Reagenzien) tiefgelb oder gelbbraun gefärbt.

a) Nach Vétillard (Études sur les fibres végétales textiles. Paris 1876) wird 1 g Kaliumjodid in 100 g Wasser gelöst und mit Jod gesättigt; zweckmäßig löst man einen Überschuß von Jod in der Flüssigkeit. Siehe „Schwefelsäure“.

b) Nach F. von Höhnel siehe „Papierjod“.

c) Nach W. Herzberg: Man löse in 20 cm³ Wasser 2,00 g Jodkalium und 1,15 g Jod und füge 2 cm³ Glyzerin hinzu. Das Reagens färbt verholzte Fasern (Holzschliff, rohe Jute, nicht ganz aufgeschlossene Zellstoffe) teils gelbbraun, teils gelb, je nach Verholzungsgrad und Schichtendicke, Strohstoff auch teils grau; Zellstoffe grau bis braun (Stroh- und Jutezellstoff grau, Manilahanf teils grau, teils braun, teils gelbbraun); Lumpenfasern schwach- bis dunkelbraun.

d) Nach Jenke (Papier-Ztg. 1900 Nr. 77) empfiehlt sich die Mischung von 2,5 cm³ Jod-Jodkaliumlösung mit 50 cm³ gesättigter Chlormagnesiumlösung zur Unterscheidung von Papierfasern. Hierin erscheinen: Lumpenfasern braun, Strohzellstoff blauviolett, Holzzellstoff ungefärbt bis schwach rötlich, Holzschliff und rohe Jute gelb.

e) Nach P. Klemm (Wbl. Papierfabr. 1911 S. 967) tritt bei Zellstoffen das in der Fasermasse vorhandene Holz durch intensive Braunfärbung deutlich hervor.

f) Nach Sutermeister in Verbindung mit „Kalziumchloridlösung" zur Unterscheidung von Papierfasern.

Jodkalistärkelösung. Zum Nachweis von Bleichmittelrückständen (Chlor, aktive Chlorverbindungen, Superoxyde), die — bei Abwesenheit von Eisen- und Kupferverbindungen — durch Jodkalistärkelösung blau gefärbt werden.

Jodlösung. Wasser mit einem Splitter Jod versetzt und erhitzt, bis das Wasser eine schwach gelbe Färbung angenommen hat. Zum Nachweis von Stärke, Stärkekleister und Mehl.

Kadmiumnitrat. Siehe „Zinnchlorür".

Kalilauge (Kaliumhydrat; siehe auch Tabelle 18, S. 125). a) 2 n- enthält 94,2 g Kaliumoxyd im Liter. Refraktionswert: 68,55.

b) 0,05 n- enthält 2,35 g Kaliumoxyd im Liter. Zum Nachweis von Mangan mit Benzidin.

c) Fest in Plätzchenform.

d) In der quantitativen Analyse dient Kalilauge wie Natronlauge zur Trennung der pflanzlichen und tierischen Fasern.

e) 1—2%ige wässerige Lösung zum Mazerieren von Pflanzenfasern.

f) Zur Verseifung von Fetten: 20 cm^3 Alkohol auf dem Wasserbad mit 1 g Kaliumoxyd versetzt, welches vorher in 1—2 cm^3 Wasser gelöst wurde.

g) Ammoniakalisch zum Nachweis von Säureschädigung auf Wolle nach P. Krais und O. Viertel (Mschr. Textil-Ind. 1933 S. 153). Man löst 20 g Ätzkali (in Stangenform) in 50 cm^3 konzentriertem Ammoniak unter langsamen Schütteln und guter Kühlung mit Leitungswasser. Nach einigem Abstehen — zum Entweichen des überschüssigen Ammoniaks, der beim Mikroskopieren störend wirkt — ist die Lösung längere Zeit haltbar. Säuregeschädigte Wolle quillt unter dem Mikroskop zunächst sehr stark, ringelt sich teilweise, und nach kurzer Zeit treten je nach dem Grad der Schädigung kleine bis große Ausstülpungen aus dem Wollhaar heraus, die sich schnell zu Blasen entwickeln und das Wollhaar in seiner ganzen Länge in kleineren oder größeren Abständen besetzen. Die Reaktion ist stark abhängig von der Feinheit der Wolle; bei unbehandelter Wolle tritt sie in geringerem Maß und zeitlich bedeutend später auf.

Kalilauge-Ammoniak (nach Molisch). Gesättigte Lösung von Kaliumhydrat mit dem gleichen Volumen konzentriertem Ammoniak versetzt. Zur mikrochemischen Prüfung auf Verseifung. Siehe „Molischs Reagens".

Kaliumbichromat. a) Für chemische Qualitätsprüfung von Wolle nach E. Krahn: 5 g entfettete Wolle werden 2 Stunden in 100 cm^3

0,5%ige Sodalösung bei Zimmertemperatur eingelegt, hiernach herausgenommen, ausgepreßt und die Lösung filtriert. 20 cm³ des Sodaauszuges werden mit 25 cm³ $^1/_{10}$ n-Bichromatlösung und 30 cm³ konzentrierter Schwefelsäure versetzt und in einem 200 cm³-Rundkolben aus Jenaer Glas, der mittels Glasschliff mit einem Rückflußkühler verbunden ist, 20 Minuten in schwachem Sieden erhalten. Der Kolbeninhalt wird sofort quantitativ in einen 500 cm³-Erlenmeyer-Kolben aus Jenaer Glas übergeführt und in Eiswasser auf 0° abgekühlt. Zum Nachspülen etwa 30 cm³ Wasser. Die Menge des bei der Oxydation verbrauchten Kaliumbichromats wird durch Titration mit Natriumthiosulfat bestimmt. Der Kolbeninhalt wird mit 10 cm³ 10%iger Kaliumjodidlösung versetzt, durchgeschüttelt und mit 150 cm³ Wasser verdünnt. Darauf wird 1 cm³ „Stärkelösung" zugesetzt und mit $^1/_{10}$ n-Natriumthiosulfat titriert, bis die während der Titration auftretende grüne Farbe der Lösung in blau umschlägt [H. Mark: Beiträge zur Kenntnis der Wolle und ihrer Bearbeitung, S. 39. Berlin 1925].

b) Zum Mazerieren siehe „Chromsäure".

Kaliumbioxalat. Fest.

Kaliumbisulfat. Fest. Zum Aufschließen von Silikaten.

Kaliumchlorat. Siehe „Schultzesches Mazerationsgemisch".

Kaliumferrizyanid (rotes Blutlaugensalz). a) 2 g in 100 cm³ Wasser gelöst. Zum Nachweis von Zink mit Diäthylanilin [E. Eegriwe: Z. anal. Chem. Bd. 74 (1928) S. 228].

b) Gewaschene Filter werden mit gesättigter Lösung von Kaliumferrizyanid getränkt und getrocknet. Zum Nachweis von Eisen (Ferro-) in saurer Lösung. Ferriverbindungen sind vorher zu reduzieren mit Kaliumjodid (1%ig) und Natriumthiosulfat (1%ig) [N. A. Tananaeff: Z. anorg. allg. Chem. Bd. 140 (1924) S. 324].

Kaliumferrozyanid (gelbes Blutlaugensalz). a) 1%ige wässerige Lösung zum Nachweis von Ferrisalzen in saurer Lösung.

b) Gewaschene Filter werden mit einer gesättigten Lösung von gelbem Blutlaugensalz getränkt und getrocknet.

c) Nach A. Herzog (Z. ges. Textilind. 1907/08 S. 35) in 10%iger wässeriger Lösung in Verbindung mit 10%iger Lösung von „Kupfervitriol" zur makroskopischen Unterscheidung von Baumwolle und Flachs.

Kaliumhypochlorid. Siehe „Eau de Javelle".

Kaliumjodid. a) Fest.

b) Gesättigte wässerige Lösung. In Verbindung mit „Zinnchlorür" und Kadmiumnitrat zum Nachweis von Blei [N. A. Tananaeff: Z. anorg. allg. Chem. Bd. 167 (1927) S. 81].

c) 1%ige wässerige Lösung. In Verbindung mit „Kaliumferrizyanid" und „Natriumthiosulfat" zum Nachweis von Eisen [N. A. Tananaeff: Z. anorg. allg. Chem. 140 (1924) S. 324].

d) 10%ige Lösung. Siehe „Kaliumbichromat".

Kaliumnitrat. Fest.

Kaliumnitrit. Fest.

Kaliumpermanganat. Siehe „Mäulesches Reagens" („Verholzungsreagenzien").

Kaliumpyroantimoniat. Gesättigte wässerige Lösung. Zum mikrochemischen Nachweis von Natrium in alkalischer Lösung [H. Behrens und C. Kley].

Kaliumrhodanid. 1%ige wässerige Lösung zum Nachweis von Eisen (Ferri-).

Kalziumazetat. a) Fest.

b) 20%ige wässerige Lösung zum mikrochemischen Nachweis von Seife.

Kalziumchlorid-Jodlösung. Nach Sutermeister (Chemistry of Pulp & Paper Making, S. 390. New York 1920; s. auch Herzberg-Korn-Schulze: Papierprüfung, 7. Aufl., S. 152—153. Berlin 1932). Lösung A: 1,3 g Jod, 1,8 g Jodkalium, 100 g Wasser; Lösung B: Kalziumchloridlösung, gesättigt, klar. Das feuchte Faserklümpchen wird mit A behandelt; nach 1 Minute Entfernung der überschüssigen Lösung mit Filtrierpapier; dann Hinzufügen der Lösung B. Es wird gefärbt Holzschliff: gelb; Jute, Manilahanf, Sulfitzellstoff, ungebleicht, noch teilweise verholzt: grünlich; völlig aufgeschlossener oder gebleichter Sulfitzellstoff: bläulich oder rötlich violett; gebleichter Natronzellstoff von Laubhölzern: dunkelblau.

Kalziumfluorid. In Verbindung mit konzentrierter Schwefelsäure zum Nachweis von Silikaten.

Kalziumnitratlösung. In Verbindung mit Jodlösungen zur Schätzung von Zellstoffgemischen. a) Nach Selleger (W. Herzberg: Papierprüfung, 7. Aufl., S. 154. 1932) von folgender Zusammensetzung: 100 g Kalziumnitrat (trocken), 90 g Wasser, 3 cm^3 einer Lösung aus 1 g Jod, 5 g Jodkalium, 50 g Wasser. Sie färbt zum Teil ähnlich wie die „Chlorzinkjodlösung" nach Herzberg, unterscheidet aber manche Zellstoffarten noch weiter.

b) Nach W. Herzberg (Papierprüfung, 7. Aufl., S. 194. 1932) wird das Faserklümpchen auf dem Objektträger in 3 Tropfen einer Lösung von 100 g Kalziumnitrat in 50 cm^3 destilliertem Wasser gut verrührt und 1 Tropfen Chlorzinkjodlösung zugefügt. Nadelholzzellstoffe werden hierdurch rötlich, Laubholz-, Stroh- und Espartozellstoffe blau angefärbt.

Kalziumrhodanid (technisch). Von P. Krais und H. Markert (Mschr. Textil-Ind. 1931 S. 169) zur chemischen Trennung von Fasergemischen, welche echte Seide oder Kunstseiden (Viskose-, Kupfer-, Nitratseide) enthalten, angegeben. Seide und Kunstseiden werden in einer Lösung von 200 g technischem Kalziumrhodanid in 200 cm^3 destilliertem Wasser aufgelöst. Die Lösung wird auf Wasserbad auf 70° C erwärmt, Lösung und Material (1,5 g Einwaage) sodann unter ständigem Rühren auf kochendem Wasserbad 1 Stunde lang erhitzt.

Nach Abgießen des Kolbeninhaltes auf ein Sieb und gründlichem Auspressen wird der Rückstand etwa $^1/_2$ Stunde in fließendem Wasser gespült und getrocknet; hiernach ist (unter Berücksichtigung von 3,5% Wollabgang bzw. 3,0% Baumwollabgang durch das Verfahren, bezogen auf normalfeuchtes Gewicht) aus der Differenz zum Ausgangsgewicht der in Lösung gegangene Seiden- oder Kunstseidenanteil prozentual zu ermitteln.

Kanadabalsam. In Xylol oder Chloroform gelöst; in Tuben. $n_D = 1{,}52$. Stark aufhellend wirkendes Einschlußmittel für mikroskopische (Dauer-)Präparate.

Karbazol. Siehe „Verholzungsreagenzien".

Karbolsäure. Siehe „Glyzerin" und „Glyzeringelatine".

Karminsäurepapier. 0,5 g Karminsäure in 100 cm³ Wasser gelöst, mit Ammoniak alkalisch gemacht und filtriert. Aschefreie Filterpapiere werden mit dieser Lösung getränkt und getrocknet. Zum Tüpfelnachweis von Blei [F. Pavelka: Mikrochemie Bd. 7 (1929) S. 301].

Kieselfluorammonium. Fest. Zum mikrochemischen Nachweis von Natrium und Barium [H. Behrens und C. Kley].

Kieselfluorwasserstoffsäure. Zum mikrochemischen Nachweis von Barium [H. Behrens und C. Kley].

Kobaltnitrat. 10%ige wässerige Lösung zum Nachweis von Zink nach Rinmann.

Königswasser. 3 Teile Salzsäure ($s = 1{,}19$ g/cm³) und 1 Teil Salpetersäure ($s = 1{,}40$ g/cm³) gemengt. Lösungsmittel für Gold.

Kollodium. 4%ige Lösung.

Kongorot. a) Nach H. Behrens zur Prüfung der Fasern auf Pleochroismus. Die wässerige Lösung ist, nach Zusatz von etwas Soda, zur Färbung warm anzuwenden. Flachs- und Hanffasern zeigen einen starken Dichroismus. Nach Einschalten des Objekttischnikols und Drehung des Präparates sehr deutlich wahrzunehmen! Bei einer vollen Drehung erscheinen die Fasern zweimal dunkelrot und zweimal fast farblos. Weniger auffallend ist der Dichroismus bei Stroh-, Esparto-, Holz- und Jutezellen. Baumwolle, Gefäße und Epidermiszellen zeigen den schwächsten Dichroismus. — Andere, Dichroismus erzeugende Farbstoffe siehe H. Behrens: Anleitung zur mikrochemischen Analyse, H. 2, S. 34. 1895. — Ambronn: Anleitung zur Benutzung des Polarisationsmikroskopes, S. 48. Leipzig 1892. — H. Rückert: Beiträge zur Kenntnis des Dichroismus gefärbter Fasern. Dissertation Dresden 1933.

b) Zum Nachweis von Oxyzellulose nach Knaggs. Anfärben der Probe und Anbläuen durch wenig Säurezusatz; nach dem Spülen wird reine Zellulose schnell wieder rot, während Oxyzellulose länger blau bis blauschwarz bleibt.

c) In konzentrierter Lösung zur Unterscheidung von Kupferseide (dunkelrot gefärbt) und Viskoseseide (hellrot gefärbt).

Kongorubin. Angewendet wie „Benzopurpurin 10 B“.

Korenmannsches Reagens. Gleiche Raumteile Wasser und Anilin bis zur völligen Lösung des Anilins mit verdünnter Salzsäure schütteln und Rhodanammonium bis zur völligen Sättigung hinzufügen [J. M. Korenmann: Pharm. Zbl. Bd. 73 (1932) S. 738].

Krapptinktur. Alkoholischer Extrakt der Färberröte (Rubia tinctorum), zur unterschiedlichen makroskopischen Färbung von Baumwolle (hellgelb) und Leinen (orange) verwendet.

Krönigscher Deckglaskitt. Siehe „Deckglaskitt“.

Kuoxam. Siehe „Kupferoxydammoniak“.

Kupferazetat. Fest. Zum Nachweis von Harzen, sowie Blei und Kalium.

Kupferglyzerin. Von Silbermann und von v. Truchot zur Trennung der künstlichen und natürlichen Seiden angegeben. 10 g Kupfervitriol in 100 cm³ Wasser gelöst, mit 5 g konzentriertem Glyzerin versetzt und so viel Kalilauge zugefügt, bis der entstandene Niederschlag völlig gelöst erscheint. Reagens löst in der Hitze die natürliche Seide, während Kunstseide selbst bei längerem Erwärmen nicht gelöst wird.

Kupferoxydammoniak (Schweitzers Reagens, „Kuoxam“). Reagens auf Zellulose, welche — nach für die einzelnen Faserstoffe typischen Quellungserscheinungen — aufgelöst wird, während verholzte und verkorkte Pflanzenmembranen, sowie tierische Wollen und Haare unangegriffen bleiben (echte Seide und Kunstseiden, ausgenommen Azetatseide, werden ebenfalls gelöst). — Bereitung nach F. von Höhnel: Eine wässerige Lösung von Kupfervitriol wird mit Ammoniak versetzt, der entstehende Niederschlag filtriert, gewaschen, von überschüssiger Flüssigkeit durch Pressen zwischen Filterpapier befreit und noch feucht in möglichst wenig konzentriertem Ammoniak gelöst. Siehe auch H. Müller: Die Quellung von Pflanzenfasern in Kupferoxydammoniak. Faserforschg. Bd. 7 (1929) S. 205f. H. Müller gibt an: Zu einer etwa 4%igen kalten Lösung von Kupfervitriol etwa 10%ige Natronlauge so lange zu setzen, bis kein Kupferhydroxyd mehr ausfällt. Niederschlag absitzen lassen, überstehende klare Lösung abhebern, mit destilliertem Wasser durchwaschen, abermals absitzen lassen und überstehende Lösung abhebern, schließlich filtrieren, Niederschlag trocknen und fein pulvern. Von diesem hellblauen Kupferhydroxyd nach Bedarf immer 2 g in 100 cm³ 25%igem Ammoniak lösen, hierbei verschlossene Flasche mehrfach kräftig schütteln. — Bereitung nach J. von Wiesner: Kupferdrehspäne werden so lange im offenen Fläschchen mit Ammoniak behandelt, bis die dunkelviolette Flüssigkeit Baumwolle rasch auflöst. Im Dunkeln aufbewahren; außerdem ist das Reagens sehr rasch zersetzlich, so daß es stets vor Gebrauch frisch angesetzt werden muß. — Ein besonderes Gefäß zur Herstellung und Filtration hat A. Herzog beschrieben, siehe Abb. 272. — Bereitung nach A. Müller: In eisgekühltes Ammoniak (s = 0,905 g/cm³) wird chemisch reines, trockenes Kupferoxydhydrat portionenweise eingetragen. Die gut verschlossene Aufbewahrungsflasche wird öfter geschüttelt und ist stets kalt zu halten. Mittels eines genauen Aräometers wird die Flüssigkeit auf spezifisches Gewicht 0,935 g/cm³ genau eingestellt (entweder durch Zusatz von Kupferoxydhydrat oder Ammoniak zu bewirken). Aufbewahrung wie oben. Von A. Müller (Die Bestimmung des Holzschliffes im Papier. Berlin 1887) für die quantitative Holzschliffbestimmung empfohlen. — Vgl. auch A. P. Sakostschikoff: „Kupferoxydammoniak, seine Bereitung, Bestimmung und Anwendung in textilmikroskopischen Untersuchungen". Melliand Textilber. 1929 S. 947f. und 1930 S. 32.

Kupfersulfat. a) In Verbindung mit Kalilauge Reagens auf Zucker. Ist in Zellen Traubenzucker enthalten und werden Schnitte erst mit konzentrierter Kupfersulfatlösung getränkt, dann rasch in Wasser abgewaschen und in heißer Kalilauge geschwenkt, so entsteht in den zuckerhaltigen Zellen ein roter Niederschlag von Kupferoxydul. Diese Reaktion tritt nur ein, wenn ein reduzierender Zucker vorhanden ist; bei Anwesenheit von Rohrzucker sind die denselben enthaltenden Zellen schön blau gefärbt.

b) 10%ige wässerige Lösung zur Unterscheidung von Baumwolle und Leinen. Nach gründlichem Wässern einlegen in 10%ige wässerige Lösung von gelbem Blutlaugensalz. Baumwolle bleibt farblos, Leinen wird rotbraun [A. Herzog: Z. ges. Textilind. 1907/08 S. 35].

Kupfervitriol. Siehe „Kupfersulfat".

Kurkumafaden. 5 g Kurkumawurzeln werden mit 10 cm³ Weingeist ausgekocht. Der eingedampfte Extrakt wird mit etwas Soda in einigen Kubikzentimetern 50%igen Alkohols gelöst und die Lösung mit ungebleichten Flachsfasern aufgekocht. Nach dem Abpressen der Fasern zwischen Filterpapier wird in stark verdünnte Schwefelsäure eingelegt und mit Wasser ausgewaschen. Zum Nachweis der Borsäure nach F. Emich [Liebigs Ann. Chem. Bd. 351 (1907) S. 426].

Kurkumapapier. Filterpapier wird mit Kurkumatinktur getränkt und getrocknet (20 g Kurkuma mit 50 cm³ Alkohol gekocht, filtriert und mit 50 cm³ Wasser versetzt). In Verbindung mit 1%iger Natronlauge zum Nachweis von Borsäure [F. W. Daube: Ber. dtsch. chem. Ges. Bd. 3 (1870) S. 609].

Kurkumin. Zur Erzeugung von Dichroismus auf Pflanzenfasern [F. Steidler: Mikrochemie 1924 S. 131].

Lackmuspapier, rotes und blaues. Das zu untersuchende Fasermaterial wird in einem trockenen Reagensglas, in welches man befeuchtetes Lackmuspapier hineinhängt, stark erhitzt. Verbrennungsgase von tierischen Fasern (Wolle und Seide) und von Gelatineseide reagieren alkalisch, d. h. färben rotes Lackmuspapier blau; Verbrennungsgase von Fasern pflanzlichen Ursprungs, sowie von Kunstseiden röten blaues Lackmuspapier (saure Reaktion). Auch zum Nachweis von erheblicheren Mengen an Alkali- und Säurerückständen auf Gespinstfasern kann Lackmuspapier dienen.

Laktophenol. Siehe „Baumwollblau".

Lanthannitrat. Zum Nachweis von Azetaten, Essigsäure und Propionsäure nach D. Krüger und E. Tschirch [Ber. dtsch. chem. Ges. Bd. 62 (1929) S. 2776]. Man mischt 1 cm^3 5%ige Lanthannitratlösung mit 1 cm^3 $^1/_{50}$ n-Jodlösung und setzt 0,2 cm^3 $^1/_1$ n-Ammoniak zu. Bei Gegenwart von Essigsäure oder Azetat entwickelt sich allmählich eine blaurote bis rein blaue Farbe. — Beim längeren Stehen verblaßt die Farbe bei Prüfung von Zelluloseazetaten infolge Jodverbrauches durch stets vorhandene Zellulosezersetzungsprodukte.

Leim. Dient nach Kränzlin zum Einbetten von Fasern behufs Herstellung von Querschnitten (Faserstoff-Forschg. 1922 Heft 1). 35 g Tischlerleim werden 18—20 Stunden in kaltem Wasser quellen gelassen, das Quellwasser abgegossen und der Leim auf dem Wasserbade verflüssigt. Auf je 2 g trockenen Leim wird 1 g konzentriertes Glyzerin zugesetzt und die Lösung zur Sirupdicke eingedampft.

Lichtfilter. 10 g Filtergelatine (I. G. Farbenindustrie) werden in 100 cm^3 Wasser vorquellen gelassen und sodann in der Wärme gelöst; die Lösung wird heiß filtriert. Von der mit der entsprechenden Farbstoffmenge versetzten Gelatinelösung werden 70 cm^3 für 10 dm^2 verwendet. Der Farbstoff wird am besten in gelöster Form der Gelatinelösung zugefügt. Zu diesem Zweck wird 1 g Farbstoff in 25 cm^3 Wasser gelöst und die Lösung sorgfältig filtriert. Ist nun die gewünschte Farbstoffdichte des Filters n (d. h. n Gramm Farbstoff auf den Quadratmeter), so ergibt sich folgende einfache Berechnung des Mischungsverhältnisses von Farbstoff- und Gelatinelösung für zusammen 70 cm^3 Farbgelatine:

Farbstofflösung	$2{,}5 \cdot n$ cm^3
Gelatinelösung	$70 — 2{,}5 \cdot n$ cm^3
Zusammen Farbgelatinelösung	70 cm^3

Für eine Glasplatte im Format 9×12 cm (108 cm^2) sind 7,6 cm^3 Farbgelatine zu verwenden. Vor dem Gießen sind die Glasplatten sorgfältigst zu reinigen und horizontal auszurichten. Beim Gießen wird die Farbgelatine auf der etwas vorgewärmten Platte mit Hilfe eines an seinem unteren Ende scharf winkelig gebogenen Glasstabes vollkommen gleichmäßig ausgebreitet. Das Trocknen muß in staubfreier Luft bei Zimmertemperatur erfolgen. Das trockene Filter wird nach Art eines Diapositivs mit einem Deckglase versehen und mit gummierten Einfaßstreifen umrandet. Um vollkommen gleichmäßige Filter zu erhalten, empfiehlt es sich, die Farbstoffdichte nur halb so stark zu wählen als gewünscht wird, dafür aber zwei Filter mit der Gelatine nach innen in der angegebenen Weise miteinander zu verbinden. Vor dem Einfassen können die Filter auch mit Kanadabalsam miteinander verklebt werden (Steigerung der Transparenz).

A. Lichtfilter zur Prüfung der Flammenfärbung.

a) Für Kalium

α) Patentblau . . . . 4,0 g
Tartrazin . . . . 3,0 g

Die Bunsenflamme erscheint durch das Filter bei Gegenwart von Kalium deutlich rot mit fahlgrünem Saum. Auch zur Beobachtung der Bariumflamme und der Borax- bzw. Borsäureflamme (grün) gut brauchbar. Vorzügliches Filter für Mikrophotographie. (A. Herzog: Chem.-Ztg. 1918 Heft 35 und 36.)

β) Patentblau . . . . 8,0 g
Kristallviolett . . . . 3,2 g
Filterblaugrün . . . . . . 1,0 g

Die Bunsenflamme erscheint durch das Filter bei Gegenwart von Kalium violett. Das vorerwähnte Filter ist im allgemeinen vorzuziehen.

b) Für Natrium:

Rose bengale . . . . 0,8 g
Tartrazin . . . . 3,0 g
Filterblaugrün . . . . 3,0 g

Die Bunsenflamme erscheint durch das Filter langandauernd gelb gefärbt.

B. Lichtfilter zur optischen Farbenverstärkung mikroskopischer Präparate.

a) Für Tages- und Gasglühlicht:

Filterblau II . . . . 1,13 g
Filtergelb . . . . 0,58 g

b) Für elektrisches Glühlicht:

Filterblau II . . . . 0,75 g
Filterblaugrün . . . . 0,10 g

C. Lichtfilter zur Bestimmung der Lichtbrechung und des Gangunterschiedes von Fasern auf mikroskopisch-optischem Wege.

Farbe des Filters	Zusammensetzung (Gewichte in g)	Durchlässigkeits- Grenzen λ	Maximum λ
Rot	Dunkelrotgrün 1,6 Violettgrün 2,0 Tartrazin 2,0 Naphtholorange 3,0	630—660	650
Gelbgrün	Rose bengale 0,8 Tartrazin 3,0 Filterblaugrün 3,0 Rapidfilterrot 6,2	560—590	570

Farbe des Filters	Zusammensetzung (Gewichte in g)	Durchlässigkeits- Grenzen λ	Maximum λ
Grün	Toluidinblau 1,6 Naphtholorange 1,2 Filterblaugrün 3,0	520—570	540
	Patentblau 8,0 Tartrazin 3,0 Filterblaugrün 1,0	490—530	510
Blau	Patentblau 8,0 Kristallviolett 3,2 Filterblaugrün 1,0	430—470	445

D. Kompensationsfilter für elektrische Mikroskopierglühlampen.

Toluidinblau . . . . 0,25 g
Echtrot . . . . 0,06 g

Sämtliche Farbstoffangaben beziehen sich auf die von den I. G. Farbenindustrie hergestellten Erzeugnisse.

Liquido „Z". Präparat der Snia-Viscosa, Turin, zur Bestimmung und Unterscheidung der Textilfasern, speziell der Kunstseiden.

Mäulesches Reagens. Siehe „Verholzungsreagenzien".

Magnesiumazetat. Fest.

Magnesiumsulfat. Fest.

Malachitgrün. a) Verdünnte wässerige Lösung zum Färben gallertiger Kieselsäure.

b) Von H. Behrens als Gruppenreagens für Faserstoffe empfohlen. Die mit wenig Essigsäure versetzte wässerige Lösung färbt A. Seide, Wolle, Jute und Holzschliff wasserecht, B. ungebleichten Hanf und Manila, sowie halbgebleichten Holz-, Stroh- und Espartozellstoff halbecht (beim wiederholten Ausziehen mit heißem Wasser merklich gebleicht), C. Baumwolle, Flachs, gebleichten Hanf, Stroh, gebleichten Zellstoff von Holz, Stroh und Esparto unecht. Die weitere Unterscheidung erfolgt mittels Polarisationsapparates (siehe „Kongorot") oder besonderer Färbungen (siehe „Benzopurpurin 10 B" und „Naphtholgelb S").

c) In wässeriger Lösung zur Unterscheidung von Kupferseide (hell gefärbt) und Viskoseseide (dunkel gefärbt) angewendet.

d) Nach P. Klemm (Papierindustriekalender; vgl. auch C. Schwalbe: Chemie der Zellulose, S. 608. 1911) zur Unterscheidung von gebleichtem Sulfit- und ungebleichtem Natronzellstoff. Malachitgrün wird in Wasser mit 2%iger Essigsäure bis zur Sättigung gelöst. Färbt sich der Zellstoff mit „Rosanilinsulfat" (s. dort) rot, mit Malachitgrün deutlich grün, so liegt ungebleichter Natronzellstoff vor; färbt er sich mit Rosanilinsulfat wohl auch rot, mit Malachitgrün dagegen schwach blau oder gar nicht, so ist auf gebleichten Sulfitzellstoff zu schließen.

e) Lösung in Verbindung mit Fuchsinlösung zur Unterscheidung von Sulfit- und Natronzellstoff, in ungebleichtem Zustand, in Papier. Siehe „Fuchsin“.

Marseiller Seife. Zum Degummieren der echten Seide und zur Bestimmung des Seidenbastgehaltes. $^{1}/_{4}$ des Seidengewichtes an Marseiller Seife in Wasser gelöst.

Maskenlack. Mit einem feinen Haarpinsel aufgestrichen, zur Umrandung mikroskopischer Dauerpräparate.

Mazerationsmittel. Sie dienen zur Isolierung der Einzelfasern. Siehe „Schultzesches Mazerationsgemisch“, „Chromsäure“, „Kalilauge“ (oder Natronlauge), „Natriumkarbonat“.

Merkuriazetat. 10 g Merkuriazetat in 1 cm^3 Salpetersäure ($s = 1{,}39\ g/cm^3$) und 100 cm^3 Wasser gelöst. Zum Nachweis unlöslicher Sulfate der Erdalkalien, des Bleies und des Merkuroquecksilbers [G. Denigès: Bull. Soc. chim. France Bd. 23 (1908) S. 36].

Merkurichlorid (Sublimat). a) Zum Nachweis von tierischem Leim. 10%ige wässerige Lösung von Merkurichlorid mit überschüssiger Natronlauge versetzt. Zu dem gefällten Quecksilberoxyd wird der durch Kochen von Papier erhaltene wässerige Auszug hinzugefügt. Kocht man längere Zeit, so wird bei Gegenwart von tierischem Leim der gelbe Niederschlag schmutziggrün bis schwarz.

b) In Verbindung mit Ammoniumrhodanid ausgezeichnetes Reagens zum mikrochemischen Nachweis von Zink, Kupfer, Kadmium und Kobalt [Behrens-Kley]. 30 g Merkurichlorid und 33 g Ammoniumrhodanid in 50 cm^3 Wasser kalt zu lösen.

c) Siehe „Säuregrün“.

Merkurinitrat. Wie bei „Merkuriazetat“.

Metadiamidobenzol. Siehe „Verholzungsreagenzien“.

Methylalkohol. Lösungsmittel für Farbstoffe (z. B. Morin, Alizarin).

Methylenblau. a) Von H. Behrens zur unterschiedlichen makroskopischen Färbung von Baumwolle und Flachs empfohlen, zweckmäßig kombiniert mit der Ölprobe. Nach der Färbung in mit etwas Ammoniak versetzter heißer Methylenblaulösung wird längere Zeit kalt gewaschen. Baumwolle gibt den Farbstoff viel rascher ab als Flachs. Durch anhaltendes Wässern kann erstere entfärbt werden, während letzterer hellblau gefärbt bleibt.

b) In wässeriger Lösung zur Unterscheidung von Kupfer- und Viskoseseide (erstere hellblau, letztere dunkelblau gefärbt).

c) In 0,05—0,1%iger Lösung zum Nachweis von Oxyzellulose nach Ristenpart. Probe etwa 20 Minuten in die kalte Lösung einlegen und gründlich mit Wasser nachwaschen. Bei Gegenwart von Oxyzellulose: deutliches Anfärben ohne Vorbeize.

d) Zum Nachweis von Wollschäden nach C. Kronacher und G. Lodemann (Z. Tierzucht u. Zücht.-Biol. Bd. 6 Heft 3 S. 489; Bd. 8

Heft 1 S. 127). Man behandle die Wolle mit einer Lösung von 2 g Methylenblau und 0,5 cm^3 Ammoniumhydroxyd auf 1 l Wasser; tiefere Anfärbung der geschädigten Fasern.

e) 0,1 %ige wässerige Lösung zum Färben von gallertiger Kieselsäure.

Methylgrün. Siehe „Säurefuchsin".

Methylsulfat. Zum Harznachweis.

Milchsäure. Verdünnte wässerige Lösung zum Nachweis von Kobalt.

Millons Reagens. 1 Teil Quecksilber mit ebensoviel Salpetersäure ($s = 1{,}40\ g/cm^3$) versetzt und in der Wärme gelöst, hierauf ein doppelt so großes Volumen Wasser zugesetzt und nach 24 Stunden filtriert. Leicht zersetzlich, daher stets frisch zu bereiten. Das Reagens gibt beim Erwärmen mit Eiweißlösungen einen ziegelroten Niederschlag. — Zum Nachweis von Fasern tierischen Ursprunges und tierischen Leimes.

Molischs Reagens. Gleiche Volumteile konzentrierte Kalilauge und Ammoniak. a) Zur Ausführung der Verseifungsprobe auf Fette [H. Molisch: Histochemie der pflanzlichen Genußmittel. Jena 1891].

b) Zum Nachweis von Makobaumwolle und als Merzerisationsprüfung [A. Herzog: Kunststoffe 1913 Heft 10].

Monobrombenzol. $n_D = 1{,}559$.

Monobromnaphthalin. $n_D = 1{,}658$.

Morin. Gesättigte Lösung in Methylalkohol. In Verbindung mit 2 n-Kalilauge und 2 n-Essigsäure zum Nachweis von Aluminium [Fr. Goppelsroeder: Z. anal. Chem. Bd. 7 (1867) S. 195. — E. Eegriwe: Z. anal. Chem. Bd. 76 (1929) S. 440].

Naphthol (α). 20 g α-Naphthol in 100 g Alkohol gelöst. Zum Nachweis pflanzlicher Faserstoffe oder aus zellulosehaltigem Material hergestellter Kunstseiden benutzt. In einem Probierglas werden zusammengebracht: etwa 0,1 g Fasern, 1 cm^3 Wasser, 2 Tropfen α-Naphthollösung und 1 cm^3 konzentrierte Schwefelsäure. Nach erfolgter Lösung der Fasern tritt beim Schütteln eine tiefviolette Färbung der Flüssigkeit ein. Tierische Fasern und Gelatineseide färben die Flüssigkeit schmutzig gelb bis rötlichbraun. Wolle löst sich in dem Reagens nicht (Dinglers polytechn. J. Bd. 261 S. 135). — An Stelle von α-Naphthol kann auch Thymol verwendet werden. — Siehe auch „Verholzungsreagenzien".

Naphthol (β). Zur Unterscheidung von Wolle und Seide verwendte (Aminosäureprobe). Wird die mit einer Natriumnitritlösung vorbehandelte Probe in eine erwärmte alkalische β-Naphthollösung gebracht, so färbt sich Wolle dunkelbraun, Seide dunkelrot. Ansatz siehe „Natriumnitrit".

Naphtholgelb S. In Verbindung mit Croceïnscharlach 7 BN von H. Behrens (Anleitung zur mikrochemischen Analyse, Heft 2. 1895) zur Trennung von Seide, Wolle, Jute und Manila vorgeschlagen (Gruppen A und B bei der „Malachitgrün"-Färbung). Faserprobe in heißer Lösung von Naphtholgelb S und etwas Schwefelsäure gefärbt und mit heißem

Wasser gewaschen. Hierauf folgt Färbung in kalter Croceïnscharlachlösung unter starkem Zusatz von Schwefelsäure. Zuerst wird Seide, später Jute und Manila rot gefärbt. Wolle bleibt lange zitronengelb. — Mit p-Phenylendiamin nachbehandelt wird Wolle zitronengelb, Seide karmoisinrot, Jute und Holzschliff bräunlich rot, Manila blaßrot. — Verdünnter Ammoniak zieht den Farbstoff von Jute und Manila ab.

Naphthylaminchlorhydrat (β). Färbt verholzte Zellmembranen intensiv orangegelb. Aufbewahrung in Pulverform. Zum Gebrauch werden einige Körnchen in 1 Tropfen warmen Wassers gelöst.

Naphthylaminschwarz 4 B. Wässerige Lösung. Färbt in neutralem heißen Bad Kupferseide dunkelblau, Viskoseseide hellblau.

Natriumammoniumphosphat (Phosphorsalz). Zu Perlenreaktionen.

Natriumazetat. a) Gesättigte wässerige Lösung (Nachweis von Kieselsäure mit „Benzidin“ und „Ammoniummolybdat“).

b) Desgleichen zum Nachweis von Phosphorsäure mit „Benzidin“, „Ammoniummolybdat“ und Ammoniak.

c) Zum Herabmindern des schädlichen Einflusses von freien Säuren bei mikrochemischen Reaktionen.

Natriumchlorid.

Natriumhypochlorid. Siehe „Eau de Labarraque“.

Natriumjodid. Fest. Zum Nachweis von Blei [Behrens-Kley].

Natrium-Kaliumkarbonat. Zum Aufschließen von Silikaten. 10 T. wasserfreies Natriumkarbonat mit 13 T. trockenem Kaliumkarbonat.

Natriumkarbonat (Soda). 10%ige wässerige Lösung nach Vétillard zur Trennung von Faserelementen. Die Fasern werden etwa 30 Minuten in der Sodalösung gekocht, hierauf in Wasser gespült und zwischen den Fingern gerieben (oft nicht ausreichend zur völligen Trennung).

Natriumkarbonat-Salpeter. Zum Nachweis von Mangan und zum Aufschließen von Sulfiten verwendet.

Natriumkobaltnitrit. Fest. In Verbindung mit Silbernitrat (0,05%ige Lösung) zum Nachweis von Kalium [L. Burgess und O. Kamm: J. Amer. chem. Soc. Bd. 34 (1912) S. 651].

Natriumnitrit. a) In Verbindung mit Kupferazetat und Bleiazetat zum mikrochemischen Nachweis von Kalium. 2 g Natriumnitrit, 0,9 g Kupferazetat, 1,6 g Bleiazetat werden in 150 cm^3 Wasser gelöst und mit 2 cm^3 Essigsäure versetzt. Gut verschlossen aufzubewahren! Überschuß an salpetriger Säure ist notwendig [H. Behrens und C. Kley].

b) Zur Ausführung der Aminosäureprobe mit β-Naphthol: 0,5 g Natriumnitrit in 10 cm^3 Wasser gelöst, mit einigen Tropfen Salzsäure versetzt und nach dem Hinzugeben der Fasern etwa 2 Minuten gekocht.

Natriumphosphat. Fest.

Natriumplumbat. Durch Lösung von Bleiazetat in warmer Natronlauge erhalten. Zur makroskopischen Unterscheidung der tierischen Haare von den Seiden und pflanzlichen Fasern. Ungefärbte tierische Haare werden infolge Schwefelgehaltes beim Erwärmen mit Natriumplumbat dunkelbraun gefärbt, Seiden und pflanzliche Fasern bleiben ungefärbt.

Natriumrhodizonat. Wässerige Lösung zum Nachweis von Barium (Tüpfelreaktion) [F. Feigl: Mikrochemie Bd. 2 (1924) S. 188].

Natriumsulfat. Fest.

Natriumsuperoxyd. a) Fest. Zum Aufschließen von Chromverbindungen.

b) Mäßig konzentrierte wässerige Lösung zum Nachweis von Chrom mit Benzidin [N. A. Tananaeff: Z. anorg. allg. Chem. Bd. 140 (1924) S. 327].

Natriumtartarat. Fest.

Natriumthiosulfat. a) 1%ige wässerige Lösung. In Verbindung mit „Kaliumjodid" und „Kaliumferrizyanid" zum Nachweis von Eisen [N. A. Tananaeff: Z. anorg. allg. Chem. Bd. 140 (1924) S. 324].

b) $^{1}/_{10}$ n-Lösung zur Titration. Siehe „Kaliumbichromat".

Natronkalk. Fest, feingekörnt.

Natronlauge. (Siehe auch Tabelle 17, S. 124f.) a) 2 n- enthält 62 g Natriumoxyd im Liter, Refraktionswert: 68,55.

b) 0,1 n- enthält 3,1 g Natriumoxyd im Liter, Refraktionswert: 18,00.

c) 0,05 n- enthält 1,55 g Natriumoxyd im Liter (zum Mangannachweis mit Benzidin).

d) 10%ige Lösung.

e) 1%ige heiße Lösung zur Vorbereitung von Textil- und Papierfasern für mikroskopische Präparate (Mazerierung).

f) Natronlauge von 19° Bé nach H. Markert (Mschr. Textil-Ind. 1933 S. 13, 33) zum Nachweis chemisch geschädigter Baumwolle. Ungeschädigte Baumwolle zeigt unter dem Mikroskop an den Faserenden bei Behandlung mit Natronlauge von 19° Bé wulstförmige Ausstülpungen, die an chemisch geschädigten Fasern nicht auftreten. — 19° Bé (Volumengewicht 1,152 g) entsprechen 120,5 g Natriumoxyd im Liter.

Natronsalpeter. Siehe „Natriumkarbonat-Salpeter".

Nelkenöl. $n_D = 1,54$. Aufhellungsmittel. Zur Übertragung von Schnitten aus Alkohol in Kanadabalsam. Auch zur makroskopischen Unterscheidung von Baumwolle und Leinen angewendet: Ölprobe. Baumwolle bleibt undurchsichtig, Flachs wird durchscheinend.

Neokarmin W (Dr. F. Sager und Dr. Gossler, Heidelberg). Von W. Wagner (Melliand Textilber. 1932 S. 79) wie „Pikrokarmin" zur Unterscheidung von Kunstseiden empfohlen. Probe 3—5 Min. einlegen, spülen, durch schwach ammoniakalisches Wasser ziehen und wieder spülen.

Neßlers Reagens. Zum Nachweis von Oxyzellulose. 13 g Quecksilberchlorid in 800 g Wasser werden allmählich mit 35 g Jodkalium versetzt, bis der Niederschlag gelöst ist; alsdann wird wieder tropfenweise Quecksilberchloridlösung bis zum bleibenden Niederschlag zugesetzt, 160 g Kalihydrat darin aufgelöst, auf 1000 cm^3 aufgefüllt, absetzen gelassen und die klare Lösung abgegossen (von E. Merck-Darmstadt in kleinen Ampullen fertig zu beziehen). — Betupfen der zu prüfenden Stellen mit dem Reagens oder Einlegen der Probe in die Flüssigkeit bei Zimmertemperatur, eventuell Erwärmen auf etwa 60° C. Bei Gegenwart von Oxyzellulose: Braun- bis Graufärbung.

Nickeloxydammoniak. 25 g Nickelsulfat (kristallisiert) in 500 cm³ Wasser gelöst und durch Zusatz von Natronlauge gefällt; der gewaschene Niederschlag in 125 cm³ konzentriertem Ammoniak und 125 cm³ Wasser zu lösen. — Echte Seide wird durch das Reagens sofort gelöst.

Nickelsulfat. Fest. Zum Nachweis von Kaliumsulfat.

Nilblau. Zum Nachweis von Kalkseife und Fettsäuren auf Fasern [J. Lorrain-Smith: J. Path. and Bact. Bd. 12 (1908) S. 1—4]. Die Fasern werden 10 Minuten mit einer 0,3%igen wässerigen Lösung von Nilblau (60—70°) behandelt. Nach dem Waschen mit heißem, nahezu kochendem Wasser erscheinen Kalkseifen und Fettsäuren purpurblau, das Zellulosematerial grünblau.

Nitriersäure. Gleiche Volumina konzentrierte Schwefelsäure und konzentrierte Salpetersäure. Die Mischung löst echte Seide in 15 Minuten völlig auf, läßt Pflanzenfasern farblos. Wolle, weniger die echte Seide, wird durch sie deutlich gelb bis gelbbraun gefärbt.

Nitron. Fest. Zum mikrochemischen Nachweis von Salpetersäure [Busch: Chem. Zbl. Bd. 1 (1905) S. 900].

Nitroprussidnatrium. Zum makrochemischen Nachweis tierischer Haare benutzt, ferner zum mikrochemischen Nachweis von Schwefelverbindungen und Zink. Die Lösung tierischer Haare in schwefelfreier Kalilauge wird nach dem Verdünnen mit Wasser violett gefärbt, sobald man gelöstes Nitroprussidnatrium zusetzt.

Ölsäure, freie (Acidum oleïnicum puriss., E. Merk). Zum Ammoniaknachweis nach A. Herzog [Melliand Textilber. 1935 S. 52f.].

Orzin. Konzentrierte alkoholische Lösung. Zum Nachweis von arabischem Gummi. Siehe auch „Verholzungsreagenzien".

Oxalsäure. Fest.

Oxaminblau 4 R. Zur Erzeugung dichroitischer Färbung auf echter Seide — an der Peripherie des Seidenfadens — nach K. Ohara [Sci. Pap. Inst. physic. chem. Res., Tokyo Bd. 21 (1933) S. 104].

Oxydiaminschwarz A. In konzentrierter Lösung zur Unterscheidung von Kupfer- und Viskoseseide: Erstere schwarz, letztere rotbraun gefärbt.

Papierjod. Nach F. von Höhnel. Es wird soviel Jod in wässeriger Jodkaliumlösung gelöst, daß eine etwa 3 cm dicke Schicht klar und rubinrot erscheint. Über die Anwendung der Flüssigkeit siehe „Papierschwefelsäure". Das Papierjod dient im Verein mit der „Papierschwefelsäure" in der Papier- und Faseranalyse.

Papierschwefelsäure. Nach F. von Höhnel: Über eine neue Methode der mikroskopischen Papierprüfung [Mitt. k. k. technol. Gewerbe-Mus. Wien, N. Folge Bd. 3 (1890)]. Am besten empirisch hergestellt, indem etwas Baumwoll- und Leinenfasern (aus weißen Hadern), ferner weiße Holzzellulose und weißer Strohstoff (eventuell ein Stück weißes Papier, welches diese 4 Fasern enthält) gemeinschaftlich mit 1—5%iger Kalilauge gekocht und hierauf gewaschen werden. Geringe Mengen dieses Fasergemisches werden auf dem Objektträger ausgebreitet, mittels starken Fließpapieres möglichst vom Wasser befreit und hierauf 1 Tropfen „Papierjod" (Bereitung s. oben) durch 1—2 Minuten einwirken gelassen. Nachdem der Überschuß von Papierjod durch Abdrücken mit Fließpapier entfernt wurde, wird verdünnte Schwefelsäure zugesetzt und das Präparat mit einem Deckgläschen bedeckt. Bei richtiger Konzentration der Säure (Klemm gibt in seinem Handbuch der Papierkunde 1910, S. 252 an, daß die Schwefelsäure genau 44,5° Bé haben muß; sie wird durch Mischen von 100 cm^3 Wasser mit 67 cm^3 Schwefelsäure vom spezifischen Gewicht 1,85 g/cm^3 erhalten) färben sich Hadernfasern (auch weiß gebleichte Jute, Chinagras und Papiermaulbeerfasern) schön rotviolett, Holzzellulosen und Strohstoff rein blau oder graublau. Alle stark verholzten Fasern, wie Jute, Holzschliff usw., färben sich dunkelgelb; Mais und Espartostrohstoff teils rotviolett, teils rein blau (Fasern meist rotviolett; Parenchym, Epidermis und Gefäße rein blau). Schlecht oder nicht gebleichte Holz- und Strohzellulose färbt sich oft nur sehr blaßgrau, bei größerem Ligningehalt gelblich. Bei zu konzentrierter Säure werden die vier erstgenannten Fasern alle oder die meisten blau gefärbt, unter Eintritt von Quellung oder eventuell Lösung. Bei zu verdünnter Säure ist die Färbung gleichfalls nicht unterschiedlich, sondern gleichmäßig rotviolett. Erstenfalls muß der Säure solange Wasser zugesetzt werden, bis obige Farbenunterschiede bei einem neu hergestellten Präparat richtig auftreten, letzterenfalls wird die Konzentration durch Zugabe von konzentrierter Schwefelsäure erhöht. — In Verbindung mit dem „Papierjod" wichtigstes und bestes Gruppenreagens in der Papieranalyse.

Paradimethylaminobenzylidenrhodanin. Zum Nachweis von Quecksilber nach K. Heller und P. Krumholz.

Paraffin von etwa 60° C Schmelzpunkt. Zur Herstellung von Faserquerschnitten.

Paranitrobenzol-α-naphthol. Alkalische Lösung. Zum Nachweis von Magnesium [K. Weisselberg: Dissertation Wien 1930].

Paranitrodiazobenzol. 1 g Paranitranilin in 20 cm^3 Wasser und 2 cm^3 Salzsäure unter Erhitzen gelöst, unter starkem Schütteln mit 160 cm^3 Wasser verdünnt und nach dem Abkühlen mit 20 cm^3 2,5%iger Natriumnitritlösung vermengt (Rieglersche Lösung). Zu filtrieren. In Verbindung mit Kalziumoxyd (fest) zum Nachweis von Ammonium [E. Riegler: Chem.-Ztg. Bd. 21 (1897) Rep. 307].

Paranitrophenylhydrazin. Wässerige Lösung. In Verbindung mit Kaliumbisulfat zum mikrochemischen Nachweis von Glyzerin und Fetten [W. Massot: Appreturanalyse. Berlin 1911].

Paraphenylendiamin. Siehe „Naphtholgelb S".

Patentblau. a) 0,1%ige wässerige Lösung zum Färben von Bariumsulfat nach A. Beckh [Wbl. Papierfabr. Bd. 32 (1914) S. 3001].

b) Zur Herstellung des Kaliumfilters nach A. Herzog (Chem.-Ztg. 1918 Heft 35/36). Siehe „Lichtfilter".

Paulysche Reaktion. Siehe „Diazobenzolsulfosäure".

Pelikantinte 4001 (Günther Wagner). Siehe „Hoelkeskampsches Reagens".

Petroläther. Wie andere Fettlösungsmittel (Alkohol, Benzol, Tetrapol, Tetrachlorkohlenstoff, Dichloräthylen u. ä.) zur Bestimmung des Fett- und Ölgehaltes.

Petroleum. Zur Bestimmung der Dichte wie Xylol, Benzol u. a.

Phenol. Siehe „Verholzungsreagenzien".

Phenylhydrazin. a) Zum Nachweis von Zucker. Es werden unter Erwärmen auf dem Wasserbad 2 Lösungen hergestellt: 1. Salzsaures Phenylhydrazin in Glyzerin (1:10); 2. Natriumazetat in Glyzerin (1:10). Auf dem Objektträger je 1 Tropfen der beiden Lösungen mit dem zu untersuchenden Probetropfen vermischt und nach Aufsetzen eines Deckglases auf dem Wasserbad längere Zeit (bis $^1/_2$ Stunde) erwärmt. Nach dem Erkalten wird mikroskopisch untersucht (Bildung gelbgefärbter Osazone bei Gegenwart von Zucker) [Senft: S.-B. kais. Akad. Wiss., Wien C XIII, Bd. 1 (1904) S. 3].

b) Zum Nachweis von Oxyzellulose verwendet: Eine wässerige Lösung von salzsaurem Phenylhydrazin wird mit Natriumazetat versetzt und die Lösung mit der Probe erwärmt. Bei Oxyzellulose: Gelbfärbung.

Phlorogluzin. Siehe „Verholzungsreagenzien".

Phosphormolybdänsäure. Fest.

Phosphorsalz zu Perlenreaktionen: Natriumammoniumphosphat. Fest.

Phosphorwolframsäure. a) Fest.

b) Lösung von 9 g kristallisierter Phosphorwolframsäure, 10 g konzentrierter Schwefelsäure und 81 g Wasser zur chemischen Qualitätsprüfung von Wolle nach E. Krahn [siehe H. Mark: Beiträge zur Kenntnis der Wolle und ihrer Bearbeitung, S. 40. Berlin 1925]. 5 cm³ Sodaauszug, erhalten wie bei der Bichromatprobe (siehe „Kaliumbichromat"), werden in ein Gläschen der Handzentrifuge gegeben und mit 1 cm³ obiger Phosphorwolframsäurelösung versetzt. In ein zweites Gläschen gelangen 5 cm³ einer Lösung von Witte-Pepton in Wasser, die genau 1 g im Liter enthält, der ebenfalls 1 cm³ obiger Phosphorwolframsäurelösung hinzugefügt werden. Beide Gläschen einmal kräftig durchschütteln und dann solange zentrifugieren, bis der Niederschlag in der Peptonlösung den Teilstrich 0,300 cm³ erreicht. Der Teilstrich, bis zu dem dann der im Sodaauszug entstandene Niederschlag reicht, wird abgelesen. Die Prüfungen sind je dreimal (Mittelwert) anzustellen, und zwar sowohl an der zu untersuchenden geschädigten Wolle als auch an derselben Wollsorte vor der in Frage stehenden schädigenden Behandlung.

Pikrinsäure. a) In heißem Wasser gelöst. Färbt tierische Haare und Seiden dauernd gelb. — Siehe auch „Indigkarmin".

b) Alkoholische Lösung zum Nachweis von Kalium [Patschowsky].

Pikrokarmin S. 2 g reine Karminsäure wird in Wasser gelöst und im Überschuß mit Ammoniak versetzt. Es erfolgt hierbei ein Umschlag der hellroten Farbe in Blaurot. Diese Lösung wird solange gekocht, bis der Geruch nach Ammoniak verschwunden ist. Dann gebe man etwa 15 cm³ einer 3%igen Pikrinsäurelösung hinzu, die vorher ebenfalls mit Ammoniak bis zur ungefähren Neutralisation versetzt wurde. Die so erhaltene Mischung wird mit verdünnter Salzsäure sauer gemacht und mit Wasser auf 100 cm³ aufgefüllt (auch fertig von Dr. G. Grübler & Co., Leipzig zu beziehen). — Die tierischen Fasern (entbastete Seide, Wolle, Tussah usw.) färben sich durch das im Farbgemisch enthaltene Pikrat gelb, während die Pflanzenfasern (Baumwolle, Flachs, Hanf, Jute) und die Zelluloseprodukte (Kupfer-, Viskose- und Nitrat-Kunstseide) durch den Karminfarbstoff mehr oder weniger stark rot gefärbt werden. Voraussetzung hierbei ist, daß ungefärbtes Material vorliegt. Rohseide wird in dem Reagens tiefbraunrot, Azetat-Kunstseide grüngelb gefärbt [W. Wagner: Melliand Textilber. 1927 S. 246 u. 367. — F. W. Sturtevant: J. Textile Inst. Bd. 10 (1927) S. 348 A]. — Analog Pikrokarmin K.

Platinchlorid. 10%ige wässerige Lösung.

Purpurin. 0,05%ige Lösung von Purpurin in konzentrierter Schwefelsäure zum Nachweis von Borsäure [F. Feigl u. P. Krumholz: Mikrochemie, Pregl-Festschrift, 1929 S. 77].

Pyridin. 1%ige wässerige Lösung. In Verbindung mit „Gallozyanin" zum Nachweis von Blei [F. Pavelka: Mikrochemie Bd. 7 (1929) S. 303].

Quecksilber-. Siehe „Merkuri"-.

Quellschwefelsäure (nach F. von Höhnel). Konzentrierte englische Schwefelsäure wird mit wässeriger Glyzerinlösung solange verdünnt, bis Baumwolle bei der Betrachtung im Mikroskop unter intensiver Blaufärbung sehr stark aufgetrieben wird. Die Baumwolle muß vorher mit „Papierjod" behandelt werden. Dient als Ersatz des leicht zersetzlichen „Kupferoxydammoniak".

Resorzin. Siehe „Verholzungsreagenzien".

Rhodamin B. 0,01%ige wässerige Lösung zum Nachweis von Antimon [E. Eegriwe: Z. anal. Chem. Bd. 70 (1927) S. 400].

Rhodanammonium. Fest.

Rieglersche Lösung. Siehe „Paranitrodiazobenzol“.

Rizinusöl. $n_D = 1,47$. Siehe „Zitronenöl“.

Rohrbachsche Lösung. Siehe „Bariumquecksilberjodid“.

Rosanilin. Ammoniakalisch als Gruppenreagens für tierische und pflanzliche Fasern. Erstere erscheinen rot (Wolle mehr als Seide), letztere bleiben ungefärbt. Die farblose Rosanilinlösung wird erhalten, wenn man zu einer kochenden Fuchsinlösung tropfenweise bis zur Entfärbung Natronlauge oder Ammoniak zusetzt und dann filtriert.

Rosanilinsulfat. Nach P. Klemm (Wbl. Papierfabr. 1917 S. 2159) zur Unterscheidung von Sulfit- und Natronzellstoffen. Das Reagens färbt die Inhaltsreste in den Hofporen der Fasern von Sulfitzellstoff intensiv rot („Augenbildung“), während diese Färbung bei Natronzellstoffen völlig fehlt. Ebenso werden die Inhaltsreste der Markstrahlzellen bei Sulfitzellstoff deutlich angefärbt. — Das Reagens wird angewandt als mit 2% Alkohol versetzte gesättigte Lösung in Wasser, mit einigen Tropfen Schwefelsäure angesäuert, bis sie einen violetten Schimmer angenommen hat. Nach Absaugen des Überschusses der Farblösung wird das Präparat in Glyzerin eingebettet. Nach Klemm (Papierindustrie-Kalender; vgl. auch C. Schwalbe: Chemie der Zellulose, S. 608. 1911) läßt sich auch gebleichter Sulfit- und ungebleichter Natronzellstoff unterscheiden, wenn nach der Rosanilinprüfung noch mit Malachitgrünlösung behandelt wird. Siehe „Malachitgrün“.

Rosolsäure. Zur makroskopischen Unterscheidung von Baumwolle und Leinen in Mischgeweben. Nach Einlegen der Probe in alkoholische Rosolsäurelösung und Nachbehandeln mit konzentrierter Sodalösung erscheint Leinen rosa gefärbt, während Baumwolle ungefärbt bleibt.

Rubidiumchlorid. Fest. Zum mikrochemischen Nachweis von Zinn [Behrens-Kley].

Rutheniumrot. a) In wässeriger Lösung für Pektinfärbungen [Mangin].

b) Nach A. Herzog (Kunststoffe 1911) in Verbindung mit „Kupferoxydammoniak“ zum Nachweis kleinster Spuren der Kutikula und Eiweißstoffe der Baumwolle angegeben. Zur Ausführung des Färbeversuches werden zwei Flüssigkeiten benötigt: 1. frisch hergestelltes, über Glaswolle filtriertes Kupferoxydammoniak und 2. eine mittelstarke filtrierte wässerige Rutheniumrotlösung. Wegen ihrer leichten Zersetzlichkeit nur in geringen Mengen anzusetzen! Beispiel der Arbeitsweise: Auf dem Objektträger 1 Tropfen Rutheniumrotlösung mit 1 Tropfen Kupferoxydammoniak vermengen und die zu prüfende Faser, z. B. Baumwolle, einlegen. Nach Bedecken mit einem Deckgläschen erscheinen die rohen oder gebleichten Fasern gleichmäßig rosa gefärbt, ohne jede Differenzierung der einzelnen Bestandteile.

Läßt man jedoch von der Seite 1 Tropfen Kupferoxydammoniak hinzutreten und saugt diesen mit Hilfe von Filterpapier unter das Deckglas, so tritt sofort eine Differenzierung der Hauptformbestandteile der Faser in Erscheinung; während die in Quellung und Lösung befindliche aus nahezu reiner Zellulose bestehende Zellwandung keine Färbung annimmt, erscheinen Kutikula und die Eiweißstoffe des Faserinnern prachtvoll karmoisinrot gefärbt.

Säurefuchsin. In Verbindung mit Methylgrün zur Unterscheidung von Fibroin und Serizin im Kokonfaden der echten Seide. Nach K. Ohara [Sci. Pap. Inst. physic. chem. Res., Tokyo Bd. 21 (1933) S. 104] färbt sich das Fibroin blau, Serizin dagegen dunkelrot. Bei der Degummierung ändert sich die Farbe des Fibroins von blau über violett, bis sie nach 3stündigem Kochen bei 150° C gänzlich rot erscheint.

Säuregrün. Von J. M. Preston [Rayon Record Bd. 4 (1930) S. 497—951] zum Nachweis von Gelatineüberzügen auf Azetatseide vorgeschlagen. Lösung A: Säuregrün 2 g, Wasser 98 cm; Lösung B: Quecksilberchlorid 5 g, Eisessig 5 g, Wasser 90 cm. Unmittelbar vor Gebrauch gleiche Volumteile A und B mischen. Die zu prüfenden Fasern werden 5 Minuten in dieser Mischung gebadet und dann 15 Minuten in fließendem Wasser gründlich gewaschen: Gelatine dunkelgrün, Zellulose und Azetylzellulose farblos. An Stelle von Säuregrün kann im Bedarfsfall auch Säureviolett R (I. G. Farbenindustrie) treten.

Säureviolett R. Siehe „Säuregrün".

Safranin. In Pulverform aufzubewahren. Nach dem Ausfärben in neutraler warmer Safraninlösung und darauffolgendem Auswaschen erscheinen unter dem Mikroskop Seide, Wolle, Holz, Jute dunkelrosa, Baumwolle blaßviolettrot und Flachs und Hanf gelbrot gefärbt [H. Behrens]. — Kombinationsfärbung mit Safranin und Chrysophenin siehe unter „Chrysophenin".

Salizylsäuremethylester. $n = 1{,}535$. Vorzügliches Aufhellungsmittel für Papiere [A. Herzog: Papier-Fabrikant 1932 S. 277].

Salpetersäure. a) Konzentrierte. Verestert in Verbindung mit Schwefelsäure Zellulose in Nitratzellulose. Nitrierte Pflanzenfasern zeigen nach dem Auswaschen und vorsichtigem Trocknen große Entflammbarkeit.

b) Rauchende. Färbt rohen Neuseeland-Flachs blutrot, Flachs und Hanf schwach gelblich oder rötlich [J. Vincenz: Anleitung zur mikroskopischen Untersuchung der Gespinstfasern. Cottbus 1890].

c) Verdünnte. Färbt tierische Fasern deutlich gelb (Xanthoproteïn-Reaktion), gebleichte pflanzliche Faserstoffe bleiben unverändert. Wolle und andere Tierhaare zeigen in Salpetersäure starke Quellung und rollen sie vor dem Eintrocknen auffallend zu Ringen und Spiralen zusammen. Echte Seide quillt noch stärker als Wolle, unter gleichzeitiger starker Verkürzung zu faßartigen Formen. — Auch zur Entfärbung gefärbter Pflanzenfasern. Zur Reduktion etwa gebildeter Nitroverbindungen, die bei späteren Färbungsreaktionen störend wären, ist Nachbehandlung mit Zinnchlorür angezeigt.

Salzsäure. (Siehe auch Tabelle 19, S. 126.) a) Konzentrierte Salzsäure löst echte Seide nach $^1/_2$minutigem Kochen auf.

b) Verdünnte: gleiche Volumina von a) und Wasser. Zum Abziehen und zur Reduktion von Farbstoffen verwendet.

Schiffsches Reagens (fuchsinschweflige Säure). Es wird durch Einleiten von schwefliger Säure in eine 1%ige Fuchsinlösung bis nahe zur Entfärbung erhalten. Reagens zum Nachweis von Oxyzellulose (Rotfärbung).

Schuhlack, englischer. Nach A. Herzog (Melliand Textilber. 1927 S. 524) zur Herstellung von Kunstseidenquerschnitten empfohlen.

Schultzesches Mazerationsgemisch. Zur Isolierung der in Bündeln stehenden Rohfasern. Die Fasern werden in 2—3 cm^3 Salpetersäure, welcher ein erbsengroßes Stück Kaliumchlorat zugesetzt wird, erhitzt und hierauf gut gewaschen. Dadurch werden die Pektinstoffe, welche die Interzellularlamellen bilden und die Zellwände zusammenkitten, gelöst, so daß die Zellen getrennt werden können; das Gemisch greift aber auch die Zellulose kräftig an [M. Schultze, Kühne, v. Wittich].

Schwefeläther. Siehe „Äther".

Schwefelammonium. Lösung öfter zu erneuern.

Schwefeleisen. Feinst pulverisiert. Zur Entwicklung kleiner Mengen Schwefelwasserstoff.

Schwefelkohlenstoff.

Schwefelnatrium. Fest.

Schwefelsäure. (Siehe auch Tabelle 20, S. 126f.) a) Konzentrierte Schwefelsäure zur Unterscheidung von Kupfer- und Viskoseseide nach P. Marschner (Färber-Ztg. 1910 S. 252—253): Beim Übergießen ist Kupferseide gelblich, Viskoseseide rötlichbraun gefärbt, nach 45 bis 60 Minuten gelbbraun bis rötlichgelb bzw. dunkelrotbraun.

b) Verdünnte Schwefelsäure: Gleiche Volumina konzentrierte Säure und Wasser.

c) Verdünnte Schwefelsäure: 1 Teil Wasser, 5 Teile konzentrierte Säure.

d) 2 n- enthält 98,08 g Schwefelsäure im Liter; Refraktionswert: 44,50. Zum Chromnachweis mit Diphenylkarbazid [P. Cazeneuve: C. R. Acad. Sci., Paris Bd. 131 (1900) S. 346; Chem. Zbl. 1901/II S. 688].

e) Nach Vétillard: Unter steter Abkühlung werden gemischt 1 Vol. destilliertes Wasser, 2 Vol. Glyzerin und 3 Vol. konzentrierte englische Schwefelsäure. In Verbindung mit „Jod-Jodkaliumlösung" ausgezeichnetes Zellulosereagens. Reine Zellulose wird blau, verholzte Membranen werden gelb gefärbt. Ausführung der Reaktion siehe „Jod-Jodkaliumlösung".

f) Nach F. von Höhnel: Siehe „Papierschwefelsäure“ und „Quellschwefelsäure“.

g) 80%ige kalte Schwefelsäure zur Ermittlung des Wollgehaltes in Fasergemischen oder Wollfilzpappen auf chemischem Wege. Pflanzenfasern werden hierbei nach 3—4 Stunden herausgelöst.

Schweitzers Reagens. Siehe „Kupferoxydammoniak“.

Seignettesalz. Zur Herstellung von „Fehlingscher Lösung“.

Silberaminsalz. Gesättigte wässerige Lösung von Silbernitrat mit konzentriertem Ammoniak versetzt, bis der zuerst gebildete Niederschlag völlig gelöst ist; dann die gleiche Menge Ammoniak hinzugefügt. Zum Nachweis von Mangan [N. A. Tananaeff u. Iw. Tananaeff: Z. anorg. allg. Chem. Bd. 170 (1928) S. 118].

Silberblech. Zur Vornahme der „Heparreaktion“.

Silbernitrat. a) 0,1%ige wässerige Lösung. In Verbindung mit „Ammoniumpersulfat“ und konzentrierter Schwefelsäure zum Nachweis von Mangan [H. Marshall: Z. anal. Chem. Bd. 43 (1904) S. 418].

b) 1%ige wässerige Lösung zum Nachweis von Chrom.

c) 0,05%ige Lösung. In Verbindung mit „Natriumkobaltnitrit“ zum Nachweis von Kalium [L. L. Burgess u. O. Kamm: J. Amer. chem. Soc. Bd. 34 (1912) S. 651].

d) Fest. Zum Nachweis von Essigsäure [H. Behrens].

e) Alkalische Silbernitratlösung dient nach K. Götze [Silberzahlbestimmung; Mitt. Forsch.-Inst. Krefeld Bd. 1 (1925) S. 27; Seide Heft 11 (1926) S. 429; Heft 12 (1926) S. 470; Melliand Textilber. 1927 S. 624, 696] zum Nachweis von Oxyzellulose. Man versetzt 10 cm^3 $^1/_{10}$ n-Silbernitratlösung mit 5 cm^3 Natronlauge (10%ig) und dann mit 5 cm^3 25%igem Ammoniak. Einlegen der Probe in die Lösung bei Zimmertemperatur, aber vor Licht geschützt. Eventuell Erwärmen auf 50° C, dadurch Beschleunigung der Reaktion. Bei Gegenwart von Oxyzellulose Gelbbraun- bis Dunkelbraunfärbung. — Von Götze und Rhodes auch zur Unterscheidung von Kupfer- und Viskoseseide empfohlen.

Siriusblau. Siehe „Hoelkeskampsches Reagens“.

Skatol. Siehe „Verholzungsreagenzien“.

Soda. Siehe „Natriumkarbonat“.

Stärkelösung. 1 g lösliche Stärke in 200 cm^3 kochendem Wasser gelöst und filtriert. Als Indikator. Siehe „Kaliumbichromat“.

Stearin. Zur Prüfung von Papier auf Tierleimung.

Sublimat. Siehe „Merkurichlorid“.

Sudan III-Glyzerin. Nach P. Klemm (Wbl. Papierfabr. 1911, S. 967 und 1917 S. 2159) zur Unterscheidung von Sulfit- und Natron-, sowie Sulfatzellstoff. Die bei der sauren Aufschließung durch Sulfitlauge, auch nach Bleichung, erhalten bleibenden Substanzreste (meist Harzteilchen, besonders in den die Fasern bei Nadelholzzellstoffen stets begleitenden Markstrahlzellen) werden durch das Reagens rot gefärbt, während die Zellhaut nicht angefärbt wird (bei der alkalischen Kochung nach dem Natron- oder Sulfatverfahren sind diese Teilchen gründlich aufgelöst: keine Färbung). „Augenbildung" durch Anfärben der Inhaltsreste in den Hofporen der Fasern von Sulfitzellstoff. — Das Reagens wird wie folgt angesetzt: A. 3 Teile Alkohol, 1 Teil Wasser, Sudan III bis zur Sättigung darin gelöst. B. 2 Teile von A, 1 Teil Glyzerin: gebrauchsfertige Lösung.

Sulfidfaden. Schießbaumwolle wird einige Male abwechselnd in etwa 15%ige Lösungen von Natriumsulfid und Zinksulfat gebracht, nach jedesmaligem Eintauchen zwischen Filterpapier gut abgepreßt, zuletzt gespült und getrocknet. Man taucht den Sulfidfaden in ein Tröpfchen der zu prüfenden Lösung und läßt eintrocknen. Besonders zum Nachweis von Arsen, Antimon, Kupfer und Blei zu empfehlen [F. Emich: Liebigs Ann. Chem. Bd. 351 (1907) S. 426].

Tannin. 5%ige wässerige Lösung. Zum Nachweis von Gold, tierischem Leim usw.

Terephthalsäure. Zum Nachweis von Säure und Alkali auf Gespinstfasern, besonders auf Wolle nach H. R. Hirst und A. T. King [J. Textile Inst. No. 2 (1926) S. 94T, 101T]. Man behandle zum Alkalinachweis die gewogene Probe mit einer Aufschlämmung von Terephthalsäure (0,4 g in 200 cm^3 Wasser) durch Erwärmen auf 60^0 und 4stündiges Stehenlassen. Es löst sich eine dem Alkaligehalt der Wolle entsprechende Menge von terephthalsaurem Alkali, die mit $^1/_{10}$ n-Säure bestimmt wird. Die terephthalsauren Salze werden durch Kohlensäure nicht zersetzt. Als Indikator dient Bromphenolblau. Methylorange ist weniger zu empfehlen. — Säure in Wolle wird in umgekehrter Weise durch Behandeln mit $^1/_{10}$ n-Terephthalatlösung bei 60^0, 3 Stunden lang stehen, und Abfiltrieren der nahezu unlöslichen Terephthalsäure bestimmt. Das überschüssige Terephthalat wird mit überschüssiger $^1/_{10}$ n-Schwefelsäure zersetzt und die unverbrauchte Schwefelsäure mit $^1/_{10}$ n-Natronlauge wiederum unter Benutzung von Bromphenolblau als Indikator zurücktitriert. Fettsäuren sowie kleine Mengen von Kalzium- oder Magnesiumsulfat haben keinen Einfluß auf die Genauigkeit der Bestimmung.

Tetrachlorkohlenstoff. Wie „Petroleumäther", Schwefelkohlenstoff und andere Extraktionsmittel verwendet. Siehe auch „Cholesterinreaktion".

Tetraoxyanthrachinon (1, 2, 5, 8-). Siehe „Chinalizarin".

Thallinsulfat. Siehe „Verholzungsreagenzien".

Thalliumnitrat. Fest. Zum mikrochemischen Nachweis von Salzsäure und Chloriden, Gold usw. [H. Behrens und C. Kley].

Thymol. Siehe „α-Naphthol" und „Verholzungsreagenzien".

Titangelb. In 100 cm^3 Wasser 0,1 g gelöst. In Verbindung mit 0,1 n-Natronlauge zum Tüpfelnachweis von Magnesium [J. M. Kolthoff:

Chem. Weekbl. Bd. 24 (1927) S. 254; Mikrochemie, Emich-Festschrift 1930 S. 180].

Toluylendiamin. Siehe „Verholzungsreagenzien".

Toluylenorange G. Siehe „Benzoreinblau".

Tuchorange. Siehe „Brillantpurpurin R".

Universalindikator (Merck-Darmstadt). Zur orientierenden p_H-Bestimmung an ungefärbten Auszügen und Flüssigkeiten. Man gibt von der zu untersuchenden Flüssigkeit 8 cm^3 in eine kleine Porzellanschale, setzt 2 Tropfen Universalindikator hinzu und vergleicht die dadurch entstandene Farbe mit einer Farbenskala. Die Farben sind nur in Abständen von p_H 0,5 zu 0,5 aufgezeichnet; Zwischenwerte müssen geschätzt werden.

Uranylazetat. Kaltgesättigte Lösung in verdünnter Essigsäure (4 g Uranylazetat, 4 Tropfen Eisessig auf 100 cm^3 Wasser; Erwärmen, bis sich nichts mehr löst. Nach dem Erkalten filtrieren). Zum mikrochemischen Nachweis von Natrium [H. Behrens und C. Kley]. — Siehe auch „Zinkuranylazetat".

Uranylformiat. 10 g Uranylnitrat (krist.) in etwa 500 cm^3 Wasser gelöst und mit Ammoniak in geringem Überschuß gefällt. Der Niederschlag wird auf dem Filter in heißem Wasser kurz gewaschen und in Ameisensäure gelöst. Die Lösung wird auf dem Wasserbad zur Trockne eingedampft. — Zum Nachweis von Essigsäure stellt man folgende Lösung her: 1 g Uranylformiat (s. vorher) wird in 8 cm^3 Wasser gelöst, der Lösung 1 cm^3 Ameisensäure D.A.B. 6 zugesetzt und filtriert. In brauner Flasche monatelang haltbar [D. Krüger u. E. Tschirch: Chem.-Ztg Bd. 54 (1930) S. 42].

Uranylnitrat. Siehe „Uranylformiat".

Valeriansäure, iso-. Verdünnte wässerige Lösung zum Nachweis von Zink [H. Behrens].

Verholzungsreagenzien. Siehe Tabelle S. 115 u. 116.

Viktoriablau B. Nach Sieber (Melliand Textilber. 1928 S. 404) neben anderen basischen Farbstoffen zur Unterscheidung von roher und gebleichter Baumwolle geeignet. Rohe Baumwolle wird tiefdunkelblau, gebleichte dagegen ganz hell angefärbt. — Kochende Ausfärbung von etwa 0,1 g gut zerfaserten Materials in 10 cm^3 destilliertem Wasser mit $3^0/_{00}$ Viktoriablau, auf das Fasergewicht bezogen, 1 Minute lang kalt waschen, bis das Wasser nahezu farblos abläuft, erneut kurz ($^1/_2$ bis 1 Minute) in destilliertem Wasser kochen und anschließend wieder kalt waschen. — Parallelversuch mit bekanntem Material ist zu empfehlen.

Wasser, destilliertes.

Wasserblau. Zum Färben von Bariumsulfat nach A. Beckh. Siehe „Patentblau".

Alphabetisches Verzeichnis der wichtigsten Verholzungsreagenzien.

Reagens	Herstellung	Färbt verholzte Zellwände	Literatur
Anilinsulfat, ebenso *Anilinchlorid* [F. Runge[1], J. v. Wiesner[2]]	0,1 g Anilinsulfat in 10 cm³ Wasser gelöst und mit 1 Tropfen Schwefelsäure bzw. Salzsäure versetzt	dottergelb	[1] Pogg. Ann. Bd. 31 (1834) S. 65. [2] Dinglers polytechn. J. Bd. 202 S. 156. Karsten: Bot. Unters. Bd. 1 (1867) S. 120
Dimethylamidoazobenzol [M. Plaut]	Heiße konz. Lösung in Alkohol, filtrieren und mit gleichen Teilen Glyzerin versetzen. Zum Gebrauch 1 Tropfen der Mischung mit 1 Tropfen verd. Salzsäure vermengen	intensiv rot	Jb. wiss. Bot. Bd. 48 (1910) S. 151
Dimethylparaphenylendiaminchlorhydrat [C. Wurster]	Im Gebrauche werden einige Körnchen in warmem Wasser gelöst. Auch als Reagenspapier („Dipapier") im Handel	karmoisin	Ber. dtsch. chem. Ges. 1887 S. 808
Indol [M. Niggl]	Lösung in warmem Wasser. Zum Gebrauch mit verd. Schwefelsäure versetzen	kirschrot	Flora (Jena) 1881 S. 545
Kaliumpermanganat [C. Mäule] (Mäulesches Reagens)	1%ige Lösung von Kaliumpermanganat auf die Fasern einwirken lassen (5 Min.), mit Wasser waschen und mit konz. Salzsäure (2—3 Min.) entfärben. Sodann mit Ammoniak versetzen oder räuchern	weinrot bis tief karmoisinrot	Habilitationsschrift, Stuttgart 1901
Karbazol [O. Mattirolo[1], E. Nickel[2]]	Konz. alkohol. Lösung (warm) mit 1 Tropfen Salzsäure versetzt	rotviolett	[1] Z. wiss. Mikroskopie Bd. 2 (1885) S. 354 [2] Farbenreaktionen, 2. Aufl., S. 51. Berlin 1890
Metadiamidobenzol [H. Molisch]	5%ige wässerige Lösung	dottergelb	S.-B. Zool. Ges. Wien Bd. 37 (1889)
Naphthol (α) [H. Molisch]	15%ige alkohol. Lösung. Zum Gebrauch mit konz. Salzsäure verwenden	blaugrün	Ber. dtsch. bot. Ges. 1886 S. 301
Orzin [A. Ihl]	Alkohol. Lösung. Zum Gebrauch mit konz. Salzsäure verwenden	dunkelrot	Bot. Zbl. 1885, S. 266
Phenol [F. v. Höhnel[1], Singer[2], H. Molisch[3]]	Konz. wässerige Lösung mit Kaliumchlorat gesättigt. Zum Gebrauche mit Salzsäure versetzen	blau bis grünblau	[1] S.-B. Kais. Akad. Wiss. Wien Bd. 76 (1877) S. 663. [2] Ebenda Bd. 85 (1882) [3] Ber. dtsch. bot. Ges. 1886 S. 301

Alphabetisches Verzeichnis der wichtigsten Verholzungsreagenzien. (Fortsetzung.)

Reagens	Herstellung	Färbt verholzte Zellwände	Literatur
Phlorogluzin [J. v. Wiesner]	1—5%ige alkohol. Lösung. Zum Gebrauche mit konz. Salzsäure versetzen	krischrot bis rotviolett	S.-B. Kais. Akad. Wiss. Wien Bd. 77 (1878)
Resorzin, ebenso *Brenzkatechin* [J. v. Wiesner]	Alkoholische Lösung. Zum Gebrauche mit konz. Salzsäure versetzen	blauviolett	S.-B. Kais. Akad. Wiss. Wien Bd. 77 (1878)
Skatol [O. Mattirolo]	Konz. alkoholische Lösung. Zum Gebrauche mit konz. Salzsäure versetzen	violett	Z. wiss. Mikroskopie 1885 S. 354
Thallinsulfat [R. Hegler]	Gesättigte Lösung in 50%igem Alkohol (lichtempfindlich)	dunkel-orangegelb	Jb. wiss. Bot. Bd. 36 (1901) S. 279
Thymol [H. Molisch]	20%ige Lösung in absol. Alkohol solange mit Wasser verdünnen, als die Flüssigkeit klar bleibt, sodann mit festem Kaliumchlorat im Überschuß versetzen u. nach einigen Stunden filtrieren. Zum Gebrauche mit konz. Salzsäure versetzen	blaugrün	Ber. dtsch. bot. Ges. 1886 S. 301
Toluylendiamin [R. Hegler]	Konz. wässerige Lösung. In Verbindung mit konz. Salzsäure verwenden	dunkel-orange	Jb. wiss. Bot. Bd. 36 (1901) S. 279

Weinsäure. 10%ige wässerige Lösung zum Nachweis von Kalium [H. Behrens und C. Kley].

Wismutnitrat. Lösung von Wismutnitrat in Schwefelsäure zum mikrochemischen Nachweis von Kalium [H. Behrens und C. Kley]. Sorgfältig zu filtrieren.

Xylol. Zur Lösung des Paraffins in Schnittpräparaten und zur Bestimmung der Dichte von Gespinstfasern.

Zäsiumbisulfat. Zäsiumchlorid wird in einer Porzellanschale mit konzentrierter Schwefelsäure im Überschuß erhitzt und die Säure soweit abgeraucht, daß nach der Abkühlung eine breiige Masse entsteht. Unter gelindem Erwärmen löst man nach Zusatz von einigen Tropfen Wasser das Bisulfat auf. Bei der Verwendung wird das Reagens mit Hilfe eines Platindrahtes als kleiner Tropfen aufgesetzt. Ausgezeichnetes Reagens zum mikrochemischen Nachweis von Aluminium [Behrens-Kley].

Zäsiumchlorid. Fest. Zum Nachweis von Antimon [Behrens-Kley].

Zartsche Lösung. Siehe „Hoelkeskampsches Reagens“.

Zedernöl. $n_D = 1{,}52$.

Zelloidin. Dickliche Lösung in Äther-Alkohol wie „Paraffin“, „Glyzeringummi“, „Glyzeringelatine“ u. ä. zum Einbetten bzw. Umhüllen von Fasern zwecks Herstellung von Dünnschnitten verwendet.

Zink. Späne, zum Nachweis von Antimon.

Zinkazetat. 1% ige wässerige Lösung. Zum Tüpfelnachweis von Kupfer in Verbindung mit „Ammoniumquecksilberrhodanid" [F. Feigl: Mikrochemie Bd. 7 (1929) S. 6]. — Siehe auch „Zinkuranylazetat".

Zinkchlorid. a) In basischer Lösung zur Trennung von echter Seide in Mischgespinsten und -geweben. Echte Seide wird beim Kochen in der Lösung in 15 Minuten gelöst; Wolle und pflanzliche Fasern bleiben ungelöst.

b) Zum Nachweis von Cholesterin.

Zinkuranylazetat. Es werden 2 Lösungen hergestellt: A. 10 g Uranylazetat in der Wärme in 6 g 30% iger Essigsäure gelöst und auf 50 cm^3 mit Wasser verdünnt. B. 30 g Zinkazetat mit 3 g 30% iger Essigsäure angerührt und mit Wasser auf 50 cm^3 verdünnt. Lösungen A und B werden unter Zusatz einer Spur Natriumchlorid gemengt und nach 24 Stunden filtriert. Zum Nachweis von Natrium [J. M. Kolthoff: Z. anal. Chem. Bd. 70 (1927) S. 398].

Zinn. Folie, zum Nachweis von Gold.

Zinnchlorür. a) Zinn wird in starker Salzsäure gelöst und solange mit einer gesättigten Lösung von „Kaliumjodid" versetzt, bis eine gelblichweiße Masse entsteht. Dann wird tropfenweise eine gesättigte Lösung von Kadmiumnitrat hinzugefügt, bis alles gelöst ist. Zum Nachweis von Blei [N. A. Tananaeff: Z. anorg. allg. Chem. Bd. 167 (1927) S. 81. — J. A. Komarowsky u. W. Owetschkin: Z. anal. Chem. Bd. 71 (1927) S. 55. — N. A. Tananaeff u. Iw. Tananaeff: Z. anorg. allg. Chem. Bd. 167 (1927) S. 341].

b) Zur Nachbehandlung von durch verdünnte Salpetersäure entfärbten Fasern (Reduktion von Nitroverbindungen).

c) Zum Nachweis von Wollschädigungen nach M. Becke (Färber-Ztg. 1919 S. 101, 116 u. 128). Etwa 5 g der Wollprobe werden in 200 cm^3 Bad, das 10% Essigsäure und 5—10% Zinnchlorür vom Gewicht der Wolle enthält, bei 90—95^0 auf dem Wasserbad 30—45 Minuten behandelt.

Zitronenöl. $n_D = 1{,}48$. In Zitronen- oder Rizinusöl eingebettete Azetatseide ist nahezu unsichtbar; Nitrat-, Kupfer- und Viskoseseide dagegen bleiben deutlich sichtbar.

Zyanin. Alkoholisch nach A. Herzog (Unterscheidung von Baumwolle und Leinen, 2. Aufl. Sorau 1908) zur Unterscheidung von Baumwolle und Flachs auf makroskopischem Wege.

Zyanin-Glyzerin. Nach A. Herzog [Z. Farb.- u. Text.-Ind. 1904 S. 1; Mitt. Forschungsstelle Sorau Bd. 3 (1919) Melliand Textilber. 1932 S. 121 u. 181] zum Nachweis von zelligen Verunreinigungen der technischen Bastfasern, zur Unterscheidung von Flachs und Hanf, zur Feststellung des Verholzungs- und Bleichgrades von Zellstoff, zur Unterscheidung von Natron- und Sulfitzellstoff, zum Nachweis von Seidenleim und zur Sichtbarmachung von Verunreinigungen in Kunstseidefasern. — Eine annähernd kaltgesättigte Lösung von Zyanin in Alkohol wird mit etwas Wasser verdünnt und dann mit $^1/_3$ ihres Volumens mit konzentriertem Glyzerin versetzt. Sie wird in der Regel heiß angewandt.

Kleinere Laboratoriumserfordernisse für mikrochemische Arbeiten.

Platindraht für Glühreaktionen (d = 0,2 mm).
Platindraht zum Aufschließen von Silikaten usw. (d = 0,4 mm).
Platinlöffelchen.
Platinblech.
Je ein Mikrotiegel aus Platin, Quarz und Porzellan.
Magnesiastifte.
Tiegelzange.
Drahtdreieck für Tiegel.
Mikrobrenner.
Bunsenbrenner.
Spiritusbrenner.
Gebläsebrenner.
Stativ zum Filtrieren, Glühen usw.
Asbestplatte.
Veraschungsschälchen aus Quarz.
Kleine Abdampfschalen aus Porzellan.
Porzellantüpfelplatte mit mehreren napfartigen Vertiefungen.
Napf aus schwarzem Glase.
Glasstäbe, an den Enden abgerundet.
Enge Glasröhren zu einer Spitze ausgezogen.
Kapillarröhren.
Glasringe.
Extraktionskolben (weithalsig).
Rückflußkühler.
Reagensgläser.
Pipettenfläschchen (Inhalt etwa 20 cm^3).
Kleiner Scheidetrichter.
Uhrgläser.
Objektträger für mikroskopische Arbeiten, englisches Format.
Deckgläser für mikroskopische Arbeiten, quadratisch (s = 18 mm).
Schwarze und farblose koloriskopische Kapillaren.
Glasfilter.
Pinsel.
Hornlöffel.
Wasserbad.
Wärmebank.
Sedimentiergefäß nach Späth.
Handzentrifuge.
Glimmer.
Silberblech.
Kupferblech.
Gewaschene runde Filter.
Tüpfelpapier (Schleicher & Schüll).
Asbestpapier.
Wünschenswert: Taschenspektroskop oder Spektralokular nach Abbe.

Der Arbeitsraum muß mit einem gutziehenden Abzug ausgestattet sein.

X. Tabellen.

Tabelle 7. Gewichte der deutschen Münzen.

Münze	Gewicht in g
1 Reichspfennig (Kupfer)	2
2 „ „	3,333
5 „ (Bronze)	2,5
10 „ „	4
50 „ (Nickel)	3,5
1 Reichsmark (Nickel)	4,8
2 „ (Silber; Ag-Gehalt 625/1000)	8
5 „ („ „ 900/1000)	13,888

Tabelle 8. Deutsche Münzen als Gewichte.

Gewünschtes Gewicht in g	Münzstücke
2	1 Pf.
2,5	5 „
3,3	2 „
3,5	50 „
4	10 „
4,8	1 M.
5	5 Pf. + 5 Pf.
6	10 „ + 1 „
6,6	2 „ + 2 „
7	5 „ + 5 „ + 1 Pf. oder 50 Pf. + 50 Pf.
8	10 „ + 10 „ oder 2 M.
9	5 „ + 5 „ + 10 Pf. oder 50 Pf. + 50 Pf. + 1 Pf.
9,6	1 M. + 1 M.
10	10 Pf. + 10 Pf. + 1 Pf. oder 2 Pf. + 2 Pf. + 2 Pf. oder 2 M. + 1 Pf.

Tabelle 9. Englische und amerikanische Maße und Gewichte[1].

Englische Gewichte.

Gewicht:	ton (long ton)		hundredweight		quarter		pound		ounze
Abkürzung:	ton		cwt.		qr.		lbs.		oz.
	1	=	20	=	80	=	2240	=	35840
			1	=	4	=	112	=	1792
					1	=	28	=	448
							1	=	16

Umrechnung in deutsche Gewichte:

1 ton (long ton)	=	1016,0 kg
1 cwt.	=	50,8 kg
1 qr.	=	12,7 kg
1 lbr.	=	453,59 g
1 oz.	=	28,35 g

[1] Aus Schwalbe-Sieber: Die chemische Betriebskontrolle in der Zellstoff- und Papierindustrie, 3. Aufl., S. 535. 1931.

Amerikanische Gewichte.

Gewicht:	ton (short ton)		cental		quarter		pound		ounze
Abkürzung:	ton		cwt.		qr.		lbs.		oz.
	1	=	20	=	80	=	2000	=	32000
			1	=	4	=	100	=	1600
					1	=	25	=	400
							1	=	16

Umrechnung in deutsche Gewichte:

1 ton (short ton)	=	907,20 kg
1 cwt.	=	45,36 kg
1 qr.	=	11,35 kg
1 lbr.	=	453,59 g
1 oz.	=	28,35 g

Gemeinsame Gewichte und Maße.

1 gallon (gall.) = 10 lbr. = 4,54 l
1 cubic foot (cubic ft.) = 28,38 l
1 cord of wood = 128 cubic feet = 3,625 m^3
1 pound per square inch = 0,0703 kg/cm^2
1 kg/cm^2 = 14,223 lbs. per square inch
1 mm Quecksilbersäule = 0,0193 lbs. per square inch.

Tabelle 10. Umrechnung von Aräometergraden in spezifisches Gewicht[1].
n = Anzahl der Aräometergrade. d = spezifisches Gewicht.

	Flüssigkeit	
	schwerer	leichter
	als Wasser	
Gay-Lussac (100gradiges)	$d = \frac{100}{100 - n}$	$d = \frac{100}{100 + n}$
Baumé bei 15,0°	$d = \frac{144,3}{144,3 - n}$	$d = \frac{144,3}{144,3 + n}$
Brix bei 15,6° (amtliches preußisches Aräometer)	$d = \frac{400}{400 - n}$	$d = \frac{400}{400 + n}$
Beck bei 12,5°	$d = \frac{170}{170 - n}$	$d = \frac{170}{170 + n}$
Cartier bei 12,5°	$d = \frac{136,8}{126,1 - n}$	$d = \frac{136,8}{126,1 + n}$
Balling	$d = \frac{200}{200 - n}$	$d = \frac{200}{200 + n}$
Twaddell	$d = \frac{0,5n + 100}{100}$	—

Tabelle 11. Formeln zur Umrechnung der Thermometergrade von Celsius, Réaumur und Fahrenheit[2].

$$n^0\,F = \frac{5}{9}(n - 32)^0\,C = \frac{4}{9}(n - 32)^0\,R$$

$$n^0\,R = \frac{5}{4}n^0\,C = \frac{9}{4}n + 32^0\,F\,, \qquad n^0\,C = \frac{4}{5}n^0\,R = \frac{9}{5}n + 32^0\,F\,.$$

[1] Siehe Nomogramm II, S. 121. [2] Siehe Nomogramm I, S. 121.

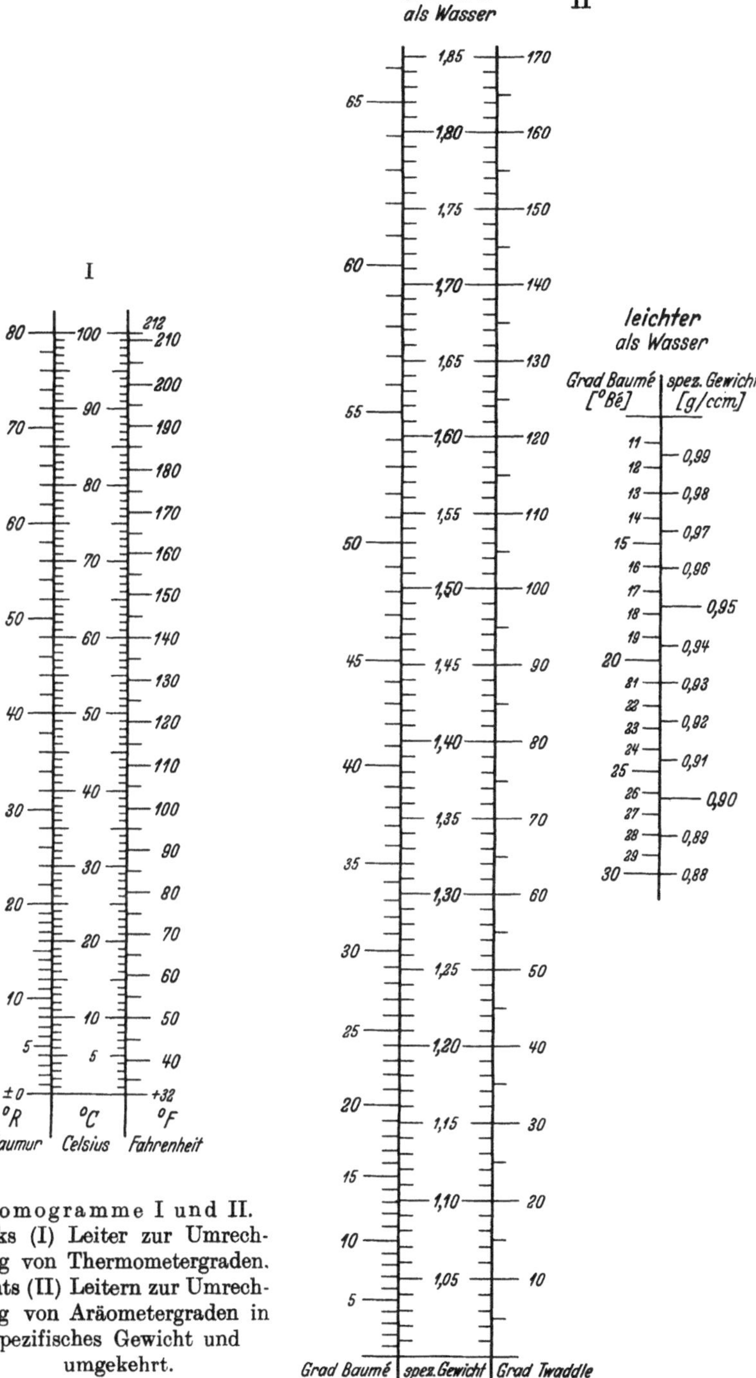

Nomogramme I und II. Links (I) Leiter zur Umrechnung von Thermometergraden. rechts (II) Leitern zur Umrechnung von Aräometergraden in spezifisches Gewicht und umgekehrt.

Tabelle 12. Mischungen für Temperaturerniedrigung bzw. -erhöhung[1].

1. Kältemischungen.

Mischung in Gewichtsteilen	Sinken der Temperatur von	bis
8 Glaubersalz + 5 konz. Salzsäure	+ 10°	− 17°
1 Kochsalz + 3 Schnee	0°	− 21°
3 krist. Chlorkalzium + 2 Schnee	0°	− 40°
2 Schnee + 1 Ammoniumnitrat	0°	− 17°
1 Ammoniumnitrat + 1 Wasser	+ 10°	− 15,5°
4 Schnee + 1 Chlorammonium	0°	− 15°
1 Kaliumsulfozyanat + 1 Wasser	+ 18°	− 21°
5 Salmiak + 5 Salpeter + 8 Glaubersalz + 16 Wasser	+ 10°	− 15,5°
3 Glaubersalz + 2 verd. Salpetersäure	+ 10°	− 10°
9 Natriumphosphat + 4 verd. Salpetersäure	+ 10°	− 9°
1 Salmiak + 1 Salpeter + 1 Wasser	+ 8°	− 24°
1 Schnee + 1 verd. Salpetersäure	− 7°	− 40°
1 Schnee + 1 verd. Schwefelsäure	− 7°	− 50°
3 Natriumnitrat + 4 Wasser	+ 13,2°	− 5,3°
Alkohol + Schnee gleicher Teile	+ 15°	− 15 bis − 20°
Feste Kohlensäure + Äther		− 100°

2. Wärmemischungen.

Mischung in Gewichtsteilen	Steigen der Temperatur von	bis
4 konz. Schwefelsäure + 1 Wasser	+ 15°	+ 120°
1 konz. Schwefelsäure + 1 Wasser	+ 15°	+ 95°
1 Ätzkalk + 1 Wasser	+ 15°	+ 300°
Natriumazetat } während des Kristallisierens steigt die Wärme um		43°
Bleiazetat }		26°

Tabelle 13. Tropfentabelle[2].

Das Tropfengewicht einer Flüssigkeit ist direkt von der Größe der Abtropffläche abhängig. Als internationale Norm für das Tropfengewicht gilt die 3 mm-Abtropffläche. Der Normal-Tropfenzähler soll 20 Tropfen destilliertes Wasser im Gewicht von 1 g bei 15° liefern.

Ausflußgeschwindigkeit und Temperatur können in praxi unberücksichtigt bleiben, nur soll man nicht zu schnell tröpfeln.

Das Tropfengewicht gemischter Flüssigkeiten liegt zwischen dem der Komponenten, setzt sich jedoch nicht immer additiv aus den Tropfengewichten der Bestandteile zusammen.

Alle wässerigen Lösungen von Salzen, Alkaloiden, Zucker, Gummi usw., selbst die konzentrierten, haben das Tropfengewicht des reinen Wassers. Alle Lösungen in Spiritus, auch Tinkturen, haben das Tropfengewicht des reinen Spiritus.

---

[1] Aus Hermann Serger: Vorschriften-Taschenbuch für Mischungen und Präparate. Leipzig: Curt Kabitzsch 1934.

[2] Aus Hermann Serger: Vorschriften-Taschenbuch. Leipzig: Curt Kabitzsch 1934.

	1 g enthält Tropfen	1 Tropfen wiegt in g		1 g enthält Tropfen	1 Tropfen wiegt in g
Wasser, dest.	20	0,050	Kalilauge, 15%ig . . .	18	0,055
Essig, 6%ig	24	0,042	Anisöl	40	0,025
Schwefelsäure, konz. . .	26	0,038	Nelkenöl, Zimtöl . . .	36	0,028
Salzsäure, 30%ig . . .	20	0,049	Kümmelöl	44	0,023
Äther	84	0,012	Olivenöl	42	0,024
Alkohol (abs. und 96%ig)	65	0,015	Terpentinöl	53	0,019
Benzin	71	0,014	Paraffin, flüssig	45	0,022
Chloroform	53	0,019	Phenolphthaleïnlösung .	55	0,018
Fehlingsche Lösung .	18	0,054	Spiritus, 96%ig	61	0,017
Glyzerin	26	0,039	Spiritus, 60%ig	55	0,018
Salmiakgeist, 10%ig . .	23	0,044			

Tabelle 14. Lösungen und Chemikalien zur Trennung von Mineralgemischen.

(Zu beziehen von E. Merck, Darmstadt, I. D. Riedel-E. de Haën AG., Berlin-Britz u. a.)

	Spezifisches Gewicht in g/cm³
Äthyljodid	1,94
Azetylentetrabromid (Muthmanns Flüssigkeit)	2,97—3,0
Bariumquecksilberjodidlösung (Rohrbachsche Lösung) . .	3,50
Bromoform	2,90
Kaliumquecksilberjodidlösung (Thoulets Lösung)	3,17
Kadmiumborowolframatlösung	3,28
Methylenjodid	3,33
Thalliumformiat und -malonat (Clericis Lösung)	4,20
Thalliumsilbernitrat, Schmelzpunkt 75°	4,50
Thalliumquecksilberoxydulnitrat, Schmelzpunkt 76°	5,30

Tabelle 15. Äquimolekulargewichte und Refraktionswerte einiger Normallösungen nach Wagner.

Substanz	Formel	Molekulargewicht	Die Normallösung enthält g Substanz im Liter	Refraktionswerte (Zeiß-Eintauchrefraktometer) für 2/1 Normallösungen	1/1	1/2	1/10
Salzsäure	HCl	36,46	36,46	58,05	36,65	25,90	17,25
Salpetersäure . .	HNO_3	63,05	63,05	55,05	35,20	25,25	17,05
Schwefelsäure . .	H_2SO_4	98,08	49,04	44,50	30,15	22,95	16,65
Essigsäure	$C_2H_4O_2$	60,04	60,04	37,70	26,50	20,80	16,15
Ammoniak . . .	NH_3	17,04	17,04	19,35	17,15	16,05	15,20
Kaliumhydroxyd .	KHO	56,16	56,16	68,55	43,25	29,50	17,95
Natriumhydroxyd	$NaHO$	40,06	40,06	68,55	43,05	29,45	18,00

Tabelle 16[1]. Wässerige Ammoniaklösungen (Lunge und Wiernik). Spezifisches Gewicht bei 15°, bezogen auf Wasser von 15° (d 15/15).

Spez. Gewicht d 15/15	NH_3 %	1 l enthält NH_3 bei 15° g	Spez. Gewicht d 15/15	NH_3 %	1 l enthält NH_3 bei 15° g
1,000	0,00	0,0	0,940	15,63	146,8
0,998	0,45	4,5	0,938	16,22	152,0
0,996	0,91	9,1	0,936	16,82	157,3
0,994	1,37	13,6	0,934	17,42	162,6
0,992	1,84	18,2	0,932	18,03	167,9
0,990	2,31	22,8	0,930	18,64	173,2
0,986	3,30	32,5	0,926	19,87	183,8
0,982	4,30	42,2	0,922	21,12	194,6
0,980	4,80	47,0	0,920	21,75	199,9
0,974	6,30	61,3	0,914	23,68	216,2
0,970	7,31	70,8	0,910	24,99	227,2
0,968	7,82	75,6	0,908	25,65	232,7
0,966	8,33	80,4	0,906	26,31	238,2
0,964	8,84	85,1	0,904	26,98	243,7
0,962	9,37	90,1	0,902	27,65	249,2
0,960	9,91	95,1	0,900	28,33	254,7
0,958	10,47	100,2	0,898	29,01	260,3
0,954	11,60	110,6	0,894	30,37	271,3
0,952	12,17	115,8	0,892	31,05	276,7
0,950	12,74	120,9	0,890	31,75	282,3
0,948	13,31	126,1	0,888	32,50	288,3
0,946	13,88	131,2	0,886	33,25	294,3
0,944	14,46	136,4	0,884	34,10	301,2
0,942	15,04	141,4	0,882	34,95	308,0

Tabelle 17. Natronlauge bei 15° (Lunge ber.).

Spez. Gewicht	Baumé	Twaddell	Na_2O %	NaOH %	Spez. Gewicht	Baumé	Twaddell	Na_2O %	NaOH %
1,007	1	1,4	0,46	0,59	1,142	18	28,4	9,84	12,69
1,014	2	2,8	0,93	1,20	1,152	19	30,4	10,46	13,50
1,022	3	4,4	1,43	1,85	1,162	20	32,4	11,12	14,35
1,029	4	5,8	1,94	2,50	1,171	21	34,2	11,74	15,15
1,036	5	7,2	2,44	3,15	1,180	22	36,0	12,40	16,00
1,045	6	9,0	2,94	3,79	1,190	23	38,0	13,11	16,91
1,052	7	10,4	3,49	4,50	1,200	24	40,0	13,80	17,81
1,060	8	12,0	4,03	5,20	1,210	25	42,0	14,50	18,71
1,067	9	13,4	4,54	5,86	1,220	26	44,0	15,23	19,65
1,075	10	15,0	5,10	6,58	1,231	27	46,2	15,97	20,60
1,083	11	16,6	5,66	7,30	1,241	28	48,2	16,70	21,55
1,091	12	18,2	6,25	8,07	1,252	29	50,4	17,43	22,50
1,100	13	20,0	6,81	8,78	1,263	30	52,6	18,21	23,50
1,108	14	21,6	7,36	9,50	1,274	31	54,8	18,97	24,48
1,116	15	23,2	7,98	10,30	1,285	32	57,0	19,77	25,50
1,125	16	25,0	8,57	11,06	1,297	33	59,4	20,60	26,58
1,134	17	26,8	9,22	11,90	1,308	34	61,6	21,43	27,65

[1] Tabellen 16 bis 20 aus „Chemiker-Kalender“ Berlin: Julius Springer 1932.

Tabelle 17. (Fortsetzung.)

Spez. Gewicht	Baumé	Twaddell	Na_2O %	NaOH %	Spez. Gewicht	Baumé	Twaddell	Na_2O %	NaOH %
1,320	35	64,0	22,35	28,83	1,424	43	84,8	30,27	39,06
1,332	36	66,4	23,25	30,00	1,438	44	87,6	31,37	40,47
1,345	37	69,0	24,18	31,20	1,453	45	90,6	32,57	42,02
1,357	38	71,4	25,19	32,50	1,468	46	93,6	33,77	43,58
1,370	39	74,0	26,14	33,73	1,483	47	96,6	35,00	45,16
1,383	40	76,6	27,13	35,00	1,498	48	99,6	36,22	46,73
1,397	41	79,4	28,18	36,36	1,514	49	102,8	37,52	48,41
1,410	42	82,0	29,18	37,65	1,530	50	106,0	38,83	50,10

Tabelle 18. Kalilauge bei 15^0 (Lunge ber.).

Spez. Gewicht	Baumé	Twaddell	100 Gewichtsteile enthalten		Spez. Gewicht	Baumé	Twaddell	100 Gewichtsteile enthalten	
			K_2O	KOH				K_2O	KOH
1,007	1	1,4	0,7	0,9	1,252	29	50,4	22,7	27,0
1,014	2	2,8	1,4	1,7	1,263	30	52,6	23,5	28,0
1,022	3	4,4	2,2	2,6	1,274	31	54,8	24,2	28,9
1,029	4	5,8	2,9	3,5	1,285	32	57,0	25,0	29,8
1,037	5	7,4	3,8	4,5	1,297	33	59,4	25,8	30,7
1,045	6	9,0	4,7	5,6	1,308	34	61,6	26,7	31,8
1,052	7	10,4	5,4	6,4	1,320	35	64,0	27,5	32,7
1,060	8	12,0	6,2	7,4	1,332	36	66,4	28,3	33,7
1,067	9	13,4	6,9	8,2	1,345	37	69,0	29,3	34,9
1,075	10	15,0	7,7	9,2	1,357	38	71,4	30,2	35,9
1,083	11	16,6	8,5	10,1	1,370	39	74,0	31,0	36,9
1,091	12	18,2	9,2	10,9	1,383	40	76,6	31,8	37,8
1,100	13	20,0	10,1	12,0	1,397	41	79,4	32,7	38,9
1,108	14	21,6	10,8	12,9	1,410	42	82,0	33,5	39,9
1,116	15	23,2	11,6	13,8	1,424	43	84,8	34,4	40,9
1,125	16	25,0	12,4	14,8	1,438	44	87,6	35,4	42,1
1,134	17	26,8	13,2	15,7	1,453	45	90,6	36,5	43,4
1,142	18	28,4	13,9	16,5	1,468	46	93,6	37,5	44,6
1,152	19	30,4	14,8	17,6	1,483	47	96,6	38,5	45,8
1,162	20	32,4	15,6	18,6	1,498	48	99,6	39,6	47,1
1,171	21	34,2	16,4	19,5	1,514	49	102,8	40,6	48,3
1,180	22	36,0	17,2	20,5	1,530	50	106,0	41,5	49,4
1,190	23	38,0	18,0	21,4	1,546	51	109,2	42,5	50,6
1,200	24	40,0	18,8	22,4	1,563	52	112,6	43,6	51,9
1,210	25	42,0	19,6	23,3	1,580	53	116,0	44,7	53,2
1,220	26	44,0	20,3	24,2	1,597	54	119,4	45,8	54,5
1,231	27	46,2	21,1	25,1	1,615	55	123,0	47,0	55,9
1,241	28	48,2	21,9	26,1	1,634	56	126,8	48,3	57,5

Tabelle 19. Dichten von Salzsäure verschiedener Konzentration (Lunge, Marchlewski).

Spezfisches Gewicht bei $\frac{15^0}{4^0}$ (luftl. Raum)	Grad Baumé	Grad Twaddell	100 Gewichtsteile entsprechen bei chemisch reiner Säure % HCl	Spezifisches Gewicht bei $\frac{15^0}{4^0}$ (luftl. Raum)	Grad Baumé	Grad Twaddell	100 Gewichtsteile entsprechen bei chemisch reiner Säure % HCl
1,000	0,0	0,0	0,16	1,115	14,9	23	22,86
1,005	0,7	1	1,15	1,120	15,4	24	23,82
1,010	1,4	2	2,14	1,125	16,0	25	24,78
1,015	2,1	3	3,12	1,130	16,5	26	25,75
1,020	2,7	4	4,13	1,135	17,1	27	26,70
1,025	3,4	5	5,15	1,140	17,7	28	27,66
1,030	4,1	6	6,15	1,1425	18,0		28,14
1,035	4,7	7	7,15	1,145	18,3	29	28,61
1,040	5,4	8	8,16	1,150	18,8	30	29,57
1,045	6,0	9	9,16	1,152	19,0		29,95
1,050	6,7	10	10,17	1,155	19,3	31	30,55
1,055	7,4	11	11,18	1,160	19,8	32	31,52
1,060	**8,0**	**12**	**12,19**	1,163	20,0		32,10
1,065	8,7	13	13,19	1,165	20,3	33	32,49
1,070	9,4	14	14,17	1,170	20;9	34	33,46
1,075	10,0	15	15,16	1,171	21,0		33,65
1,080	10,6	16	16,15	1,175	21,4	35	34,42
1,085	11,2	17	17,13	1,180	22,0	36	35,39
1,090	11,9	18	18,11	1,185	22,5	37	36,31
1,095	12,4	19	19,06	1,190	23,0	38	37,23
1,100	13,0	20	20,01	1,195	23,5	39	38,16
1,105	13,6	21	20,97	1,200	24,0	40	39,11
1,110	14,2	22	21,92				

Tabelle 20. Schwefelsäure (Lunge, Isler und Naef).

Spez. Gewicht bei $\frac{15^0}{4^0}$ (luftl. Raum)	Grad Baumé	Grad Twaddell	100 Gewichtsteile entsprechen bei chemisch reiner Säure % H_2SO_4	1 Liter enthält Kilogramm bei chemisch reiner Säure % H_2SO_4	Spez. Gewicht bei $\frac{15^0}{4^0}$ (luft. Raum)	Grad Baumé	Grad Twaddell	100 Gewichtsteile entsprechen bei chemisch reiner Säure % H_2SO_4	1 Liter enthält Kilogramm bei chemisch reiner Säure % H_2SO_4
1,000	0	0	0,09	0,001	1,085	11,2	17	12,30	0,133
1,005	0,7	1	0,95	0,009	1,090	11,9	18	12,99	0,142
1,010	1,4	2	1,57	0,016	1,095	12,4	19	13,67	0,150
1,015	2,1	3	2,30	0,023	1,100	13,0	20	14,35	0,158
1,020	2,7	4	3,03	0,031	1,105	13,6	21	15,03	0,166
1,025	3,4	5	3,76	0,039	**1,108**	**14,0**	**21,6**	**15,42**	**0,172**
1,030	4,1	6	4,49	0,046	1,110	14,2	22	15,71	0,175
1,035	4,7	7	5,23	0,054	1,115	14,9	23	16,36	0,183
1,040	5,4	8	5,96	0,062	1,120	15,4	24	17,01	0,191
1,045	6,0	9	6,67	0,071	1,125	16,0	25	17,66	0,199
1,050	6,7	10	7,37	0,077	1,130	16,5	26	18,31	0,207
1,055	7,4	11	8,07	0,085	1,135	17,1	27	18,96	0,215
1,060	8,0	12	8,77	0,093	1,140	17,7	28	19,61	0,223
1,065	8,7	13	9,47	0,102	1,145	18,3	29	20,26	0,231
1,070	9,4	14	10,19	0,109	1,150	18,8	30	20,91	0,239
1,075	10,0	15	10,90	0,117	1,155	19,3	31	21,55	0,248
1,080	10,6	16	11,60	0,125	1,160	19,8	32	22,19	0,257

Anmerkung: Die offizinellen Säuren sind fett gedruckt.

Tabelle 20. (Fortsetzung.)

Spez. Gewicht bei $\frac{15^0}{4^0}$ (luftl. Raum)	Grad Baumé	Grad Twaddell	100 Gewichtsteile entsprechen bei chemisch reiner Säure % H_2SO_4	1 Liter enthält Kilogramm bei chemisch reiner Säure % H_2SO_4	Spez. Gewicht bei $\frac{15^0}{4^0}$ (luftl. Raum)	Grad Baumé	Grad Twaddell	100 Gewichtsteile entsprechen bei chemisch reiner Säure % H_2SO_4	1 Liter enthält Kilogramm bei chemisch reiner Säure % H_2SO_4
1,165	20,3	33	22,83	0,266	1,420	42,7	84	52,15	0,740
1,170	20,9	34	23,47	0,275	1,425	43,1	85	52,63	0,750
1,175	21,4	35	24,12	0,283	1,430	43,4	86	53,11	0,759
1,180	22,0	36	24,76	0,292	1,435	43,8	87	53,59	0,769
1,185	22,5	37	25,40	0,301	1,440	44,1	88	54,07	0,779
1,190	23,0	38	26,04	0,310	1,445	44,4	89	54,55	0,789
1,195	23,5	39	26,68	0,319	1,450	44,8	90	55,03	0,798
1,200	24,0	40	27,32	0,328	1,455	45,1	91	55,50	0,808
1,205	24,5	41	27,95	0,337	1,460	45,4	92	55,97	0,817
1,210	25,0	42	28,58	0,346	1,465	45,8	93	56,43	0,827
1,215	25,5	43	29,21	0,355	1,470	46,1	94	56,90	0,837
1,220	26,0	44	29,84	0,364	1,475	46,4	95	57,37	0,846
1,225	26,4	45	30,48	0,373	1,480	46,8	96	57,83	0,856
1,230	26,9	46	31,11	0,382	1,485	47,1	97	58,28	0,865
1,235	27,4	47	31,70	0,391	1,490	47,4	98	58,74	0,876
1,240	27,9	48	32,28	0,400	1,495	47,8	99	59,22	0,885
1,245	28,4	49	32,86	0,409	1,500	48,1	100	59,70	0,896
1,250	28,8	50	33,43	0,418	1,505	48,4	101	60,18	0,906
1,255	29,3	51	34,00	0,426	1,510	48,7	102	60,65	0,916
1,260	29,7	52	34,57	0,435	1,515	49,0	103	61,12	0,926
1,265	30,2	53	35,14	0,444	1,520	49,4	104	61,59	0,936
1,270	30,6	54	35,71	0,454	1,525	49,7	105	62,06	0,946
1,275	31,1	55	36,29	0,462	1,530	50,0	106	62,53	0,957
1,280	31,5	56	36,87	0,472	1,535	50,3	107	63,00	0,967
1,285	32,0	57	37,45	0,481	1,540	50,6	108	63,43	0,977
1,290	32,4	58	38,03	0,490	1,545	50,9	109	63,85	0,987
1,295	32,8	59	38,61	0,500	1,550	51,2	110	64,26	0,996
1,300	33,3	60	39,19	0,510	1,555	51,5	111	64,67	1,006
1,305	33,7	61	39,77	0,519	1,560	51,8	112	65,20	1,017
1,310	34,2	62	40,35	0,529	1,565	52,1	113	65,65	1,027
1,315	34,6	63	40,93	0,538	1,570	52,4	114	66,09	1,038
1,320	35,0	64	41,50	0,548	1,575	52,7	115	66,53	1,048
1,325	35,4	65	42,08	0,557	1,580	53,0	116	66,95	1,058
1,330	35,8	66	42,66	0,567	1,585	53,3	117	67,40	1,068
1,335	36,2	67	43,20	0,577	1,590	53,6	118	67,83	1,078
1,340	36,6	68	43,74	0,586	1,595	53,9	119	68,26	1,089
1,345	37,0	69	44,28	0,596	1,600	54,1	120	68,70	1,099
1,350	37,4	70	44,82	0,605	1,605	54,4	121	69,13	1,110
1,355	37,8	71	45,35	0,614	1,610	54,7	122	69,56	1,120
1,360	38,2	72	45,88	0,624	1,615	55,0	123	70,00	1,131
1,365	38,6	73	46,41	0,633	1,620	55,2	124	70,42	1,141
1,370	39,0	74	46,94	0,643	1,625	55,5	125	70,85	1,151
1,375	39,4	75	47,47	0,653	1,630	55,8	126	71,27	1,162
1,380	39,8	76	48,00	0,662	1,635	56,0	127	71,70	1,172
1,385	40,1	77	48,53	0,672	1,640	56,3	128	72,12	1,182
1,390	40,5	78	49,06	0,682	1,645	56,6	129	72,55	1,193
1,395	40,8	79	49,59	0,692	1,650	56,9	130	72,96	1,204
1,400	41,2	80	50,11	0,702	1,655	57,1	131	73,40	1,215
1,405	41,6	81	50,63	0,711	1,660	57,4	132	73,81	1,225
1,410	42,0	82	51,15	0,721	1,665	57,7	133	74,24	1,230
1,415	42,3	83	51,66	0,730	1,670	57,9	134	74,66	1,246

Tabelle 20. (Fortsetzung.)

Spez. Gewicht bei $\frac{15^0}{4^0}$ (luftl. Raum)	Grad Baumé	Grad Twaddell	100 Gewichtsteile entsprechen bei chemisch reiner Säure % H_2SO_4	1 Liter enthält Kilogramm bei chemisch reiner Säure % H_2SO_4	Spez. Gewicht bei $\frac{15^0}{4^0}$ (luftl. Raum)	Grad Baumé	Grad Twaddell	100 Gewichtsteile entsprechen bei chemisch reiner Säure % H_2SO_4	1 Liter enthält Kilogramm bei chemisch reiner Säure % H_2SO_4
1,675	58,2	135	75,08	1,259	1,821	...	...	90,20	1,643
1,680	58,4	136	75,50	1,268	1,822	65,1	...	90,40	1,647
1,685	58,7	137	75,94	1,278	1,823	...	...	90,60	1,651
1,690	58,9	138	76,38	1,289	1,824	65,2	...	90,80	1,656
1,695	59,2	139	76,76	1,301	1,825	...	165	91,00	1,661
1,700	59,5	140	77,17	1,312	1,826	65,3	...	91,25	1,666
1,705	59,7	141	77,60	1,323	1,827	...	...	91,50	1,671
1,710	60,0	142	78,04	1,334	1,828	65,4	...	91,70	1,676
1,715	60,2	143	78,48	1,346	1,829	...	...	91,90	1,681
1,720	60,4	144	78,92	1,357	1,830	...	166	92,10	1,685
1,725	60,6	145	79,36	1,369	1,831	65,5	...	92,43	1,692
1,730	60,9	146	79,80	1,381	1,832	...	...	92,70	1,698
1,735	61,1	147	80,24	1,392	1,833	65,6	...	92,97	1,704
1,740	61,4	148	80,68	1,404	1,834	...	...	93,25	1,710
1,745	61,6	149	81,12	1,416	1,835	65,7	167	93,56	1,717
1,750	61,8	150	81,56	1,427	1,836	...	...	93,80	1,722
1,755	62,1	151	82,00	1,439	1,837	...	...	94,25	1,730
1,760	62,3	152	82,44	1,451	1,838	65,8	...	94,60	1,739
1,765	62,5	153	83,01	1,465	1,839	...	...	95,00	1,748
1,770	62,8	154	83,51	1,478	1,840	65,9	168	95,60	1,759
1,775	63,0	155	84,02	1,491	1,8405	...	...	95,95	1,765
1,780	63,2	156	84,50	1,504	1,8410	...	...	96,38	1,774
1,785	63,5	157	85,10	1,519	1,8415	...	...	97,35	1,792
1,790	63,7	158	85,70	1,534	1,8410	...	...	98,20	1,808
1,795	64,0	159	86,30	1,549	1,8405	...	...	98,52	1,814
1,800	64,2	160	86,92	1,564	1,8400	...	...	98,72	1,816
1,805	64,4	161	87,60	1,581	1,8395	...	...	98,77	1,817
1,810	64,6	162	88,30	1,598	1,8390	...	...	99,12	1,823
1,815	64,8	163	89,16	1,618	1,8385	...	...	99,31	1,826
1,820	65,0	164	90,05	1,639					

Tabelle 21. Spezifisches Gewicht und Prozentgehalt verdünnter Essigsäure[1]. (Bei 15⁰ C.) Nach A. C. Oudemans.

Spezifisches Gewicht	% $CH_3 \cdot COOH$	Spezifisches Gewicht	% $CH_3 \cdot COOH$	Spezifisches Gewicht	% $CH_3 \cdot COOH$	Spezifisches Gewicht	% $CH_3 \cdot COOH$
1,0007	1	1,0142	10	1,0270	19	1,0388	28
1,0022	2	1,0157	11	1,0284	20	1,0400	29
1,0037	3	1,0171	12	1,0298	21	1,0412	30
1,0052	4	1,0185	13	1,0311	22	1,0424	31
1,0067	5	1,0200	14	1,0324	23	1,0436	32
1,0083	6	1,0214	15	1,0337	24	1,0447	33
1,0098	7	1,0228	16	1,0350	25	1,0459	34
1,0113	8	1,0242	17	1,0363	26	1,0470	35
1,0127	9	1,0256	18	1,0375	27	1,0481	36

[1] Aus „Tabellen zum Gebrauch bei mikroskopischen Arbeiten" von Wilhelm Behrens, 4. Aufl. Leipzig 1908.

Tabelle 21. (Fortsetzung.)

Spezifisches Gewicht	% $CH_3 \cdot COOH$	Spezifisches Gewicht	% $CH_3 \cdot COOH$	Spezifisches Gewicht	% $CH_3 \cdot COOH$	Spezifisches Gewicht	% $CH_3 \cdot COOH$
1,0492	37	1,0638	53	1,0729	69	1,0739	85
1,0502	38	1,0646	54	1,0733	70	1,0736	86
1,0513	39	1,0653	55	1,0737	71	1,0731	87
1,0523	40	1,0660	56	1,0740	72	1,0726	88
1,0533	41	1,0666	57	1,0742	73	1,0720	89
1,0543	42	1,0673	58	1,0744	74	1,0713	90
1,0552	43	1,0679	59	1,0746	75	1,0705	91
1,0562	44	1,0685	60	1,0747	76	1,0696	92
1,0571	45	1,0691	61	1,0748	77	1,0686	93
1,0580	46	1,0697	62	1,0748	78	1,0674	94
1,0589	47	1,0702	63	1,0748	79	1,0660	95
1,0598	48	1,0707	64	1,0748	80	1,0644	96
1,0607	49	1,0712	65	1,0747	81	1,0625	97
1,0615	50	1,0717	66	1,0746	82	1,0604	98
1,0623	51	1,0721	67	1,0744	83	1,0580	99
1,0631	52	1,0725	68	1,0742	84	1,0553	100

Anmerkung: Den spezifischen Gewichten über 1,0553 entsprechen zwei Lösungen verschiedenen Inhaltes (43—78% und 100—78%). Um zu bestimmen, ob eine Lösung zur ersten oder zweiten Gruppe gehört, setzt man ein beliebiges Quantum destilliertes Wasser zu. Vergrößert sich dadurch das spezifische Gewicht, so war die Lösung stärker als 78%, im anderen Falle schwächer.

22. Tabelle zur Verdünnung des Alkohol mit Wasser[1]. (Bei 15° C.)

Der verdünnte Alkohol soll zeigen:		Der zu verdünnende Alkohol zeigt								
spez. Gewicht	Volum-%	0,833 90%	0,849 85%	0,863 80%	0,876 75%	0,889 70%	0,901 65%	0,913 60%	0,923 55%	0,933 50%
0,849	85	6,56	—	—	—	—	—	—	—	—
0,863	80	13,79	6,83	—	—	—	—	—	—	—
0,876	75	21,89	14,48	7,20	—	—	—	—	—	—
0,889	70	31,05	23,14	15,35	7,64	—	—	—	—	—
0,901	65	41,53	33,03	24,66	16,37	8,15	—	—	—	—
0,913	60	53,65	44,48	35,44	26,47	17,58	8,76	—	—	—
0,923	55	67,87	57,90	48,07	38,22	28,63	19,02	9,47	—	—
0,933	50	84,71	73,90	63,04	52,43	41,73	31,25	20,47	10,35	—
0,943	45	105,34	93,30	81,38	69,54	57,78	46,09	34,46	22,90	11,41
0,951	40	130,80	117,34	104,01	90,76	77,58	64,48	51,43	38,46	25,55
0,958	35	163,28	148,01	132,88	117,82	102,84	87,93	73,08	58,31	43,59
0,965	30	206,22	188,57	171,05	153,61	136,04	118,94	101,71	84,54	67,45
0,970	25	266,12	245,15	224,30	203,53	182,83	162,21	141,65	121,16	100,73
0,975	20	355,80	329,84	304,01	278,26	252,58	226,98	201,43	175,96	150,55
0,980	15	505,27	471,00	436,85	402,81	368,83	334,91	301,07	267,29	233,64
0,986	10	804,54	753,65	702,89	652,21	601,60	551,06	500,59	450,19	399,85

Diese Tabelle gibt an, wie viele Raumteile nötig sind, um 100 Raumteile Alkohol von bekanntem Gehalt auf ein gewünschtes spezifisches Gewicht oder Volumprozente (Grade nach Tralles) zu verdünnen.

[1] Aus „Tabellen zum Gebrauch bei mikroskopischen Arbeiten" von Wilhelm Behrens, 4. Aufl. Leipzig 1908.

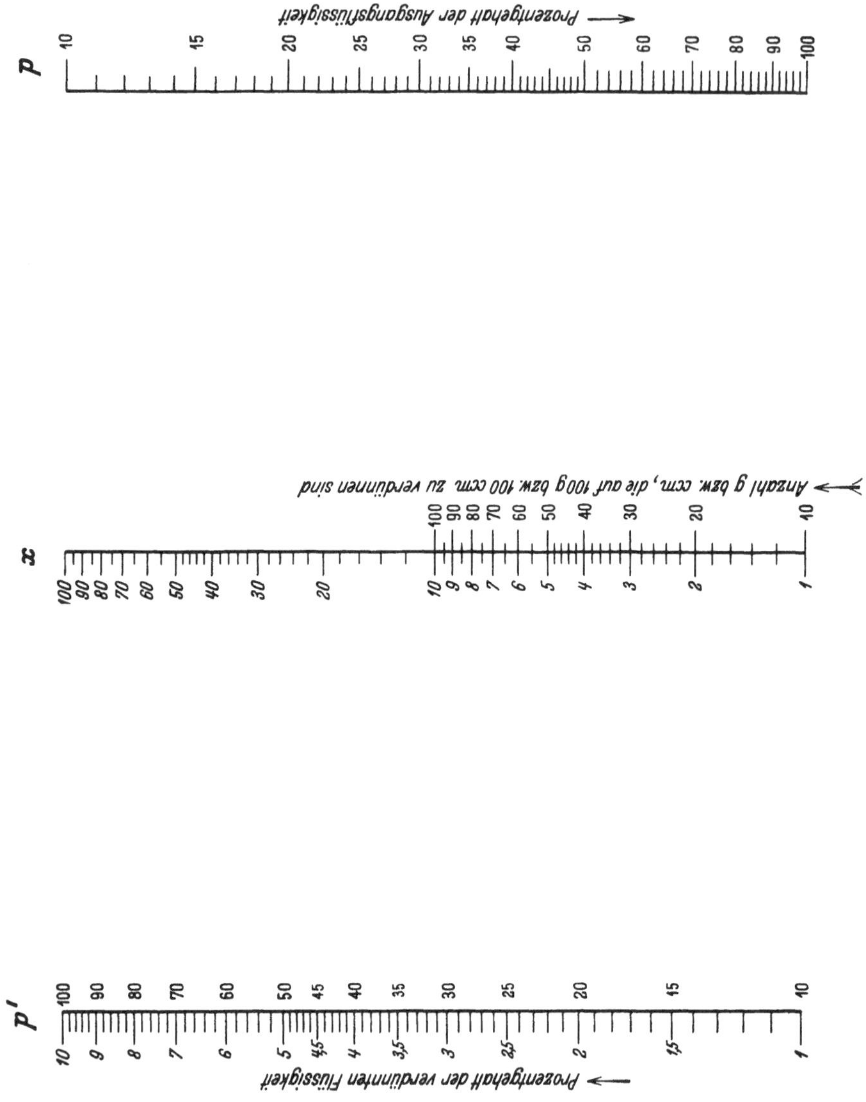

p — Prozentgehalt der Ausgangsflüssigkeit

x — Anzahl g bzw. ccm., die auf 100 g bzw. 100 ccm. zu verdünnen sind

p′ — Prozentgehalt der verdünnten Flüssigkeit

Nomogramm III. Zur graphischen Berechnung von Verdünnungsansätzen.

Tabelle 23. **Spektren der mit flüchtigen Salzen von Na, Li, K, Cs, Rb, Sr, Tl, Cu, Mg, Ca, Ba, Zn, Cd gefärbten Flammen sowie des Hg-Lichtbogens.** Wichtigste Linien der Bogenspektren (Bogen, Flamme) [in Å][1].

Metalle der ersten Gruppe:

Cu		Li		Na		K		Rb		Cs	
3247,6		2741,3		3092,9		3447,4	uv	4201,8		×4555,3	
3274,0	uv	3232,7	uv	3302,4	uv	×4044,2		4215,6	v	×4593,2	v
4022,7		4602,0		3533,1		4047,2	v	6206,5	or	×6212,9	or
4062,7	v	4603,2	b	5682,7		6911,3		×6298,5		6723,3	
5153,3		×6103,5		5688,2		6939		7408,4	r	6973,1	
5218,2	gr	×6707,9	r	D_2×5889,97	gb	×7664,9	r	7800,3		7609	r
5700,3		8126,4	ur	D_1×5895,93		7699,0				7544,0	
5782,1	gb			8194,9	ur					8521,1	ur

Metalle der zweiten und dritten Gruppe:

Mg		Ca		Sr		Ba		Zn		Cd	
3096,9		3644,4	uv	×4607,3	b	5535,5		3035,8		3261,1	
3332,2		4226,7	v	5156,1		5777,7	gb	3345,0	uv	3403,7	
3336,7	uv	4302,5		5256,9	gr	7905,8	r	4680,1		3466,2	uv
3832,3		4425,5		5480,8				4722,2	b	3610,5	
3838,3		4435,0		5504,2	gb			4810,5		4678,2	
5172,7		4454,8	b	7070,1	r			6362,4	or	4799,9	b
5183,6	gr	4585,9								5085,8	gr
5528,5	gb	4878,2								6438,5	r
		5141,7									
		5188,8									
		5270,3	gr								
		5349,5									
		5588,7									
		5594,5									
		5598,5	gb								
		5857,5									
		6122,2									
		6162,2									
		6439,1	or								
		6449,8									
		6471,7									
		6493,8	r								
		7148,2									

Tl	
2767,9	
2918,3	
3229,8	
3519,2	uv
3529,9	
3775,7	
×5350,5	gr
6549,9	r

Hg	
1849	
2534,8	
2536,5	
2652,1	
2967,3	uv
3125,6	
3131,8	
3650,2	
3663,3	
×4046,6	v
×4358,3	v—b
×5460,7	gr
×5769,6	
×5790,7	gb
6907,5	r

Die zur rohen Eichung besonders geeigneten Linien sind mit × bezeichnet.

Neben den Linien ist ihre „Farbe“ angegeben, und zwar bedeutet uv = ultraviolett,
v = violett,
b = blau,
gr = grün,
gb = gelb,
or = orange,
r = rot,
ur = ultrarot.

[1] Aus Chemiker-Kalender 1930. Berlin: Julius Springer.

Namenverzeichnis.

Kursiv-Zahlen verweisen auf die Seiten des Abbildungsatlas.

Adamkiewicz 53, 56, 76.
Albrecht, E. 16.
von Allwörden 81.
Ambronn 60, 82, 95.
Arledter 16.
Arnaud 67, 80.

Bartuneck, R. 80.
Becke, M. 117.
Beckh, A. 18, 78, 107, 114.
Behrens, H. 7, 24, 33, 51, 64, 79, 80, 83, 84, 95, 100, 101, 102, 110, 112, 114, 129.
Behrens-Kley 7, 19, 20, 21, 23, 24, 25, 26, 27, 29, 30, 32, 35, 36, 40, 42, 43, 44, 46, 60, 64, 77, 79, 88, 94, 95, 101, 103, 109, 113, 114, 116.
Berl-Lunge 4, 7.
Bevan, Croß und Briggs 54.
Blume, C. 84.
Böttger, W. 87.
Briggs, Croß und Bevan 54.
Bright, T. B. 78.
Brunck, O. 59, 85.
von Brunswik, H. 52, 85.
Burgess, L. L. und Kamm, O. 44, 103, 112.
Busch 67, 105.

Cazeneuve, P. 28, 85, 111.
Claviez *3*.
Croß, Bevan und Briggs 54.

Dalén 67.
Daube, F. W. 45, 97.
Delafield 89.
Denigès, G. 19, 101.
Desbassins de Richemond 66, 86.
Donau, J. 7.
Drechsel, W. 68.

Ebbinghaus 16.
Eegriwe, E. 23, 36, 61, 84, 93, 102, 108.
Emich, F. 7, 25, 29, 36, 64, 97, 112.

Fehling 53, 87, 112.
Feigl, F. 3, 7, 19, 21, 22, 26, 31, 32, 58, 77, 78, 79, 85, 104, 117.
— und Krumholz, P. 27, 45, 77, 79, 108.
— und Neuber, F. 36.
— und Stern, R. 27, 77.
Fischer, H. 23, 85.
Formánek 62, 78.
Franz, E. und Hardtmann, M. 84.

Galloway, L. D. 78.
Götze 112.
Goldschmidt 89.
Goppelsroeder, F. 27, 102.
Gorinscheck 16.
Gosio 33.
Gräfe 56, 57, 84, 89.
Griffin-Little 7.
Grunewald 16.
Gutzeit 33.

Hahn, F. L. 21, 81.
Hamburger-R. 16.
Hardtmann, M. und Franz, E. 84.
Havers *48*.
Hegler, R. 116.
Heidenhayn 86.
Heller, K. und Krumholz, P. 32, 106.
Herbig 81.
Herzberg, W. 7, 47, 82, 91, 94.
Herzog, A. 16, 43, 44, 46, 60, 68, 84, 88, 90, 93, 96, 97, 99, 102, 107, 109, 110, 111, 117; *108 f.*
Hirst, H. R. und King, A. T. 113.
Höhnel, F. von 81, 89, 96, 105, 106, 108, 112, 115.
Hoelkeskamp 89.
Hoyer 90.
Hüttig *107*.

Ihl, A. 115.
Isler 126.

Jäger, G. 21, 81.
Jenke 91.

Kamm, O. und Burgess, L. L. 44, 103, 112.
King, A. T. und Hirst, H. R. 113.
Klemm, P. 7, 16, 26, 82, 92, 100, 109, 112.
Knaggs 79, 95.
Knecht 79.
Knösel 26.
Kolthoff, J. M. 22, 40, 63, 113, 117.
Komarowsky, J. A. und Owetschkin, W. 117.
Korenmann, J. M. 33, 96.
Korn, R. 83.

Kränzlin 98.
Krahn, E. 92, 107.
Krais, P. 7.
— und Markert, H. 94.
— und Viertel, O. 92.
— und Waentig, P. 81.
Krasser 77.
Krenn 70.
Krönig 83.
Kronacher, C. und Lodemann, G. 102.
Krüger, D. und Tschirch, E. 33, 98, 114.
Krumholz, P. und Feigl, F. 27, 45, 77, 79, 108.
— und Heller, K. 31, 106.

Lange 82.
Levy 55.
Liebermann 87.
Liesegang, R. E. 59, 88; *84f.*
Lippmann 38.
Lodemann, G. und Kronacher, C. 102.
Löwe, F. 2.
Lofton und Merrit 87.
Lorrain-Smith, J. 105.
Lunge 124, 125, 126.
— und Wiernik 124.

Mäule, C. 115.
Mangin 109.
Marchlewski 126.
Markert, H. 74, 104.
— und Krais, P. 94.
Marschner, P. 111.
Marshall, H. 30, 78, 112.
Marx 16.
Massot, W. 15, 107.
Mattirolo, O. 115, 116.
Merrit und Lofton 87.
Meyer, A. 89.
Miller 80.
Millon 53, 102.
Molisch, H. 15, 50, 66, 85, 92, 102, 115, 116; *72.*
Müller, A. 96, 97.
—, H. 96.
— -Haußner 15.

Naef 126.
Naumann 81.
Nestler 50.
Neßler 104.
Neuber, F. und Feigl, F. 36.
Nickel, E. 115.
Niggl, M. 115.

Ohara, K. 86, 90, 105, 110.
Ott, E. 38.
Oudemans 128.
Owetschkin, W. und Komarowsky, J. A. 117.

Patschowsky 43, 45, 108.
Pauly, H. 84.
Pavelka, F. 25, 88, 95, 108.
Persoz 81.
Plaut, M. 115.
Pöschl, V. 57.
Possanner von Ehrenthal 15.
Prausnitz 5.
Preston, J. M. 110.
Pulfrich 75, 76.

Raschig, F. 91.
Raspail 46.
Reß, H. 52.
Retgers, J. M. 45, 80.
Rettberg und Zänker 62.
Rhodes 112.
Riegler, E. 42, 106.
Rinmann 6, 23, 95.
Ristenpart 101.
Rohrbach 78.
Rückert, H. 95.
Runge, F. 115.

Sakostschikoff, A. P. 97.
Schilde, E. 15, 17.
Schimper, A. F. W. 39.
Schlagdenhauffen, F. 22.
Schmidt, E. 54, 77.
Schoorl, N. 45.
Schultze 83, 101, 111.
Schulze 79.
Schwalbe 78, 82, 86.
— -Sieber 15.
Schweitzer 96.
Selleger 94.
Senft 39, 107.
Serger, H. 122.
Sieber 16, 80, 114.
Silbermann 96.
Singer 115.
Skark 67.
Späth 118; *109.*
Steidler, F. 97.
Stern, R. und Feigl, F. 27.
Storch-Liebermann 47.
Sturtevant, F. W. 108.
Sutermeister 92, 94.
Sutthoff, W. und Tillmanns, J. 85.

Tananaeff, N. A. 25, 31, 79, 93, 104, 117.
— und Tananaeff, Iw. 30, 112, 117.
Thénard 26.
Tillmanns, J. und Sutthoff, W. 85.
Truchot, von 96.
Tschirch, E. und Krüger, D. 33, 98, 114.
Tschugaeff, L. 59, 85.
Tunmann 15.

Valenta 48, 85, 86.
Vétillard 91, 103, 111.
Viertel, O. und Krais, P. 92.
Vincenz, J. 110.

Waentig, P. und Krais, P. 81.
Wagner 75, 123.
—, W. 108.
Wasicky 88.
Weisselberg, K. 22, 106.
Wiernik und Lunge 124.
Wiesner, J. von 15, 46, 83, 96, 115, 116.
Wisbar 82, 87.
Wittmack 38, 39.
Wittwer, O. 16.
Wolf, H. 21, 81.
Wurster, C. 115.

Zänker und Rettberg 62.
Zart, A. 89.

Sachverzeichnis.

C suche man auch unter K und Z.

Es bezeichnen die geradstehenden Zahlen die Seiten im Textteil, wobei die ausführlichen Besprechungen durch **fett** gesetzte Seitenzahlen hervorgehoben sind; *kursive* Zahlen verweisen auf die Seiten des Tafelanhanges. Ferner bedeutet: N Nachweis, R Reagenzansatz, T Tabelle.

Abfallbaumwolle *3*.
Abziehen der Farbstoffe **62**.
Achsenbild 41; *59*.
Adamkiewiczsches Reagenz 53, 56; R 76.
Adansonia digitata *5*.
Äquimolekulargewicht 123.
Äther **77**.
Agalit 28.
Agavefasern, Asche *6*.
Ahorngrün 34.
Akroleïnreaktion 51; s. a. *76f*.
Alaun 1, **44**.
Algarotpulver 35.
Alizarin R 77.
Alizarinpapier R 77.
Alkannin R 77.
Alkohol, Verdünnung T 129.
Alloxan R 77.
v. Allwördensche Reaktion R 81.
Aluminium N 2, 8, 27, **59**f.
Aluminiumsilikat 29, 35.
Aluminiumsulfat 26, 42, 44.
Ammoniak, Bildung 42, 53; N 42f.; R 77; wässerige Lösungen T 124.
Ammonium **13**f.
Ammoniumchlorid (Salmiak) 42; *61*.
Ammoniumfluorsilikat 77, 95.
Ammoniummagnesiumphosphat 21; *20f*., *49*.
Ammoniummerkurithiozyanat R 77.
Ammoniummolybdat R 77.
Ammoniumoleat 43; *62*, *75f*.
Ammoniumoxalat R 77.
Ammoniumpersulfat R 78.
Ammoniumphosphat 42.
Ammoniumphosphormolybdat 35; *48*.
Ammoniumpikrat 43; *62*.
Ammoniumplatinchlorid 42; *61*.
Ammoniumquecksilberrhodanid R 78.
Ammoniumsalze 42.
Ammoniumseifenhaut 43.
Amphibol 35.
Amylalkohol 78.
Angorakopal 48.
Anilinchlorid R 115.
Anilinschwarz R 78.
Anilinsulfat R 115.
Annaline **19**.
Anorganische Stoffe, Untersuchung 2.
Antimon N 8, **35**.
Antimongelb 35.
Antimonpräparate 35.
Antimonweiß 35.
Antimonzinnober 35.
Arabisches Gummi 55.
Aräometer 74.
Aristopapier *9*.
Arnaudongrün 34.
Arsen N 8, **33**.
Arsenwasserstoff 33.
Asbest, Fasern *52f*.
—, gereinigter 28, 78; *51*.
— Hornblende- und Serpentin- 36.
Asbestine 18, **28**.
Asche *4f*.
Aschengehalt, Filterpapiere 1.
—, Papiere 6.
Asphalt 57.
Aufhellen von Präparaten 72.
Aufschließung, ungleichmäßige *102f*.
Aufstrichmassen, farbige 28f.
—, weiße 15f.
Auramin R 78.
Ausklauben der Pigmente 5.
Azeton 78.
Azetylchlorid 78.
Azetylenruß 34.
Azetylzellulose 56.

Bactris setosa *7*.
Bakterienharpune 5.
Bakterienschaden *100*.

Barium N 6, 8.
Bariumfluorsilikat 19; *12.*
Bariumkarbonat 21, 23, 24.
Bariumquecksilberjodidlösung 78.
Bariumsulfat 18, 19, 25; *9.*
Bartfasern *101.*
Barytwasser R 78.
Barytweiß 18.
Baumwollblattstück *101.*
Baumwollblau R 78.
Baumwollbraun R 79.
Baumwollfasern, rösch gemahlen *3.*
—, stockig *99f.*
Beinschwarz 35.
Beizen 61.
Benzidin R 79.
Benzidinchromat 29; *39f.*
Benzidinsulfat 19; *12f.*
Benzoazurin R 79.
Benzobraun 79.
Benzoinoxym R 79.
Benzopurpurin R 79f.
Benzoreinblau R 80.
Berberinazetat 80.
Berberinnitrat 67; *96f.*
Berlinerblau 29, 34, **64**, 65; *41f.*
Berlinerweiß 24.
Bernstein 48.
Bernsteindecklack 80.
Bienenwachs 49.
Bismarkbraun R 80.
Biuretreaktion 53, 56.
Blanc fixe 18.
Bläuungsmittel 61, 63f.
Blau, Berliner- 29, 35.
—, Thénards 26.
Blaue Pigmentfarben 35, **63**f.
Blei N 9, 24f., 25, **59**.
—, metallisches 25.
Bleiazetat 80.
Bleibaum 25; *28.*
Bleichlorid 28; *27f.*
Bleichromat 25, 28.
Bleiglätte 55.
Bleijodid 25; *29.*
Bleipapier R 80.
Bleisalze 6.
Bleisulfat **28**.
Bleisulfid 26, 53, 59.
Bleiweiß 17, **24**.
Blutlaugensalze R 93.
Bolus, roter 31.
—, weißer 26.
Bor N 9.
Borax 1, **45**, 80.
Borfluorwasserstoffsäure 84.
Borsäure N 45f.; *66f.*
Braunkohlenteerpech 56.
Braunstein 55.
Brechweinstein 35.
Brenzkatechin R 116.
Brillantkongoblau R 79.
Brillantpurpurin R 80.
Brillantweiß 19.
Bromwasser R 81.
Bronzefarben 57.
Bronzeflecke 70; *107.*
Bronzierungen 7, 57f.

Caput mortuum 31.
China clay 26; *9.*
Chinalizarin R 81.
Chinesisches Wachs 49, 51.
Chlor N 9.
Chloralhydrat R 81.
Chloramin 54.
Chlorammonium (Salmiak) 42.
Chlorentwicklung 30.
Chlorkalzium 42.
Chlormagnesium R 91.
Chlornatrium 40; *57.*
Chlorsilber 43, 58; *63.*
Chlorwasser R 81.
Chlorzink R 81.
Chlorzinkjodlösung R 81f.
Chlorzinnjodlösung R 82.
Cholesterin 49, 56; N 51; R 82; *78f.*
Chrom N **9**, 28.
Chromduplexkarton *9.*
Chromgelb 25, 34; N 28.
Chromgrün 34.
Chromoxydgrün 34.
Chromsäure R 83.
Chrysophenin R 83.
Claviezsches Textilosegarn *3.*
Cochenilletinktur R 83.
Courbarilkopal 48.
Croceïnscharlach R 102.

Dachpappen-Imprägnierungsstoffe 56f.
Dammar 48.
Deckglaskitt 83.
Dextrin 52.
Dextrose 39.
Diäthylanilin R 84.
Diäthylarsin 33.

Diaminreinblau 84.
Dianilblau 84.
Diatomazeenerde 42; s. a. *60*.
Diazobenzolchlorid R 84.
Diazobenzolsulfosäure R 84.
Diazobraun R 84.
Dichlorhydrin 48, 85.
Dichte, Bestimmung 73.
Digitonin R 85.
Digitonin-Cholesterin 52; *77*.
Dimethylamidoazobenzol R 115.
Dimethylglyoxim 85.
Dimethyl-p-Phenylendiaminchlorhydrat R 115.
Diphenylamin R 85.
Diphenylanilohydrotriazol 66; *94f*.
Diphenylkarbazid R 85.
Dithizon R 85.
Dolomit 18, **22**.
Druckerschwärze als Fehler 70; *105*.

Eau de Javelle R 85.
Eau de Labarraque R 85.
Echtweiß 18.
Eintauchrefraktometer 75, 76.
Eisen N 6, 9.
Eisenchlorid 30; R 86; *43*.
Eisenfärbung R 86.
Eisenhämatoxylin R 86.
Eisenrhodamid 29; *42*.
Eisenrot 31.
Eisensulfat R 86.
Eisenvitriol 86.
Eisessig 86.
Eiweiß, Pflanzen- 53.
—, tierisches **54**.
Elastikum-Reaktion R 81.
Elemi 48.
Elfenbeinschwarz 35.
Engelrot 31.
Englischrot 31.
Eosin R 89.
Epichlorhydrin 48, 86.
Erdölpeche 57.
Essigsäure, Geruch 33; T 128.

Farben 61f.
Farblacke 62.
Farbstoffe **61f.**
—, Abziehen 62.
—, organische 65.
Fasertonerde 60; *86f*.
Faserverteilung, ungleichmäßige 69; *102f*.
Federweiß 27.
Fehler in Papieren 67f.
Fehlingsche Lösung 53; R 87.
Ferrichlorid 30; R 86; *43*.
Ferroferrizyanür 65.
Ferrosulfat 86.
Ferrozyankupfer 32.
Fettaugen 49.
Fette 49f.
Fettfleck 47, 54.
Fettpeche 56.
Fettschicht 50.
Feuersichere Imprägnierungsstoffe 36f.
Feuersicherheit 1.
Filterpapier *3f.*, *8*.
Filtrationsgefäße *108f*.
Firnisse 55.
Fixanalsubstanzen 76.
Flachsstengel, Holzkörper 69; *104*.
Flammenfärbung 2, 19, 20, 21, 32, 44, 46.
Flammensichere Imprägnierungsstoffe 36f.
Flammensicherheit 1.
Flammruß 34.
Fleckenbildungen 67f.
Fluorwasserstoffsäure 87.
Flußsäure 87.
Frankfurterschwarz 34.
Fuchsin R 87.
Fuchsinschweflige Säure R 111.
Füllstoffe, farbige 28f.
—, weiße 15f., **18f.**
Füllstoffverteilung 15, 16.
Funkenspektrum 2; *4*.

Gabbro *31*.
Gallozyanin R 88.
Gasruß 34.
Gebrannter Ocker 31.
Geklebter Karton *8*.
Gelatine R 88.
Gelb, Antimon- 35.
—, Chrom- 28.
—, Kölner 28.
—, Leipziger 28.
—, Neapel- 35.
—, Samt- 29.
—, Zink- 29.
—, Zitronen- 29.
—, Zwickauer 28.
Gentianaviolett R 88.

Geruch, Essigsäure- **33**.
—. Knoblauchartiger **33**.
Getreidemehl **38**.
Gewichtsprozente **74**.
Gips (Kalziumsulfat) **31**, **34**; N 17, **19**; *14f*.
Gipskristalle **6**, **20**, **21**, **22**, **35**; *8*.
Gitterspektroskop **62**.
Glaspulver **42**; N **41**.
Glimmer *30*.
Glukose **39**.
Glykose **39**.
Glyzerin R 88; *76*.
Glyzeringelatine R 88.
Glyzeringummi R **89**.
Glyzerinschwefelsäure R 111.
Gold N **10**, **60**.
—. metallisches 60; *87*.
Goldchlorid R 88.
Goldrhodanid 60; *88*.
Goldschmidtsche Lösung 89.
Gräfesche Reaktion 56, 57; R 84.
Granit *30*.
Graphit 34.
Grau 35.
Grün, Ahorn- **34**.
—. Arnaudon- **34**.
—. Chrom- **34**.
—. Chromoxyd- **34**.
—. Guignet- **34**.
—. Laub- **34**.
—. Mai- **34**.
—. Mathieu Plessy- **34**.
—. Mitis- **33**.
—. Moos- **34**.
—. Pannetier- **34**.
—. Reseda- **34**.
—. Rinmannsches **6**, **23**.
—. Schweinfurter **33**.
—. Smaragd- **34**.
—. Wiener **33**.
—. Würzburger **33**.
Grünspan **32**.
Guignetgrün **34**.
Gummi, arabisches **56**.
Gummilösung R 89.

Hämatoxylin R 89.
Handzentrifuge *109*.
Hanfstengel, Holzkörper *102*.
Hartparaffin 49.
Harze 1, **46f.**, **48**.
Harzemulsion 47; *68*.
Harzkruste 47.
Harzkügelchen 47.
Harzleimung 46.
Harzrand 47; *69*.
Harzrückstand *68*.
Hautbildung *83*.
Haversscher Kanal *48*.
Hoelkeskampsches Reagenz R 89.
Holländisch-Weiß 24.
Holzabfälle 69.
Holzkörper, Flachsstengel *102*.
—, Hanfstengel *102*.
Holzkohle 90.
Holzmehl 61.
Holzschliff *102*.
Holzschliffsplitter 69; *102*.
Holzteer 57.
Holzteerpech 57.
Holzzellstoff, schmierig gemahlen *82*.
Hornblendeasbest 36.
Hoyersche Flüssigkeit R 90.
Hydrazinhydrat R 90.
Hydrosulfit 62.
Hydroxylamin 90.

Imprägnierungen, feuer- bzw. flammensichere 36f.
—. für Dachpappen 57.
Indigblau *93*.
Indigkarmin R 90.
Indigo 64, 65.
Indigosublimat 64; *93f*.
Indigotin 65.
Indigrubin *93*.
Indikatoren 90.
Indol R 115.
Infusorienerde 42; s. a. *60*.
Isatin 64.

Jodazid R 91.
Jod-Jodkaliumlösung R 91f.
Jodkalistärkelösung R 92.
Jodlösung R 92.

Kadmiumnitrat R 117.
Kältemischungen T 122.
Kalilauge R 92; T 125.
Kalilauge-Ammoniak R 92.
Kalisalpeter 67.
Kalium N 10, 45.
Kaliumbichromat R 92.

Kaliumbisulfat 93.
Kaliumbitartarat 45; *64f.*
Kaliumferrizyanid R 93.
Kaliumferrozyanid R 93.
Kaliumhydrat R 92.
Kaliumjodid R 93.
Kaliumkupferbleinitrit 44; *30*, *45*.
Kaliumnatriumkobaltnitrit 44.
Kaliumnickelsulfat 45; *66*.
Kaliumnitrat *97*.
Kaliumoleat *75*.
Kaliumpermanganat R 115.
Kaliumpikrat 45; *65*.
Kaliumplatinchlorid 44; *64*.
Kaliumpyroantimoniat R 94.
Kaliumrhodanid R 94.
Kaliumsulfat 45; *65f.*
Kaliumwismutsulfat 44; *64*.
Kalkseife 50; *71f.*
Kalkspalt, Achsenbild *59*.
Kalkstein 20.
Kalkwäsche *19*.
Kalzium N 6, 11.
Kalziumazetat R 94.
Kalziumchlorid-Jodlösung R 94.
Kalziumfluorid 94.
Kalziumkarbonat 20; *5f.*
Kalziumnatriumkarbonat *18f.*
Kalziumnitrat R 94.
Kalziumoxalat 20, 22; *5*.
Kalziumrhodanid R 94.
Kalziumsulfat (Gips) 31, 34; N 17, **19**; *14f.*
Kalziumtartarat 20, 21; *17f.*
Kanadabalsam 61, 95.
Kaolin 2, 6, 18, **26**; *30f.*
Kapillaren, koloriskopische 62.
Karbazol R 115.
Karbolsäure 88.
Karminsäurepapier R 95.
Karnaubawachs 49.
Kartoffelstärke 37; *53f.*, *82*.
Karton *8*.
Kasein 55; *9*.
Kaurikopal 48.
Kautschuk N 52.
Kienruß 34.
Kieselalgen 42; *60*.
Kieselfluorammonium 77, 95.
Kieselfluorwasserstoffsäure 95.
Kieselgur 42; *60*.
Kieselkörper *6f.*
Kieselsäure, gallertige 30.
—, gefällte *34*.
Kieselsäurereaktion 27.
Kieselskelett 26; *31*.
Klebstoffe 57f.
Kleienanteile 37; *55*.
Knoblauchartiger Geruch 33.
Knochenasche 35.
Knochenkohle 35.
Knochenquerschnitt *47f.*
Knochenschwarz 35.
Kobalt, N 11, 63.
Kobaltaluminat 65.
Kobaltblau 64, 65.
Kobaltkaliglas 65.
Kobaltlaktat 64; *92*.
Kobaltnitrat R 95.
Kobaltomerkurithiozyanat 64, 65; *91f.*
Kobaltsilikat 65.
Kochsalz 40; *57*.
Kölnergelb 28.
Königswasser R 95.
Kohlendioxydentwicklung 6, 21, 22, 23; *19*.
Kohlenstoff N 11, **35**.
Kolkothar 31.
Kollodium R 95.
Kongorot R 95.
Konzentration von Lösungen 74.
—, des Probetropfens 4.
Korenmannsches Reagens **33**, R 96.
Krapptinktur R 96.
Kreide 17, **20**, 31.
Kremnitzerweiß 24.
Kremserweiß 24.
Kristalldrusen *5*.
Kristallfällungen 4, 6.
Krönigscher Deckglaskitt 83.
Kuoxam siehe Kupferoxydammoniak.
Kupfer N 11, **32f.**, 58, 59.
—, metallisches 32; *44f.*
Kupferazetat 96.
Kupferglyzerin R 96.
Kupferoxydammoniak R 96.
—, Gefäß zur Bereitung *108*.
Kupferoxydammoniak-Zellulose, regenerierte 56.
Kupferoxydul 39.
Kupfersulfat R 97.
Kupfervitriol R 97.
Kuprimerkurithiozyanat 32; *45*.
Kurkumafaden R 97.
Kurkumapapier R 97.
Kurkumin 97.

Lackfarben 61, 62.
Lackmuspapiere 97.
Längsschnitt durch Papier 7, 16; *10.*
Laktophenol 78.
Lampenruß 34.
Lanthannitrat R 98.
Laubgrün 34.
Leim, tierischer 54; R 98.
Leimung 1, 5.
Leinölfirnis 55.
Leipzigergelb 28.
Lenzin 19.
Letzte Linien der Elemente 2.
Lichtdurchlässigkeit 1.
Lichtfilter R 98f.
Liesegangsche Ringe 59, 88; *84f.*
Liquido „Z" 100.
Lithopone 17, 18, **25.**
Lötrohrreaktionen 21, 23.

Mäulesches Reagens R 115.
Magnesia, gebrannte 22.
— usta 18, **22.**
Magnesit 18, **21.**
Magnesium N 11f.
Magnesiumammoniumphosphat 21; *20f.*, *49.*
Magnesiumkarbonat 21.
Magnesiumsilikat **28, 36.**
Mahlungsgrad 52; *79f.*
Maigrün 34.
Maisstärke 37; *54.*
Malachitgrün R 100.
Mangan N 12.
Manganatbildung 30.
Manganborat 55.
Manganoxalat 30; *44.*
Manganperoxyd 30.
Manilahanf, Asche *4*, *6.*
Manilakopal 48.
Marseiller Seife R 101.
Maschinenrichtung des Papiers 17; *11.*
Maskenlack 101.
Mastix 48.
Mathieu Plessy-Grün 34.
Mazerationsmittel 71, 101.
Mazeriergefäß *108.*
Mehlkleister 53.
Melierte Papiere 17.
Melissylalkohol 49, 51.
Merkuriazetat R 101.
Merkurichlorid (Sublimat) 31, R 101.
Merkurinitrat R 101.
Merkurisulfat, basisch 19.
Messing 57.
Metadiamidobenzol R 115.
Metallfolien 57f.; *9.*
metallische Überzüge 7, 57f.; *9.*
Metallpulver 57f.
Methylalkohol 101.
Methylenblau R 101.
Methylgrün 110.
Methylsulfat 102.
Mikrofiltereinrichtung *107.*
Mikrospektralaufnahme *90.*
Milchsäure R 102.
Millons Reagens 53; R 102.
Mineralgrau 35.
Mineralstoffe 1; *10f.*
Mitisgrün 33.
Mohnölfirnis 55.
Molischs Reagens R 102.
Moosgrün 34.
Morin R 102.
Myelinformen 50; *75f.*
Myzelfäden 68.

Nachweis anorganischer Stoffe 2.
— organischer Stoffe 3.
Naphthol, α- R 102.
—, β- R 102.
Naphtholgelb R 102.
Naphthylaminchlorhydrat R 103.
Naphthylaminschwarz R 103.
Natrium N 2, 12, 40.
Natriumammoniumphosphat 103.
Natriumazetat R 103.
Natriumchlorid 40; *57.*
Natriumfluorsilikat 26, 40; *32f.*, *59.*
Natriumhypochlorid R 85.
Natriumjodid 103.
Natriumkaliumkarbonat R 103.
Natriumkalziumkarbonat 20; *18f.*
Natriumkarbonat (Soda) R 103.
Natriumkarbonat-Salpeter 103.
Natriumkobaltnitrit R 103.
Natriumnitrit R 103.
Natriumoleat *74.*
Natriumplumbat R 103.
Natriumpyroantimoniat 36, 40; *50*, *58.*
Natriumrhodizonat R 104.
Natriumsuperoxyd R 104.
Natriumthiosulfat R 104.
Natriumuranylazetat 33, 40; *45f.*, *57f.*
Natriumzinkkarbonat 23; *24.*
Natriumzinkuranylazetat 40; *58.*

Natronlauge R 104; T 124.
Naturchromokarton *8*.
Naturselbstdrucke *106f*.
Neapelgelb 35.
Nelkenöl 104.
Nematolith 28.
Neokarmin W 104.
Neßlers Reagens R 104.
Nickel N 12, 59.
Nickeldimethylglyoxim 59; *85f*.
Nickeloxydammoniak R 105.
Nickelsulfat 105.
Nilblau R 105.
Nitrate 66f.
Nitratzellulose 56.
Nitriersäure R 105.
Nitron 66, 105; *94f*.
Nitroprussidnatrium 105.
Nitroprussidzink 23; *33*.
Normallösungen 76.

Oberseite des Papiers 17.
Obsidian *59*.
Ocker **29**, 30, 31.
—, gebrannter 31.
Ölige Schicht 49.
Ölsäure 105.
Öltropfen *70*.
Olivenöl, Verseifung *73f*.
Organische Fettstoffe 65.
Organische Stoffe 3.
— — zum Leimen, Wasserdicht- und Durchscheinendmachen 46f.
Orthoklas *30*.
Orzin R 105.
Osazonbildung 39; *56f*.
Oxaminblau R 105.
Oxydiaminschwarz R 105.

Pannetiergrün 34.
Papierasche **3**, 22, 26, 28.
Papierjod R 105.
Papierquerschnitte 16; *8f*.
Papierschwefelsäure R 106.
Paradimethylaminobenzylidenrhodanin 106.
Paraffin 49, **51**, 106.
Paranitrobenzol-α-Naphthol R 106.
Paranitrodiazobenzol R 106.
Paranitrophenylhydrazin R 107.
Paraphenylendiamin R 103.
Pariserschwarz 35.
Patentblau R 107.
Paulysche Reaktion R 84.
Pelikantinte 4001 R 89.
Penicillium brevicaule 33.
Pergamentierung 52.
Perlmutterglanz 25.
Permanentweiß 18.
Permanganatbildung 30.
Petroläther 107.
Petroleum 107.
Pflanzeneiweiß 53.
Phenol R 115.
Phenylhydrazin R 107.
Phlorogluzin R 116.
Phosphor N 12.
Phosphorsalz 103.
Phosphorsalzperle 26.
Phosphorsaure Salze 1.
Phosphorwolframsäure R 107.
Phytosterin 52; *78f*.
Pigmente 5, 61, **63**.
Pigmentfarben, blaue 35, **63**f.
Pikrinsäure R 108.
Pikrokarmin R 108.
Pilzfäden (Sporen) 68; *98f*.
Plagioklas *31*.
Platinchlorid R 108.
Porzellanerde 26, 42.
Purpurin R 108.
Pyknometer 74.
Pyridin R 108.

Quarz *30*, *52f*.
—, Achsenbild *59*.
Quarzpulver 40.
Quecksilber N 13, 31.
—, metallisches 31, 54; *44*.
Quecksilberchlorid (Sublimat) 31; R 101.
Quecksilbersulfid (Zinnober) 31.
Quellschwefelsäure R 108.
Quellungserscheinungen 72.
Querschnitte durch Papier 16; *8f*.

Raspailsche Reaktion 46.
Raumprozente 75.
Reagenzfläschchen *108*.
Reagenzien 71f.
Reagenzienverzeichnis 76f.
Reb(en)schwarz 34.
Refraktionswert 75; T 123.
Reinheit der Fasern 5.
Reisstärke 37; *53*.

Resedagrün 34.
Resorzin R 116.
Rhodamin R 108.
Rhodangold 60; *88*.
Rieglersches Reagens 42; R 106.
Rinmannsches Grün 6, 23.
Rötel 31.
Roggenmehl 39.
Rohrbachsche Lösung 78.
Rosanilin R 109.
Rosanilinsulfat R 109.
Rosolsäure R 109.
Rot, Eisen- 31.
—, Engel- 31.
—, Englisch- 31.
—, Venetianer- 31.
—, Zinnober- 31, 35.
Roter Bolus 31.
Rubidiumchlorid 109.
Rubidiumchlorostannat 60; *89*.
Rutheniumrot R 109.
Rutil 35.

Säurefuchsin R 110.
Säuregrün R 110.
Safranin R 110.
Salizylsäuremethylester 5, 16, 61, 110.
Salmiak (Ammoniumchlorid) 42.
Salmiakkruste 42; *61*.
Salpetersäure R 110.
Salzsäure N 43; R 111; T 126.
Samtgelb 29.
Sandarak 48.
Sandstein *58*.
Sargdeckelformen 21; *21*.
Satinage 1; *8f*.
Satinite 19.
Scheben 69; *103f*.
Schellack 48.
Schiefer 34.
Schiefergrau 35.
Schieferweiß 24.
Schiffsches Reagens R 111.
Schimmelpilze *100*.
Schuhlack 111.
Schultzesches Mazerationsgemisch R 111.
Schwalbenschwanzzwillinge 20; *16*.
Schwarz 34f.
Schwefel N 13.
Schwefelblei 26, 53, 59.
Schwefeleisen 111.
Schwefelsäure N 19; R 111f; T 127f.
Schwefelsilber 19.
Schwefelwasserstoffentwicklung 25, 64, 65.
Schwefelzink 25, 29.
Schweitzers Reagens R 96.
Schwerspat **18**, 34.
Sedimentiergefäß *109*.
Seesand *59*.
Seifen 50.
Seignettesalz 112.
Serpentinasbest 36.
Siebformen *108*.
Siebseite des Papiers 17.
Siena 30.
Silber N 13, 28, 58f.; *83f*.
—, metallisches 58; *84*.
Silberaminsalz R 112.
Silberazetat 33; *46f*.
Silberbichromat 29, 58; *37f*., *84f*.
Silberblech 112.
Silbergrau 35.
Silbernitrat R 112.
Silberweiß 24.
Silizium N 2, 13.
Sirusblau R 90.
Sisalhanf, Asche 4.
Skatol R 116.
Sklerenchymfaserbündel *7*.
Sklerenchymflecken 70; *106*.
Sklerenchymzellen 70; *106*.
Smalte **63**f., 65; *91*.
Smaragdgrün 34.
Soda (Natriumkarbonat) R 103.
Speckstein 27.
Spektralanalyse 2.
Spektralokular 62.
Spektren T 131; *4*.
Spektroskop 62.
Spodium 35.
Stärke **37**, 61.
Stärkearten 37.
Stärkekleister 52; *82*.
Stärkekörner 37.
Stärkelösung R 112.
Stearin 49, 112.
Stearinsäure 51.
Stegmata *6*.
Steingrau 35.
Steingut, gemahlen 42.
Steinkohlenteer 57.
Steinkohlenteerpech 56.
Stickstoff N 13f.
—, Entwicklung von 19, 26, 31.
Stockflecke 68; *99f*.

Stoffverteilung, ungleichmäßige *105*, *107*.
Sublimat (Quecksilberchlorid) 31; R 101.
Sudan III-Glyzerin R 112.
Sulfidfaden R 113.
Sulfidreaktion 31.

Talk(um) 18, **27**, 28.
Talkzusatz 6.
Tannin R 113.
Teere 56f.
Teerpeche 56f.
Terephthalsäure R 113.
Tetrachlorkohlenstoff 113.
Tetraoxyanthrachinon R 81.
Textilosegarn (Claviez) *3*.
Thallinsulfat R 116.
Thalliumnitrat 113.
Thallochlorid 43; *63*.
Thallochloroaureat 60; *88*.
Thénards Blau 26.
Thymol 102; R 116.
Tierischer Leim 54.
Tintenstrichprobe bei Harzen 47.
— bei Leimen 54.
Titangelb R 113.
Toluylendiamin R 116.
Toluylenorange R 80.
Ton, weißer 18, **26**, 30, 34.
Toneisenstein *49*.
Tonerde 65.
Tongeruch 26.
Tonschiefer 35.
Traubenzucker 39; *56f*.
Trennung von Mineralgemischen T 123.
Tropfentabelle 76; T 122.
Tuchorange R 81.

Ultramarin 64, 65; *93*.
Umbra 30.
Ungleichmäßige Aufschließung *102f*.
— Faserverteilung 69; *102f*.
— Stoffverteilung *105*, *107*.
Uranylazetat R 114.
Uranylformiat R 114.
Uranylnitrat R 114.

Valeriansäure R 114.
Venetianerrot 31.
Veraschung 6.
Verdünnung von Alkohol 76; T 129.
— von Flüssigkeiten 75.
Verholzungsreagenzien RT 115f.
Verseifungsprobe 50; *72*.
Verunreinigungen, zellige 68, 72; *101*.
Viktoriablau R 114.
Viskose, regenerierte 56.

Wachsalkohole 49, 51.
Wachse 1, **49f**.
—, Bienen- 49, 51.
—, Chinesisches 49, 51.
—, Karnauba- 49, 51.
Wärmemischungen T 122.
Walrat 49.
Wasserblau R 114.
Wasserglas **40**, 42.
Wasserzeichen, Sichtbarmachung *106*.
Weinsäure R 116.
Weiß, Antimon- 35.
—, Baryt- 18.
—, Berliner 24.
—, Blei- 17, **24**.
—, Brillant- 19.
—, Echt- 18.
—, Feder- 27.
—, Holländisch- 24.
—, Kremnitzer 24.
—, Kremser 24.
—, Permanent- 18.
—, Schiefer- 24.
—, Silber- 24.
—, Zink- 24.
Weizenhaare *55*.
Weizenkorn *55*.
Weizenmehl 39; *55*.
Weizenstärke 37; *54*.
Wienergrün 33.
Wismutnitrat R 116.
Wolkiges Aussehen des Papiers 69; *105f*.
Wollfett 49.
Würzburgergrün 33.

Xylol 61, 116.

Zäsiumalaun 27; *34f*.
Zäsiumbisulfat R 116.
Zäsiumchlorid 116.
Zäsiumchloroantimoniat 36; *50*.
Zansibarkopal 48.

Zartsche Lösung R 89.
Zellige Verunreinigungen 68, 72.
Zelloidin 116.
Zellstoffasern *79f.*
Zellstoffpapier *10f.*
Zeresin 49, **51**.
Zerstörungserscheinungen, Sichtbarmachung 72.
Zerylalkohol 49, **51**.
Zetylalkohol 49, **51**.
Zink N 14, **23f.**, 58, 59, 117.
Zinkazetat R 117.
Zinkchlorid R 117.
Zinkchromat 24; *26.*
Zinkferrizyanid 23; *24.*
Zinkgelb 29.
Zinkgrün 29.
Zinkmerkurithiozyanat 23; *22f.*
Zinkoxalat 24; *25.*
Zinkoxyd 24, 25.
Zinkpräparate 6.
Zinkspat 17, **23**.
Zinksulfat 43.
Zinksulfid 25, 29.
Zinkuranylazetat R 117.
Zinkvalerat 24; *25.*
Zinkweiß 17, **24**.
Zinn 117; N 14, **61**; *90.*
—, metallisches 61.
Zinnbaum 61; *90.*
Zinnchlorür R 117.
Zinnober (Quecksilbersulfid) 31.
Zitronengelb 29.
Zitronenöl 117.
Zucker 39; *56f.*
Zwickauergelb 28.
Zyanin R 117.
Zyanin-Glyzerin R 117.

Tafel-Anhang

(Abb. 1—280)

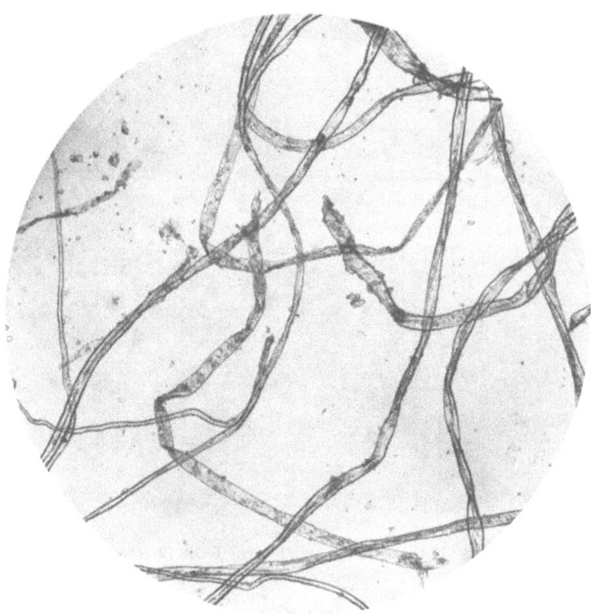

Abb. 1. Abfallbaumwolle aus der Vließauflage eines Claviez'schen Textilosegarnes mit aufgelagerten körnig-brockigen Fremdstoffen. Vergr. 100.

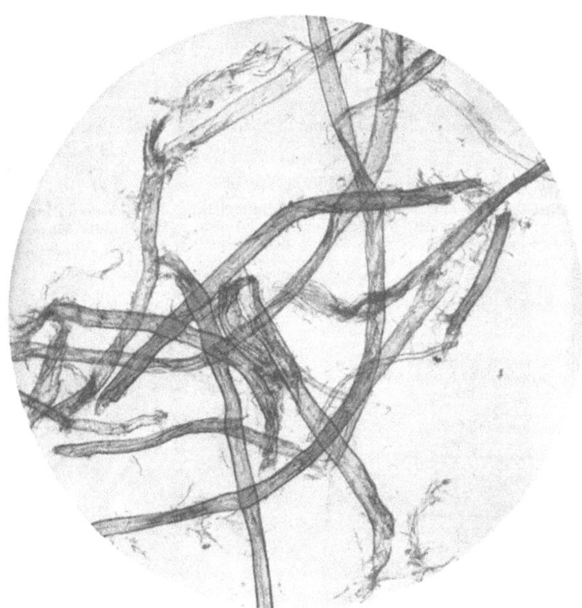

Abb. 2. Rösch gemahlene Baumwollfasern aus einem Filterpapier. Vergr. 100.

Abb. 3. Filterpapier in auffallendem Licht. Vergr. 100.

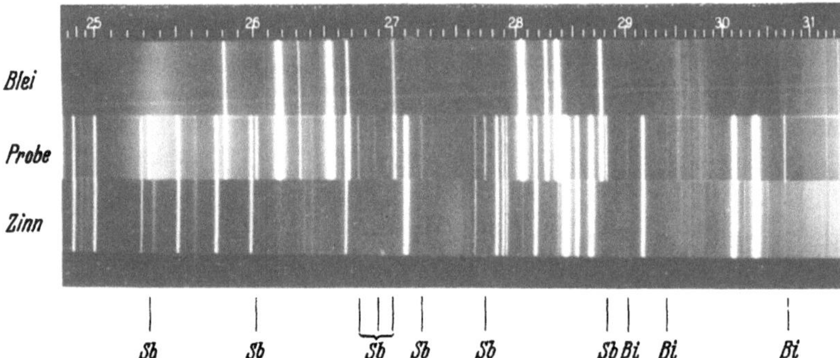

Abb. 4. In der Mitte das Funkenspektrum einer Blei-Zinnlegierung. Die Blei- und Zinnlinien des oberen und unteren Spektrums sind auch in dem Spektrum der Probe (Mitte) enthalten; dagegen gehören die nur dem Spektrum der Probe eigenen Linien den Elementen Antimon (Sb) und Wismut (Bi) an.

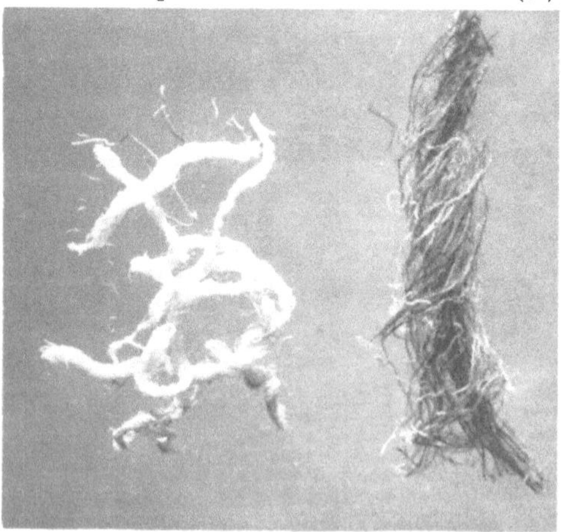

Abb. 5. Asche von Sisalhanf (hell) und Manilahanf (dunkel). Lupenbild.

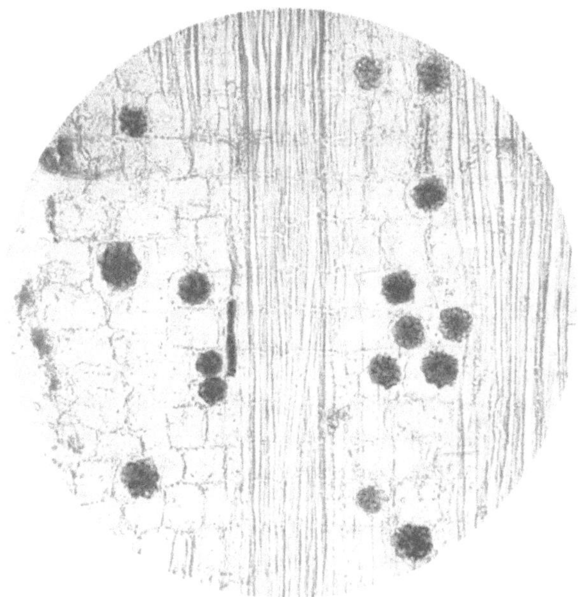

Abb. 6. Stück eines Längsschnittes durch die Rinde von Adansonia digitata mit 2 Bastbündeln und zahlreichen Parenchymzellen; letztere sind zum Teil mit großen Kristalldrusen (dunkel) von Kalziumoxalat erfüllt. Glyzerinpräparat. Vergr. 100.

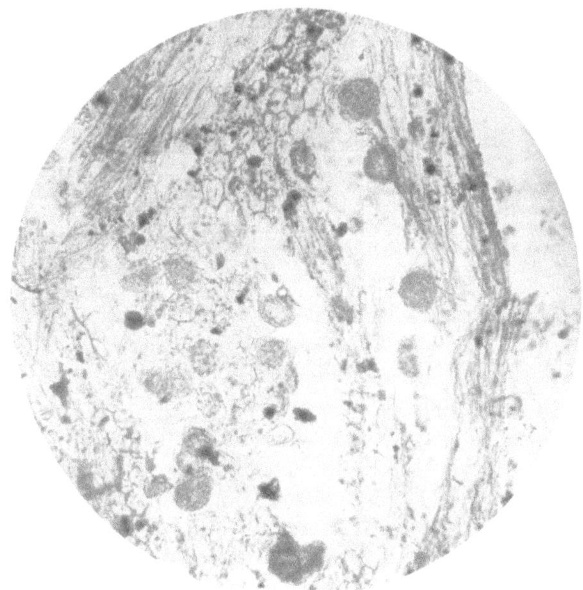

Abb. 7. Aschenbild der Rinde von Adansonia digitata mit zahlreichen Klumpen von Kalziumkarbonat, die bei der Verbrennung aus den Kalziumoxalatdrusen entstanden sind. Vergr. 100.

Abb. 8. Scheinkristalle von Kalziumkarbonat nach Kalziumoxalat in der Asche von Agavefasern. Vergr. 100.

Abb. 9. Kieselkörper („Stegmata") in der noch stark kohligen Asche von Manilahanf (Musa textilis). Präparat in verdünnter Salzsäure. Vergr. 200.

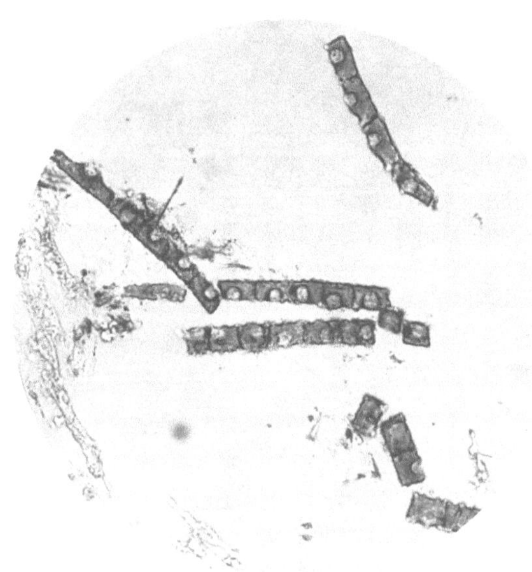

Abb. 10. Wie bei Abb. 9, jedoch nach dem Weißbrennen der Asche (längeres schwaches Glühen bei Luftzutritt). Vergr. 200.

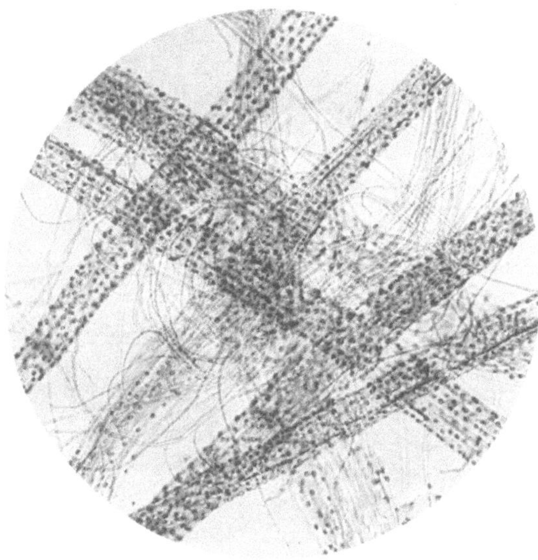

Abb. 11. Sklerenchymfaserbündel aus dem Blatte von Bactris setosa mit aufsitzenden Kieselkörpern, die den Bündeln ein punktiertes Aussehen verleihen. Vergr. 100.

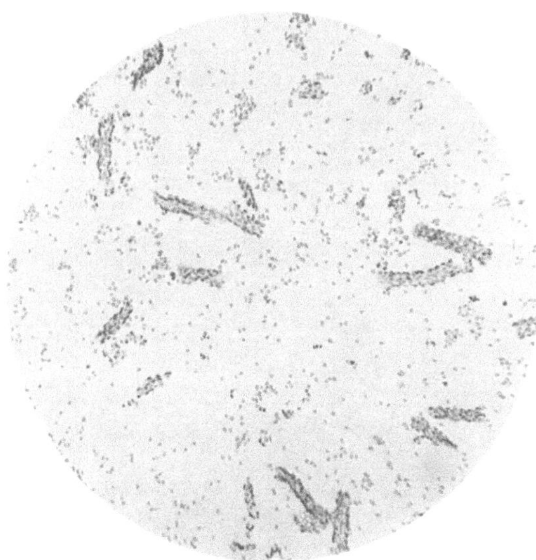

Abb. 12. Aschenbild der Faser von Bactris setosa mit zahlreichen Kieselkörperchen. Präparat in verdünnter Salzsäure. Vergr. 100.

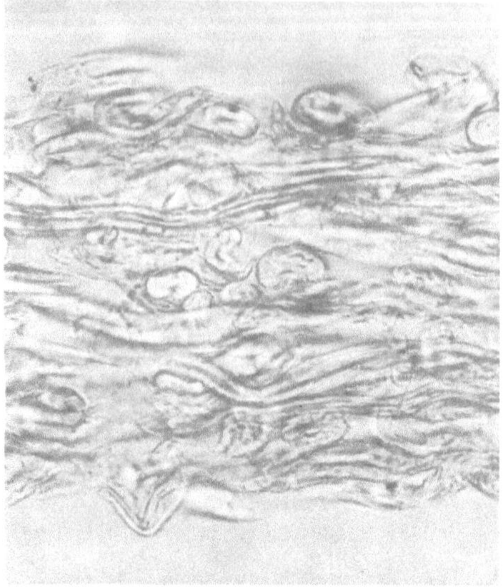

Abb. 13. Querschnitt durch ein Filterpapier (Nr. 589 von Schleicher & Schüll). Die Ober- und Unterseite des Papiers zeigen grobe Unebenheiten; der Erhaltungszustand der Fasern (Baumwolle und Flachs) ist gut, wie u. a. aus den zufällig querdurchschnittenen Einzelfasern ersehen werden kann. Loses Fasergefüge. Verunreinigungen und sonstige Fremdstoffe sind nicht vorhanden. Präparat ungefärbt, in Kanadabalsam eingeschlossen. Vergr. 300.

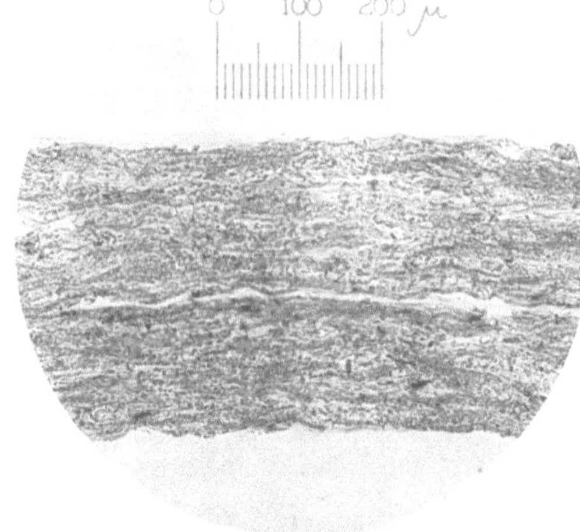

Abb. 14. Geklebter Karton. Querschnitt in Salicylsäuremethylester. In der Mitte des Schnittes ist infolge der klebstofflösenden Wirkung der Einschlußflüssigkeit eine Trennung in zwei Schichten erfolgt. Vergr. 100.

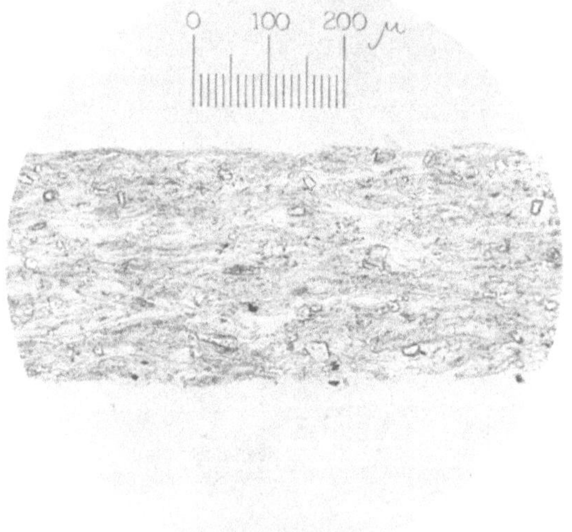

Abb. 15. Papier mit zum Teil brockiger Einlagerung von Gips. Querschnitt. Geschlossene ebene Oberfläche des Papiers, bedingt durch starke Satinage. Vergr. 100.

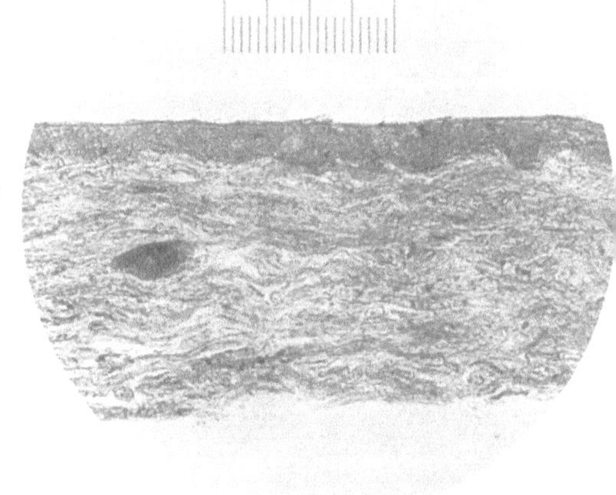

Abb. 16. Einseitig gestrichener Naturchromokarton. Querschnitt. Das Eindringen des Aufstriches in die Papiermasse ist gut sichtbar. Die nichtgestrichene Seite zeigt eine rauhe Oberfläche. Vergr. 100.

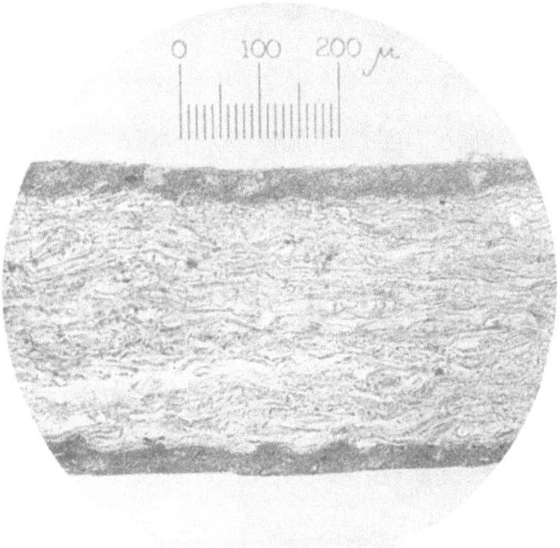

Abb. 17. Doppeltgestrichener Chromoduplexkarton. Querschnitt. Aufstrich gleichmäßig und gekörnt. Auf der Innenseite hat sich die Streichmasse der verhältnismäßig rauhen Papieroberfläche angeschmiegt, während die Außenseite des Aufstriches ziemlich glatt ist. Der Aufstrich besteht aus China-clay mit Kaseinleimung. Vergr. 100.

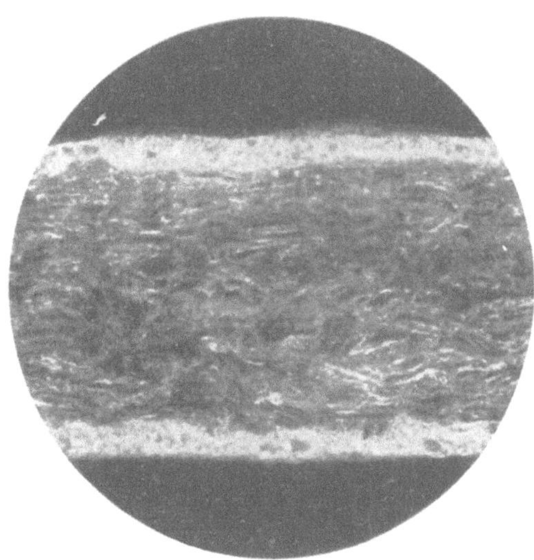

Abb. 18. Wie bei Abb. 17, jedoch Dunkelfeldbeleuchtung. Vergr. 100.

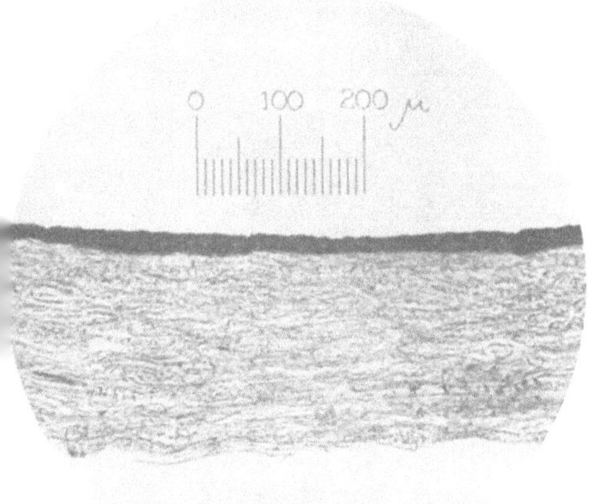

Abb. 19. Papier mit Metallfolie belegt. Querschnitt. Der Metallbelag hat sich der Papieroberfläche gut angeschmiegt. Infolge des angewandten hohen Druckes beim Aufkleben der Folie sind die Papierfasern ziemlich dicht gelagert. Vergr. 100.

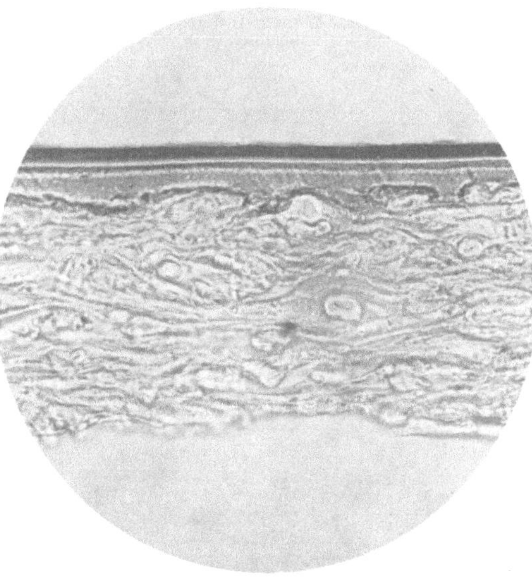

Abb. 20. Querschnitt durch ein schwach belichtetes Aristopapier nach dem Tonen und Fixieren. Die aus Bariumsulfat bestehende Zwischenschicht ist beim Satinieren in die an der Oberfläche des Papiers befindlichen Vertiefungen hineingepreßt worden, während sie an der Außenseite vollkommen eben ist. Die lichtempfindliche Schicht (außen) zeigt eine Differenzierung in einen hellen inneren Teil und einen dunklen äußeren Teil. In der Papierschicht sind einzelne Querschnitte von gut erhaltenen Baumwollfasern sichtbar. Vergr. 220.

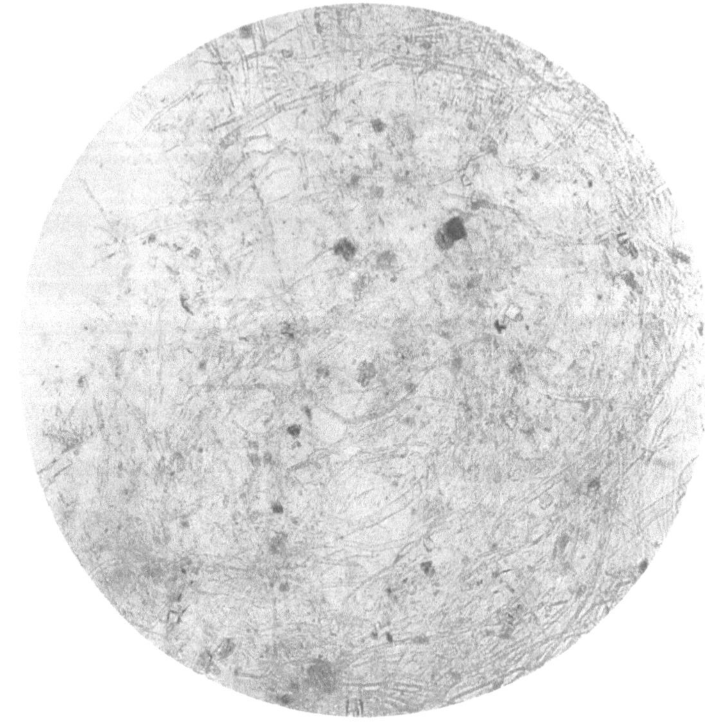

Abb. 21. Längsschnitt durch ein stark gefülltes Zellstoffpapier in Salizylsäuremethylester. Die Fasern treten den mineralischen Bestandteilen gegenüber nur wenig hervor. Hellfeldbeleuchtung. Vergr. 80.

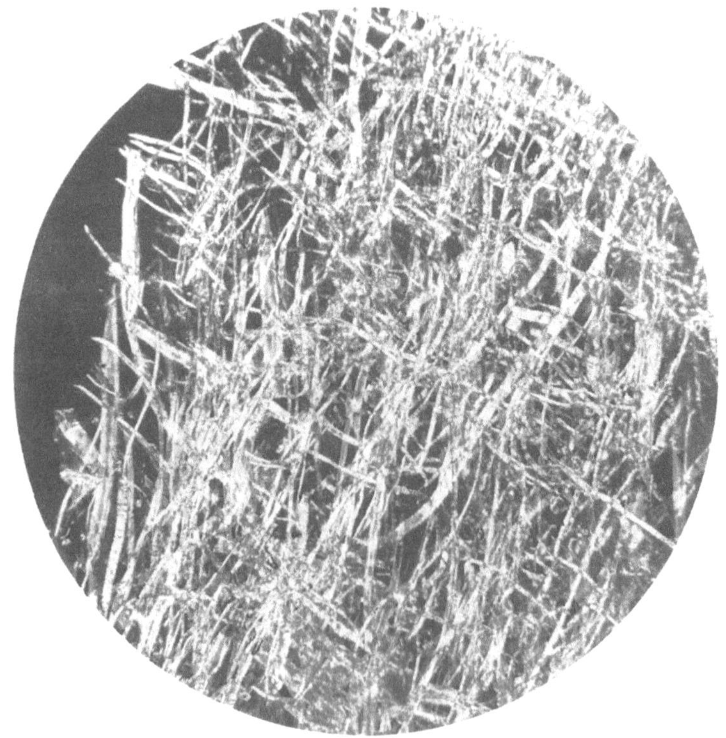

Abb. 22. Dieselbe Stelle wie in Abb. 21, jedoch zwischen gekreuzten Nicols. Auffallend deutliches Hervortreten der Fasern. Mineralstoffe nur wenig sichtbar. Vergr. 80.

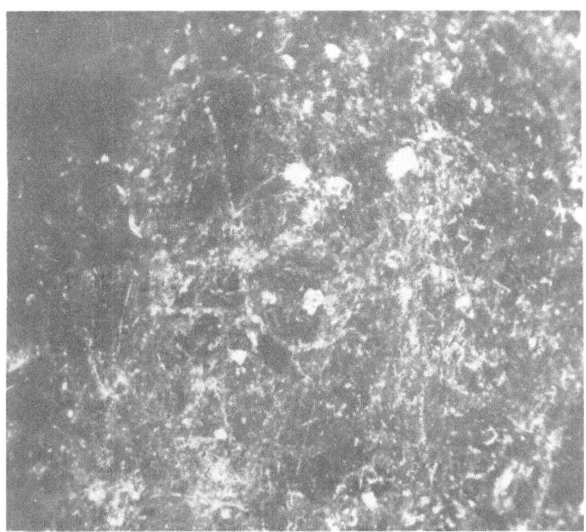

Abb. 23. Dieselbe Stelle wie in Abb. 21, jedoch Dunkelfeldbeleuchtung. Mineralstoffe stark leuchtend, Fasern nur angedeutet sichtbar. Vergr. 80.

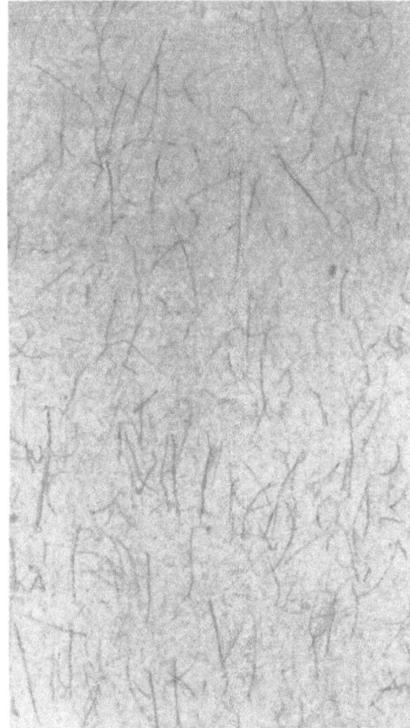

Abb. 24. Siebseite eines melierten Papiers mit deutlichem Parallelismus der gefärbten Fasern in der Maschinenrichtung. Vergr. 2.

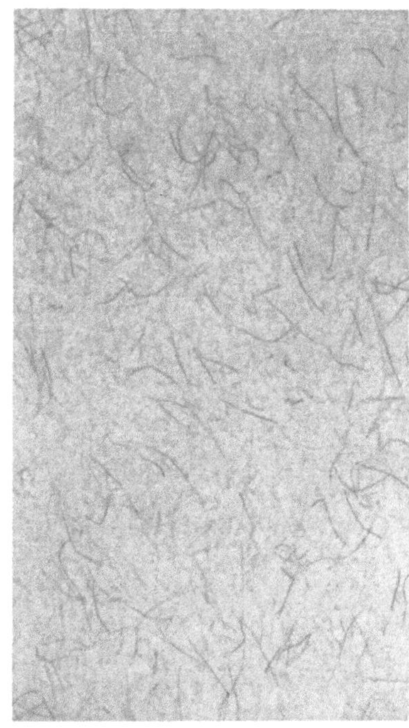

Abb. 25. Dasselbe Papier wie in Abb. 24, jedoch Oberseite. Von einer bevorzugten Lagerung der Fasern ist nichts zu erkennen. Vergr. 2.

Abb. 26. Bariumfluorsilikat. Schiefe Beleuchtung. Vergr. 100.

Abb. 27. Bariumfluorsilikat. Zentrale Beleuchtung. Vergr. 100.

Abb. 28. Benzidinsulfat aus wässeriger Lösung von Benzidin mit Schwefelsäure gefällt. Schiefe Beleuchtung. Vergr. 120.

Abb. 29. Benzidinsulfat. Polarisiertes Licht: Nicols gekreuzt. Vergr. 120.

Abb. 30. Benzidinsulfat. Polarisiertes Licht: Nicols nicht vollständig gekreuzt. Vergr. 80.

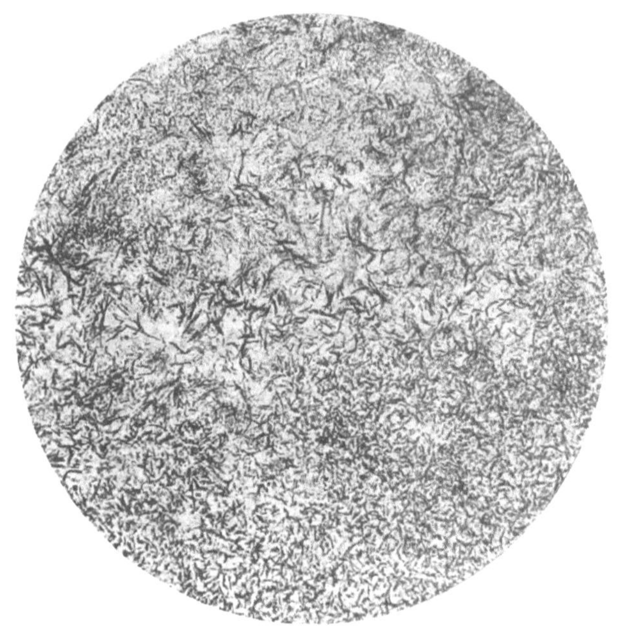

Abb. 31. Benzidinsulfat aus schwach essigsaurer Lösung von Benzidin mit verdünnter Schwefelsäure gefällt. Vergr. 100.

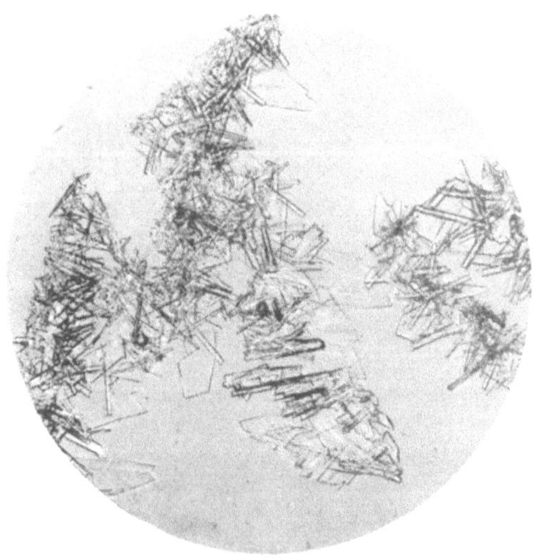

Abb. 32. Kalziumsulfat. Kruste nach dem Eindampfen. Vergr. 150.

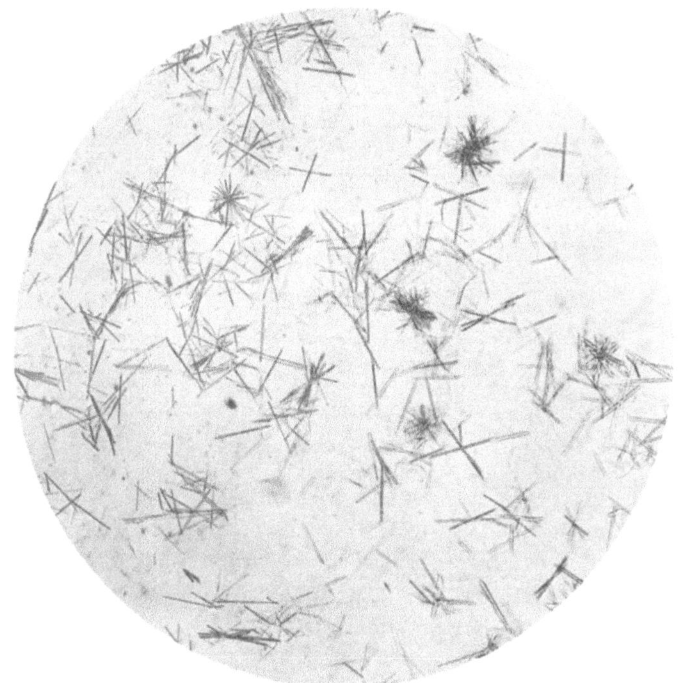

Abb. 33. Kalziumsulfat (zumeist auftretende Formen). Vergr. 120.

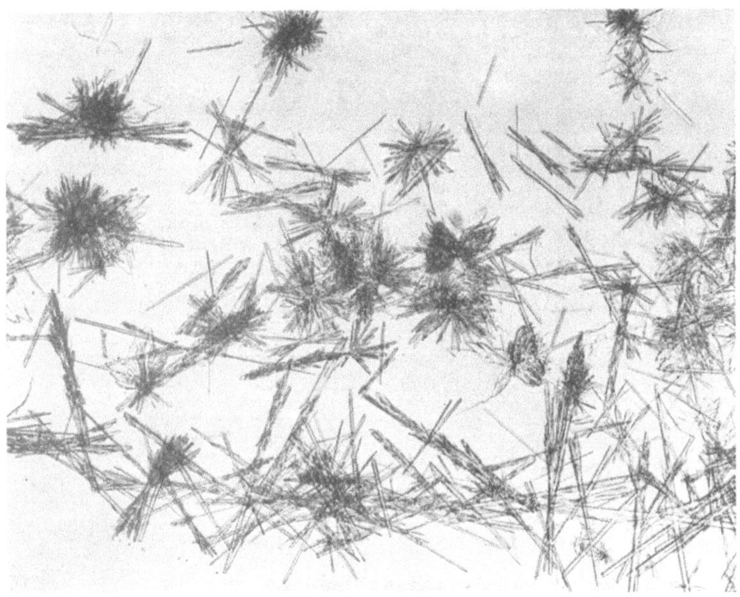

Abb. 34. Kalziumsulfat (zumeist auftretende Formen). Vergr. 100.

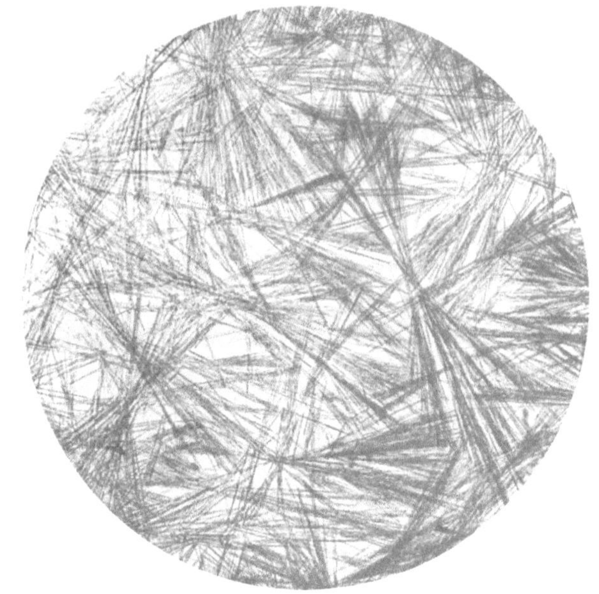

Abb. 35. Kalziumsulfat. Vergr. 100.

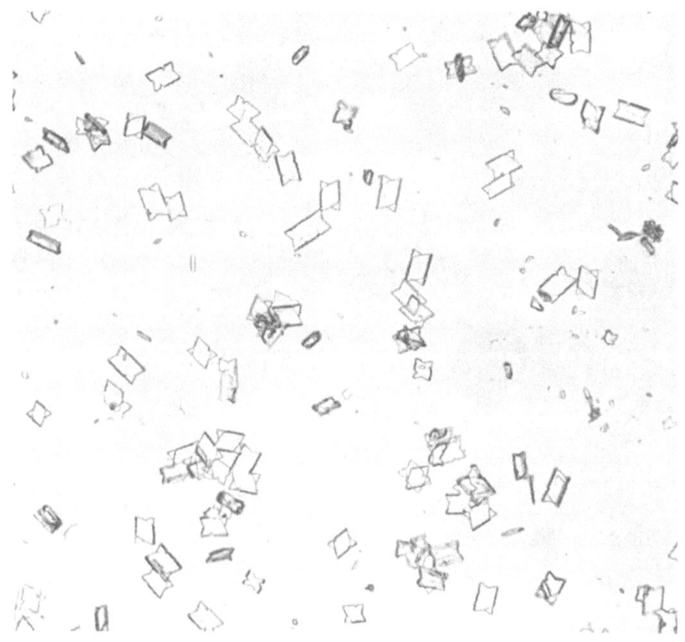

Abb. 36. Kalziumsulfat. „Schwalbenschwanzzwillinge". Vergr. 150.

Abb. 37. Kalziumsulfat aus ziemlich konzentrierter Lösung gefällt. Vergr. 100.

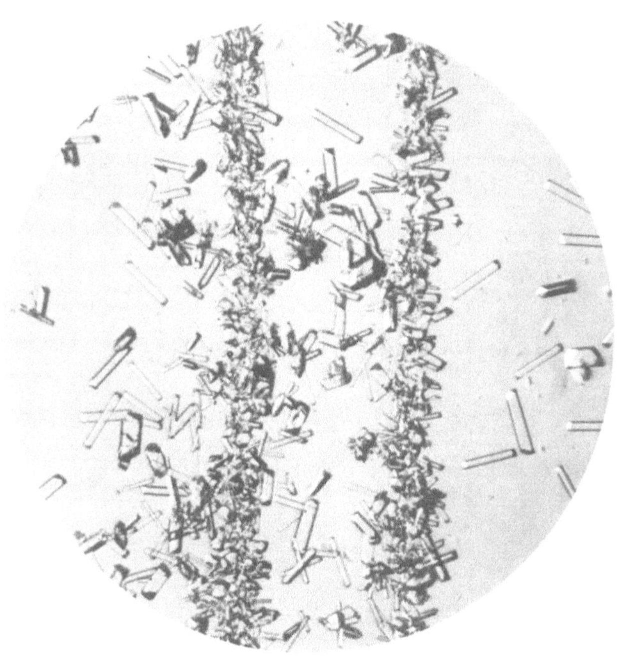

Abb. 38. Kalziumtartarat. 2 Impfstriche vorhanden. Vergr. 120.

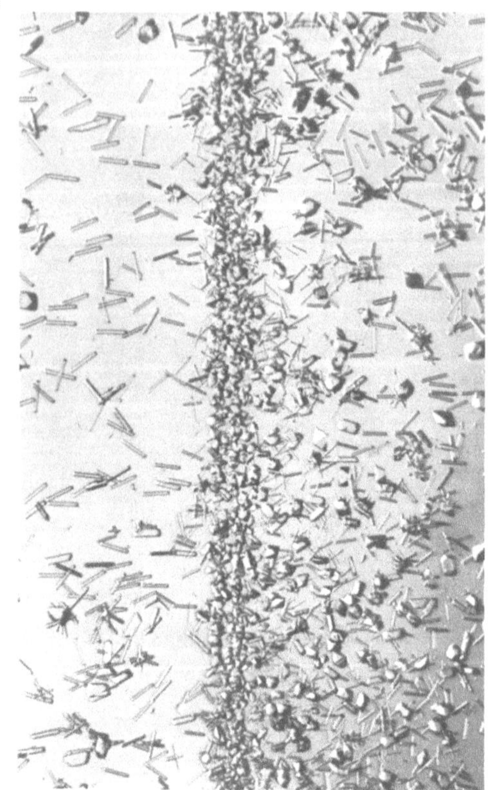

Abb. 39. Kalziumtartarat. 1 Impfstrich vorhanden. Vergr. 100.

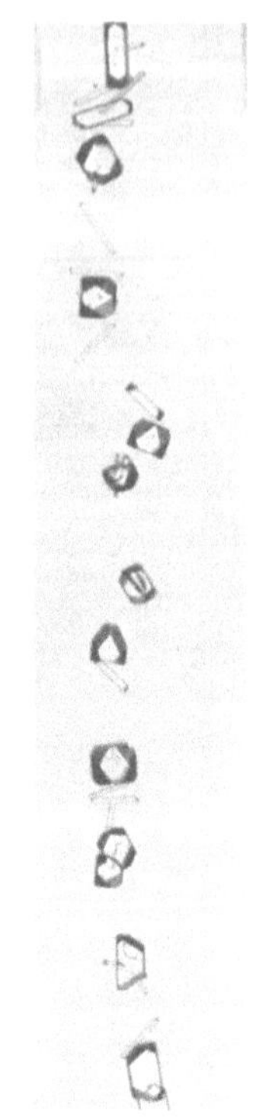

Abb. 40. Kalziumtartarat. Vergr. 100.

Abb. 41. Kalziumnatriumkarbonat. Hellfeldbeleuchtung. Vergr. 100.

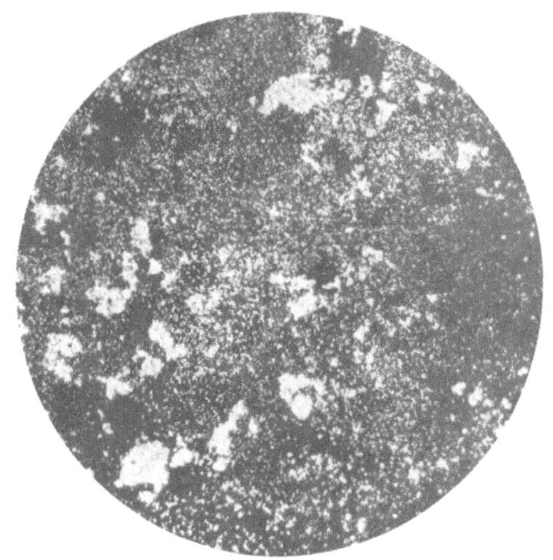

Abb. 42. Wie bei Abb. 41, jedoch Dunkelfeldbeleuchtung. Vergr. 100.

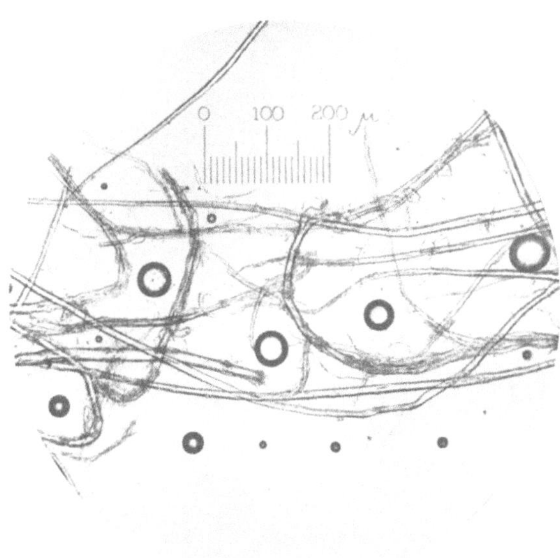

Abb. 43. Bildung von Kohlendioxyd (Blasen) nach Einwirkung von verdünnter Salzsäure auf Kalziumkarbonat führende Flachsfasern („Kalkwäsche"). Vergr. 76.

Abb. 44.

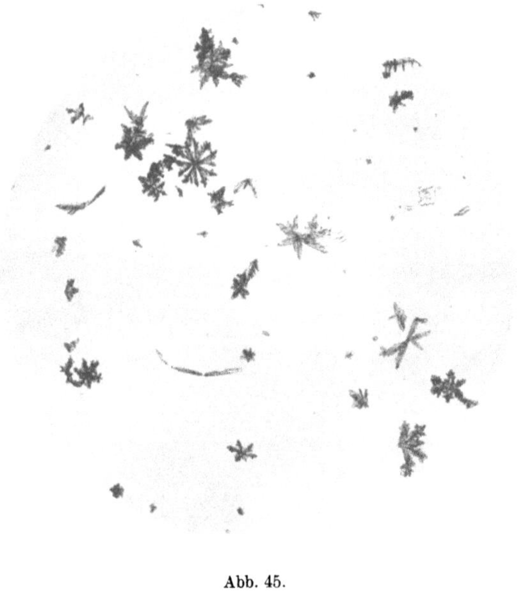

Abb. 45.

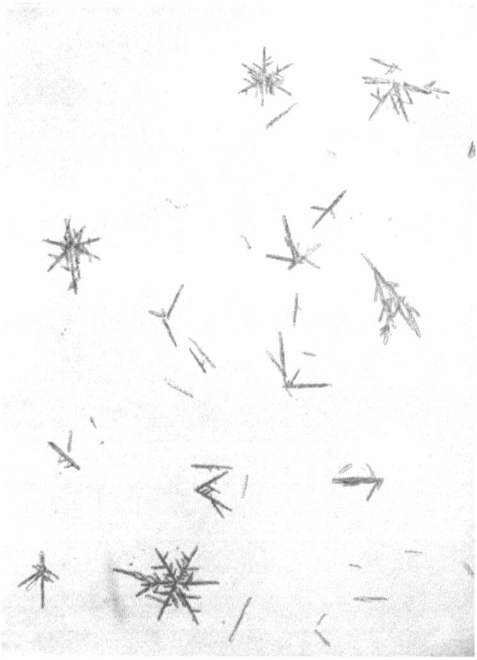

Abb. 46.

Abb. 44–46. Magnesiumammoniumphosphat, rasch gefällt. Vergr. 100.

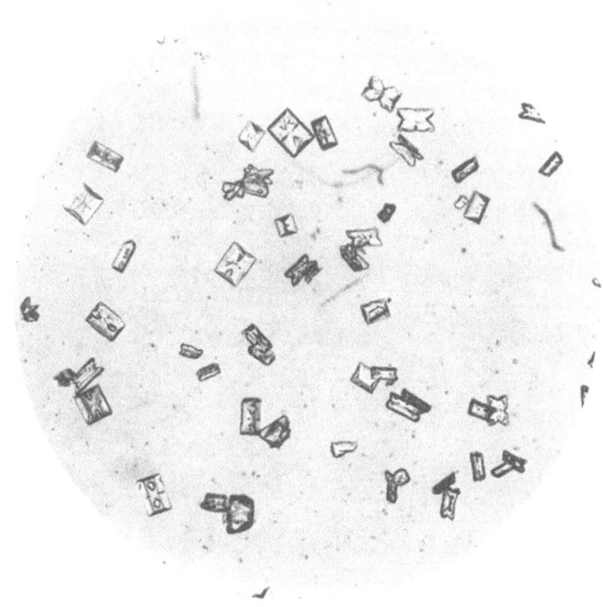

Abb. 47. Wie bei Abb. 44—46, jedoch langsam gefällt. Zentrale Beleuchtung. Vergr. 100.

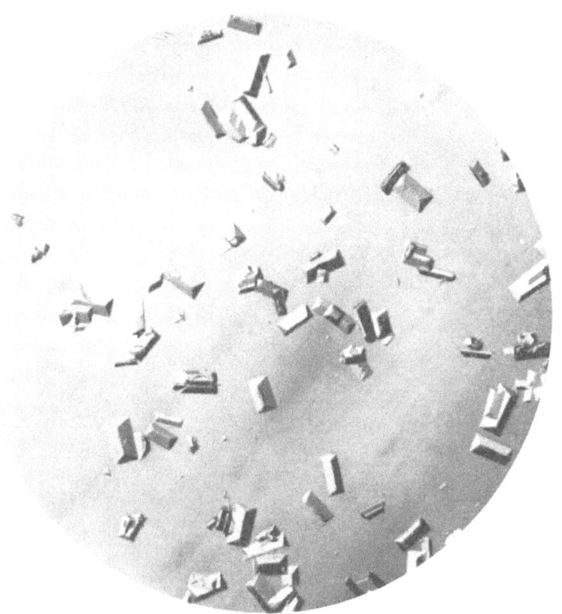

Abb. 48. Wie bei Abb. 47, jedoch schiefe Beleuchtung. Charakteristische „Sargdeckelformen“. Vergr. 100.

Abb. 49. Zinkmerkurithiozyanat unter dem Deckglas gefällt. Hellfeldbeleuchtung. Vergr. 100.

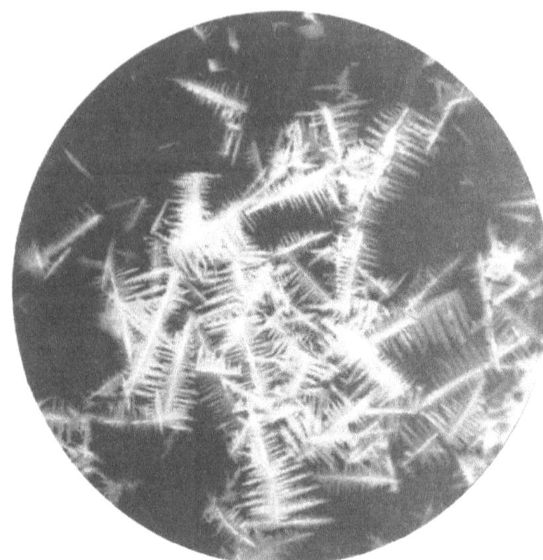

Abb. 50. Wie bei Abb. 49, jedoch Dunkelfeldbeleuchtung. Vergr. 100.

Abb. 51. Zinkmerkurithiozyanat. Von der gewöhnlichen Ausbildungsform abweichende Kristalle. Hellfeldbeleuchtung. Vergr. 100.

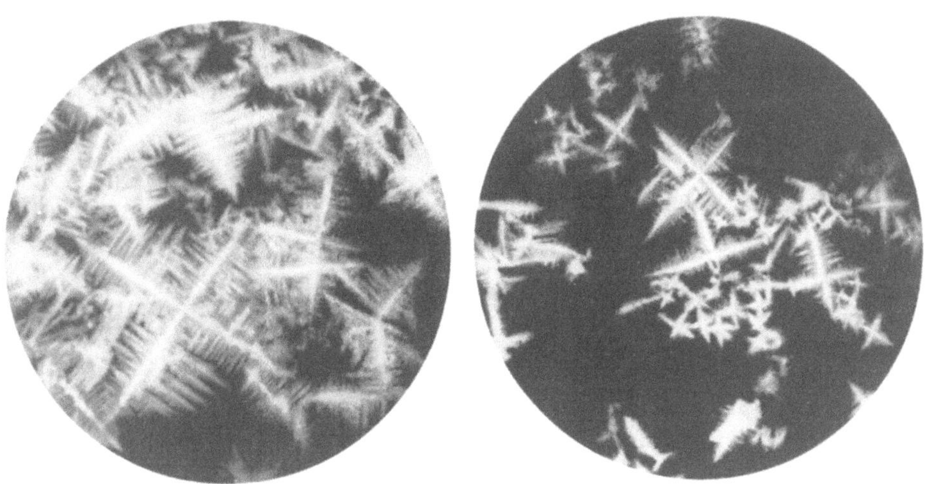

Abb. 52—53. Ohne Deckglas gefälltes Zinkmerkurithiozyanat. Dunkelfeldbeleuchtung. Vergr. 150.

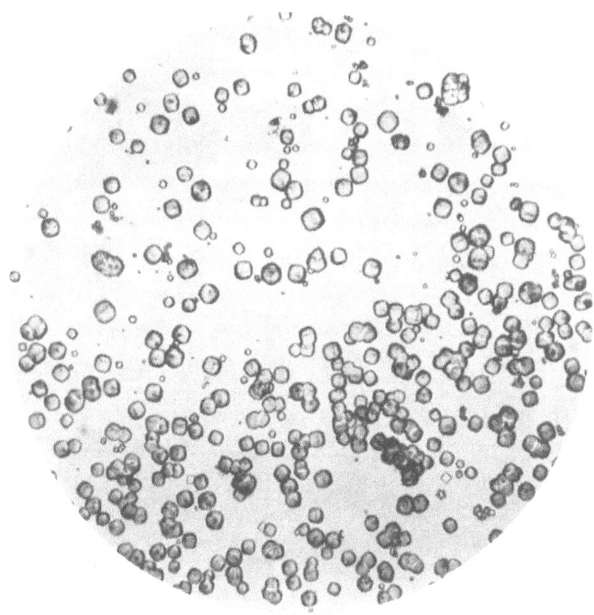

Abb. 54. Nitroprussidzink. Vergr. 100.

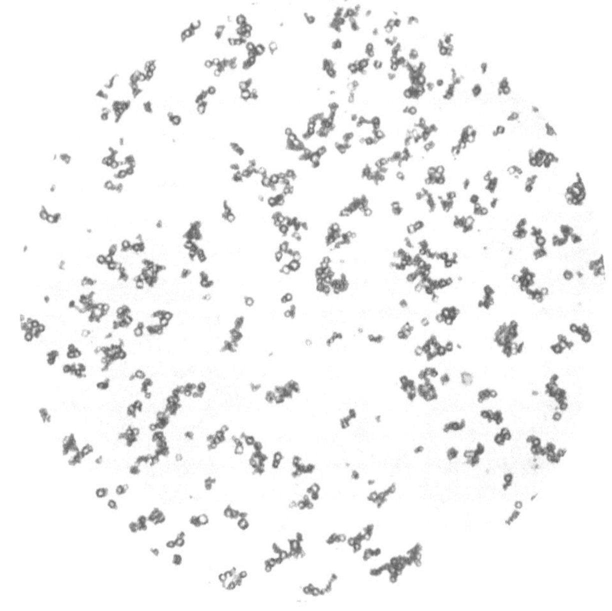

Abb. 55. Zinkferrizyanid. Vergr. 100.

Abb. 56. Natriumzinkkarbonat. Vergr. 150.

Abb. 57. Zinkvalerat. Polarisiertes Licht: Nicols gekreuzt, Gipsplatte Rot I. Vergr. 100.

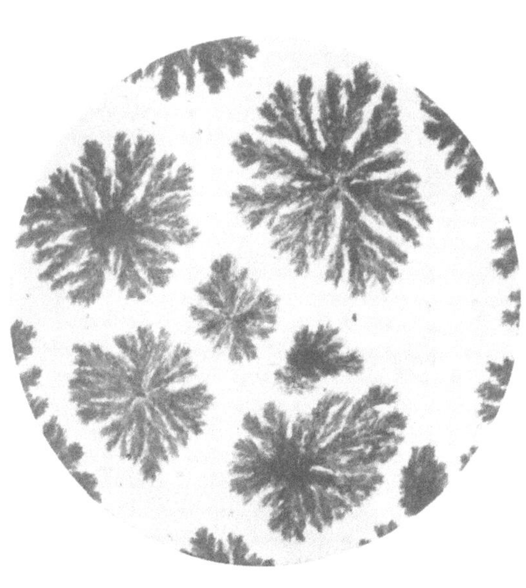

Abb. 58. Zinkoxalat. Eingetrocknetes Präparat. Vergr. 100.

Abb. 59. Wie bei Abb. 58, jedoch Dunkelfeldbeleuchtung. Vergr. 100.

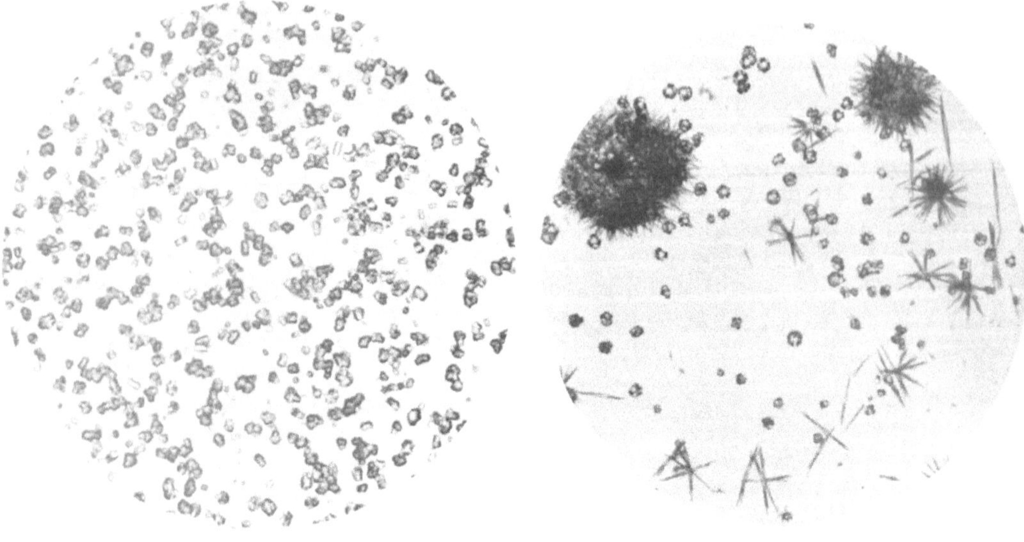

Abb. 60. Zinkchromat.
Vergr. 150.

Abb. 61. Zinkchromat.
Vergr. 100.

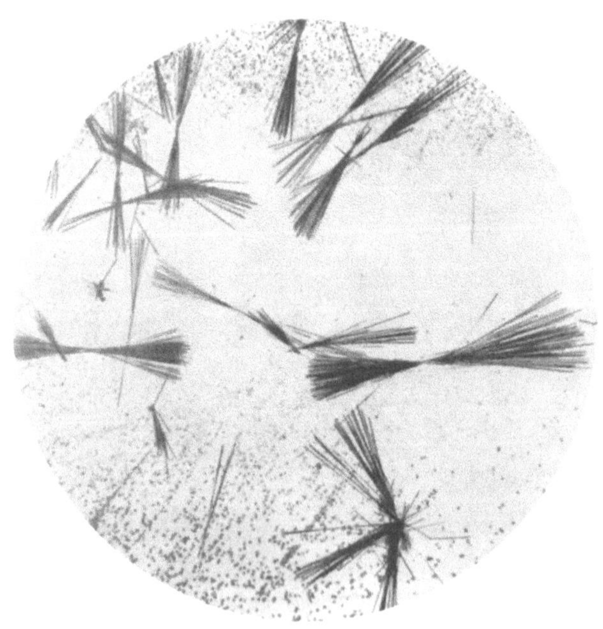

Abb. 62. Zinkchromat.
Vergr. 100.

Abb. 63. Bleichlorid. Vergr. 100.

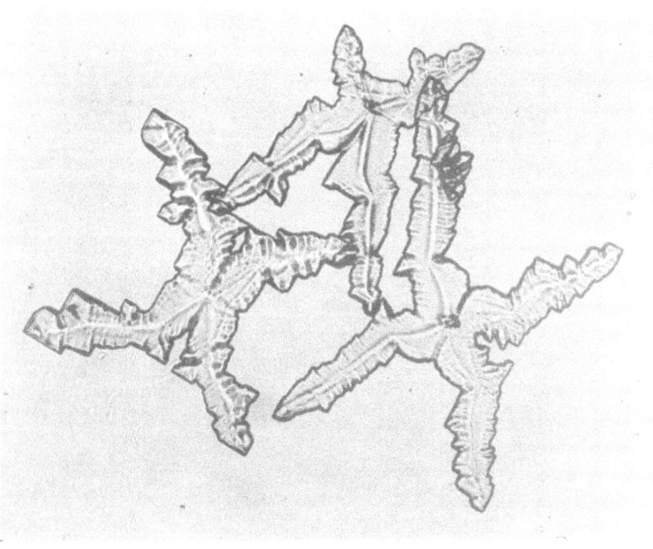

Abb. 64. Bleichlorid. Vergr. 100.

Abb. 65. Bleichlorid. Vergr. 100.

Abb. 66. „Bleibaum“. Auffallendes Licht. Vergr. 8.

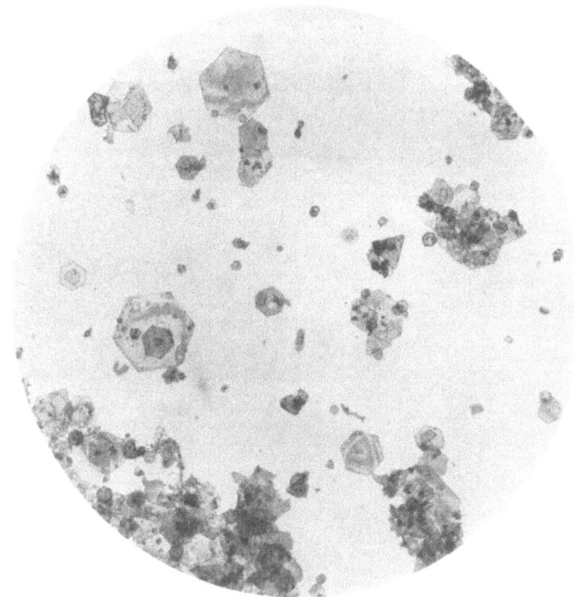

Abb. 67. Bleijodid. Vergr. 100.

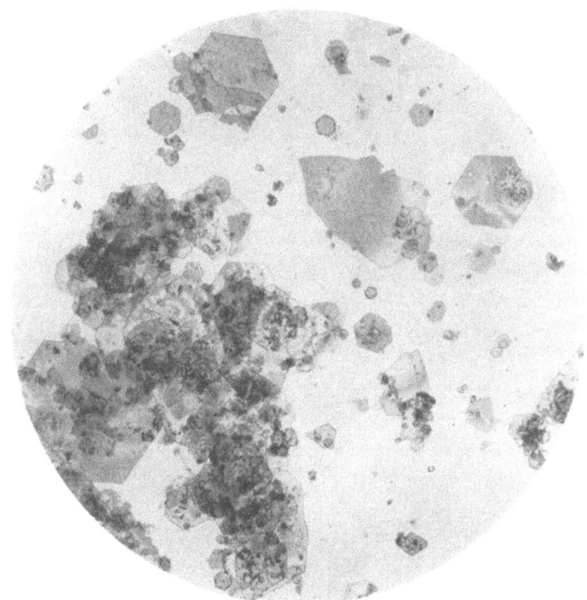

Abb. 68. Bleijodid. Vergr. 100.

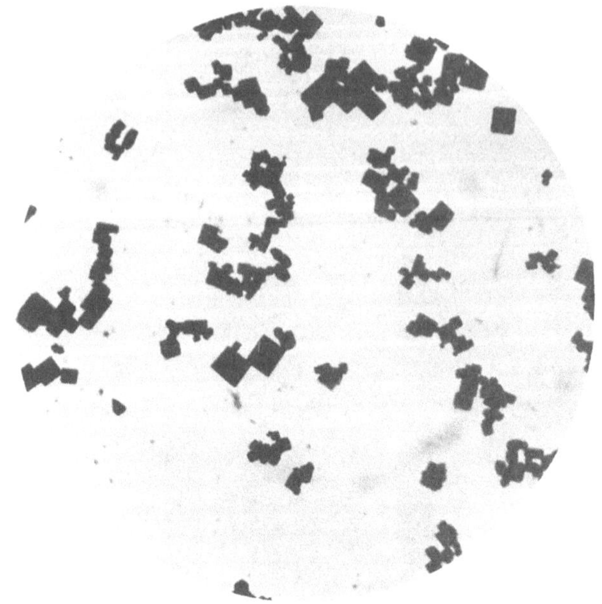

Abb. 69. Kaliumkupferbleinitrit. Vergr. 100.

Abb. 70. Granit, durch dessen Verwitterung Kaolin entsteht. Dünnschliff. Quarz hell, Orthoklas dunkelgrau, Glimmer nahezu schwarz. Vergr. 35.

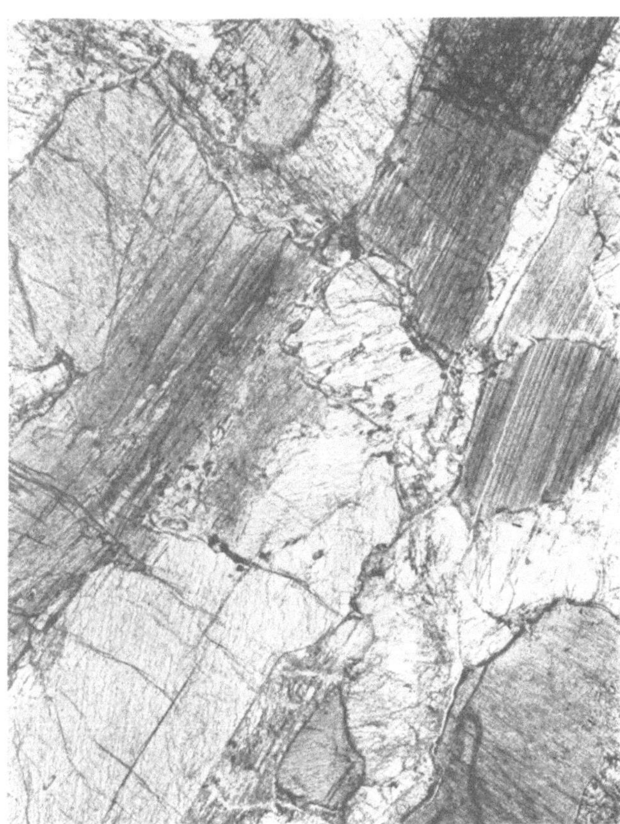

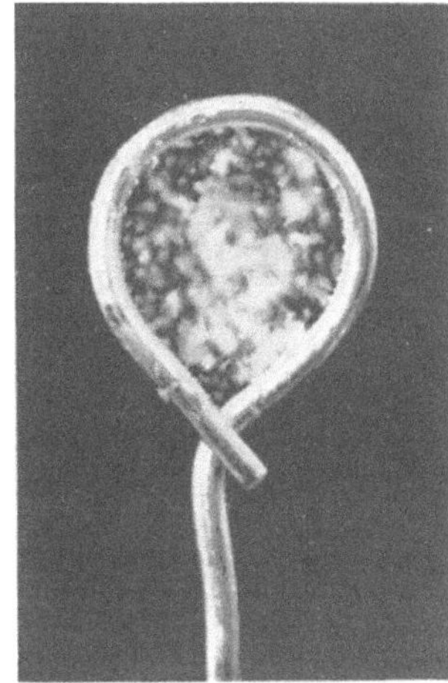

Abb. 73. „Kieselskelett" in der Phosphorsalzperle. Bei der Aufnahme lag der Platindraht mit der Perle in Xylol, um störende Glanzlichter zu vermeiden. Lupenbild.

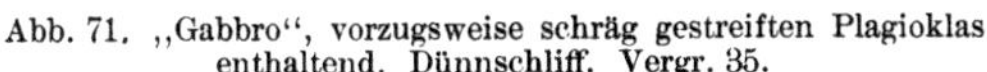

Abb. 71. „Gabbro", vorzugsweise schräg gestreiften Plagioklas enthaltend. Dünnschliff. Vergr. 35.

Abb. 72. Gemahlener Kaolin. Vergr. 100.

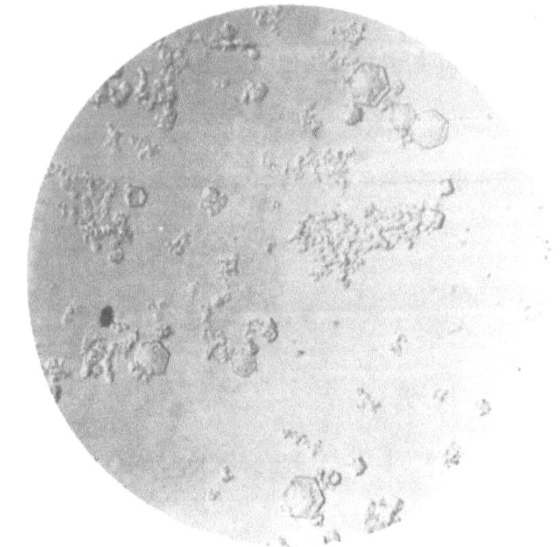

Abb. 74. Natriumfluorsilikat. Vergr. 100.

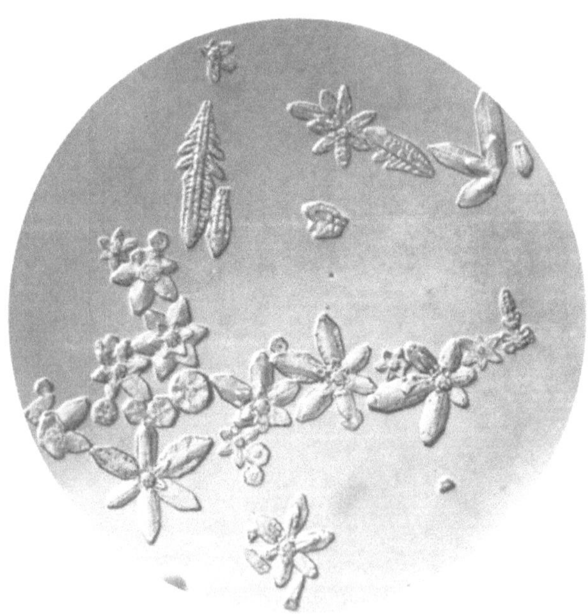

Abb. 75. Natriumfluorsilikat. Schiefe Beleuchtung. Vergr. 100.

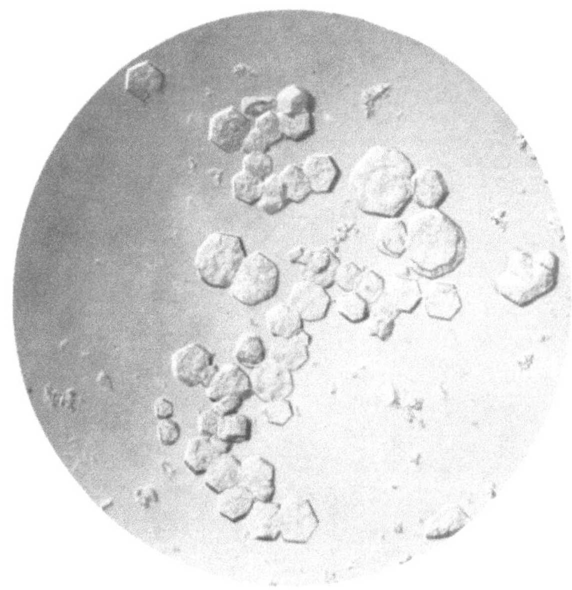

Abb. 76. Natriumfluorsilikat. Schiefe Beleuchtung. Vergr. 100.

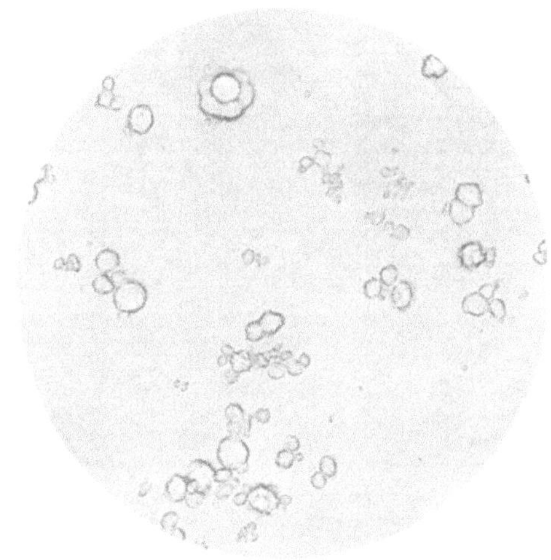

Abb. 77. Natriumfluorsilikat. Zentrale Beleuchtung. Vergr. 100.

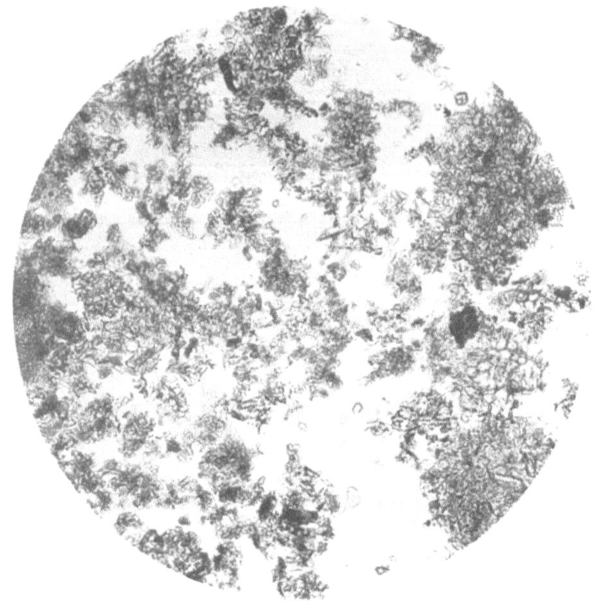

Abb. 78. Gefällte Kieselsäure nach der Färbung mit Malachitgrün. Vergr. 100.

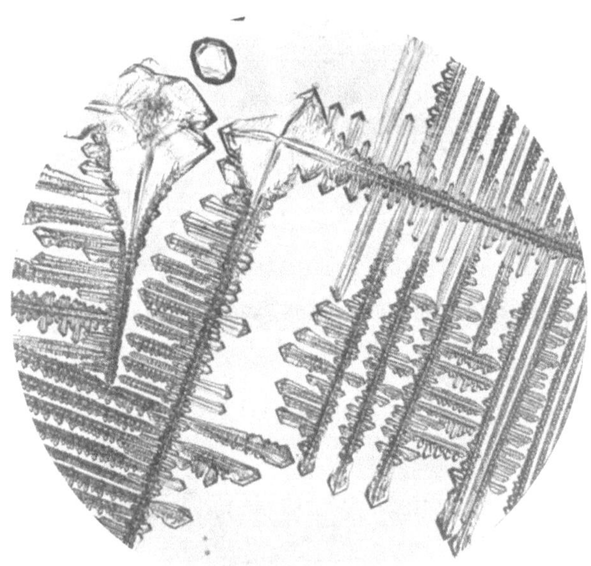

Abb. 79. Zäsiumalaun. Kristallskelette. Vergr. 100.

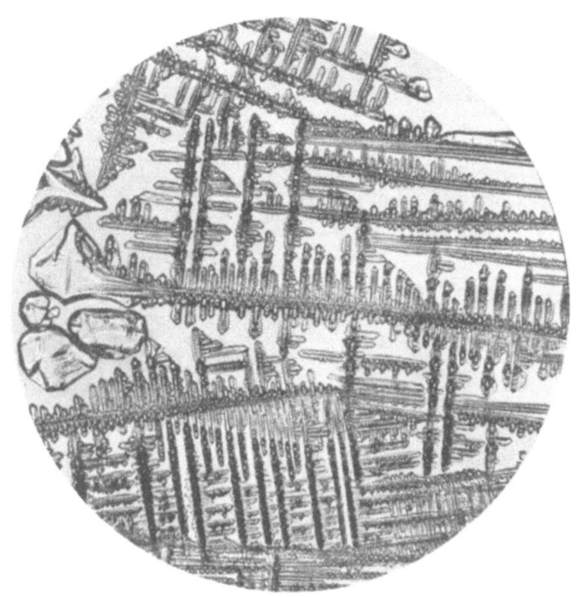

Abb. 80. Zäsiumalaun. Kristallskelette. Vergr. 150.

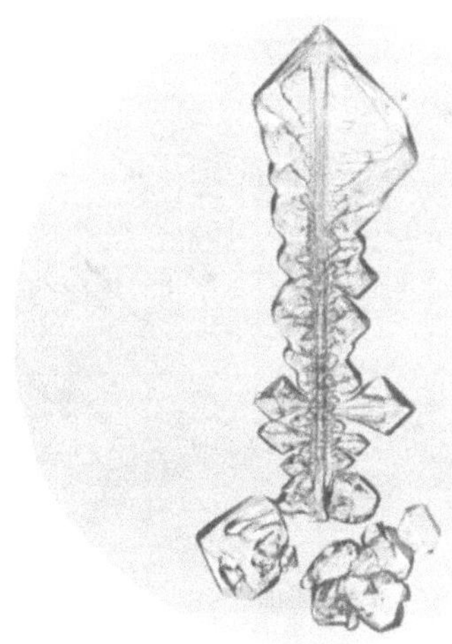

Abb. 81. Zäsiumalaun. Vergr. 120.

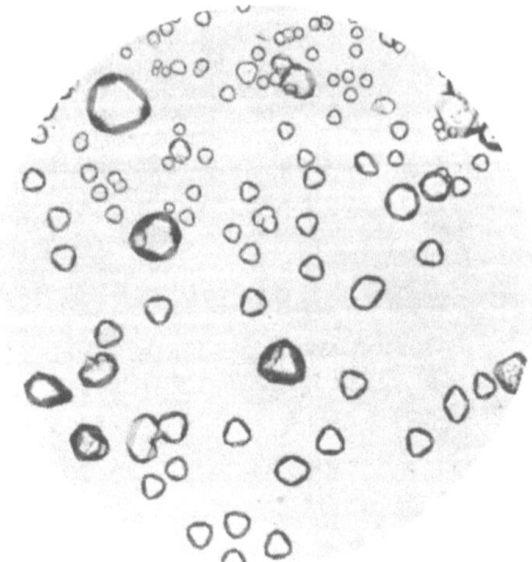

Abb. 82. Zäsiumalaun. Gut ausgebildete Kristalle. Vergr. 120.

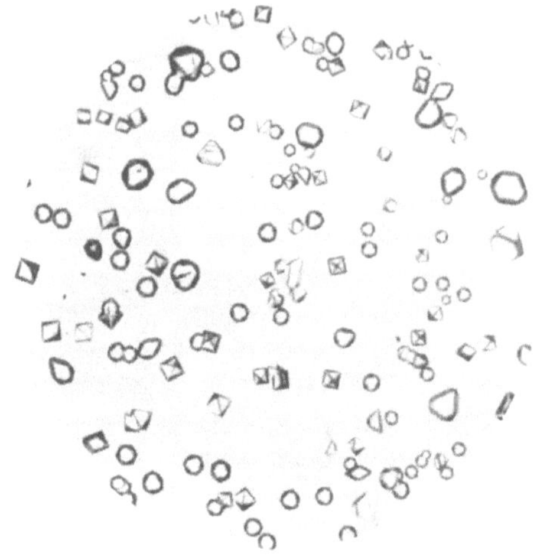

Abb. 83. Zäsiumalaun. Gut ausgebildete Kristalle. Vergr. 120.

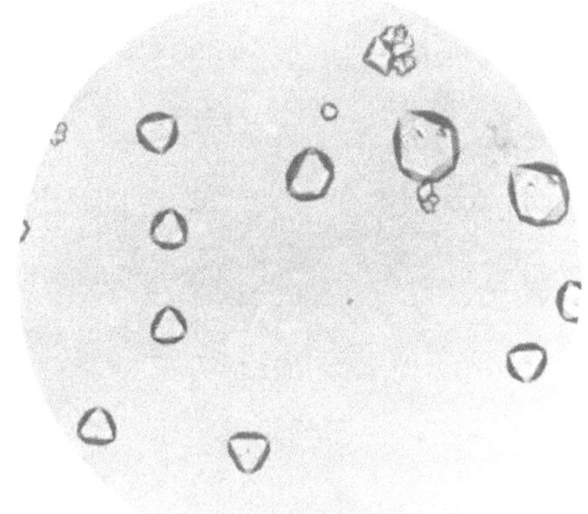

Abb. 84. Zäsiumalaun. Gut ausgebildete Kristalle. Vergr. 120.

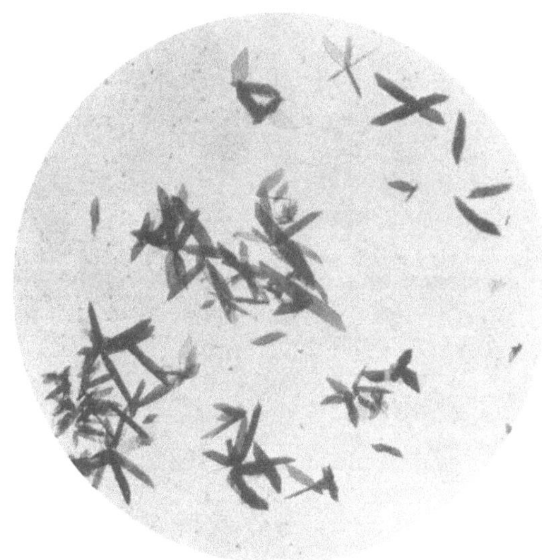

Abb. 85. Silberbichromat. Vergr. 100.

Abb. 86. Silberbichromat. Vergr. 100.

Abb. 87. Silberbichromat. Vergr. 100.

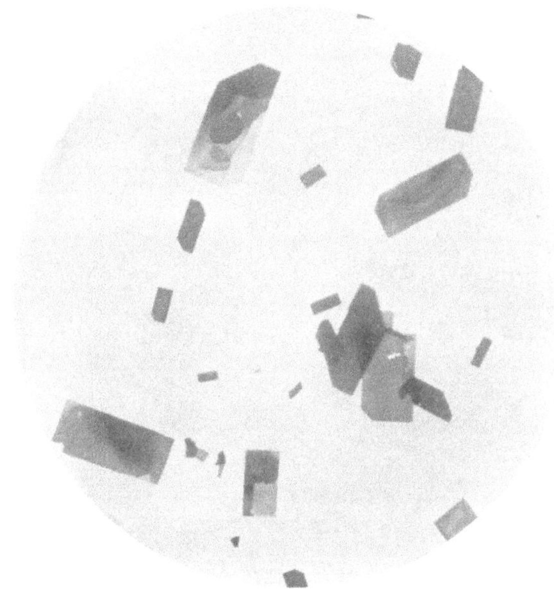

Abb. 88. Silberbichromat. Vergr. 100.

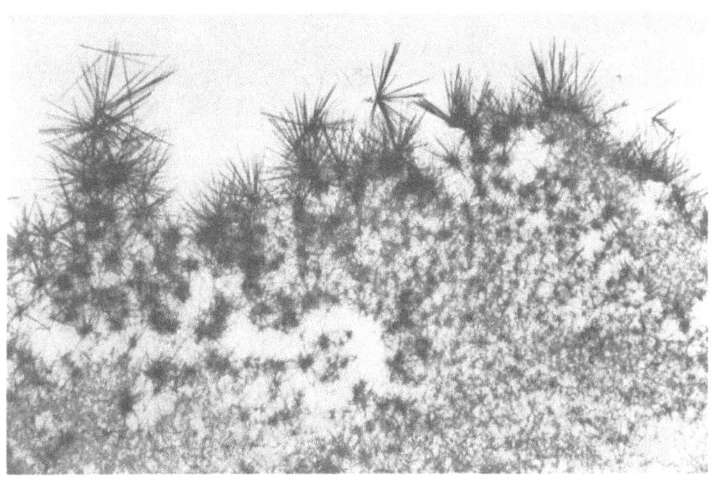

Abb. 89. Benzidinchromat. Vergr. 100.

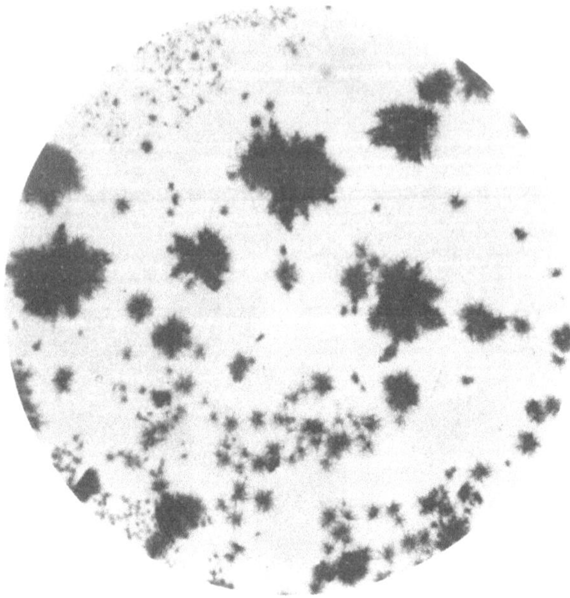

Abb. 90. Benzidinchromat. Vergr. 100.

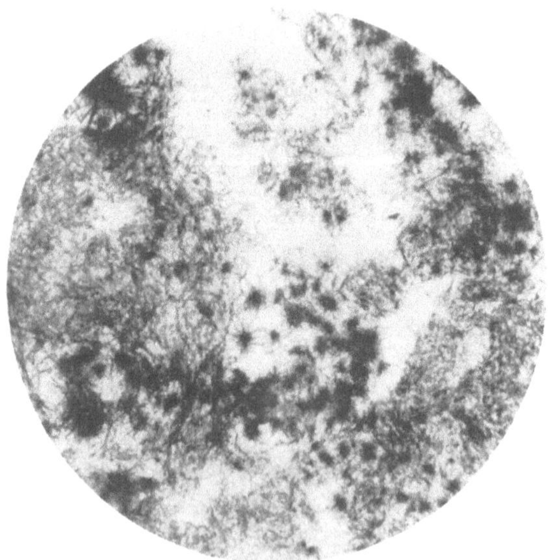

Abb. 91. Benzidinchromat. Vergr. 100.

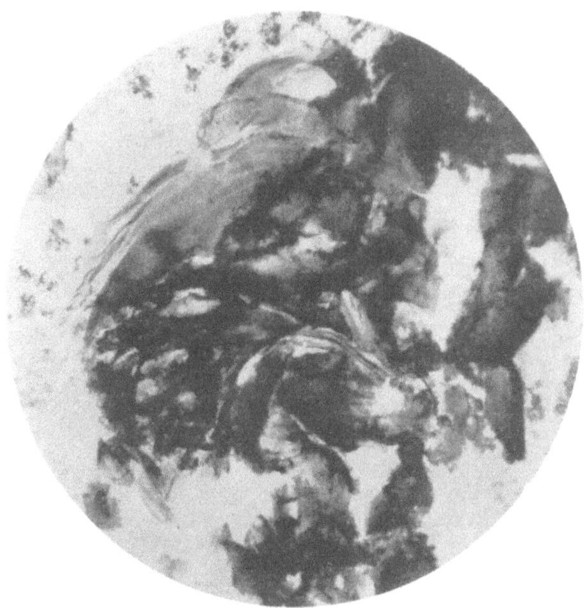

Abb. 92. Berlinerblau. Häute und Flocken. Vergr. 100.

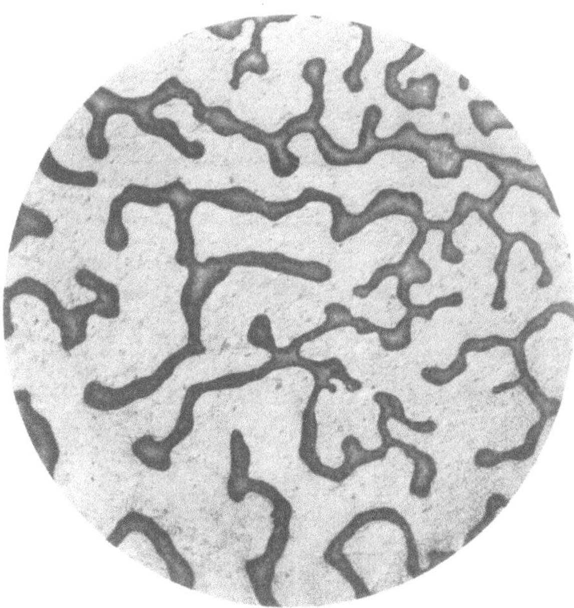

Abb. 93. Berlinerblau nach dem Eintrocknen unter dem Deckglas zu Adern zusammengeschoben. Vergr. 100.

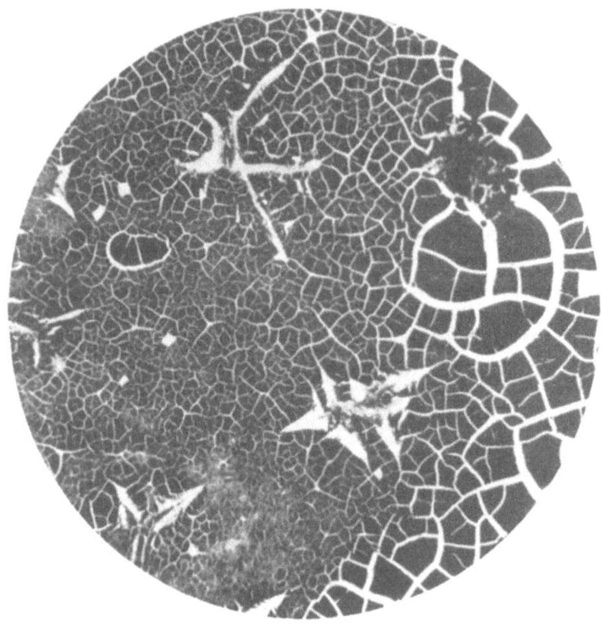

Abb. 94. Berlinerblau ohne Deckglas zu einer stark rissigen Kruste eingetrocknet. An einzelnen Stellen Kristalle von überschüssigem gelbem Blutlaugensalz. Vergr. 100.

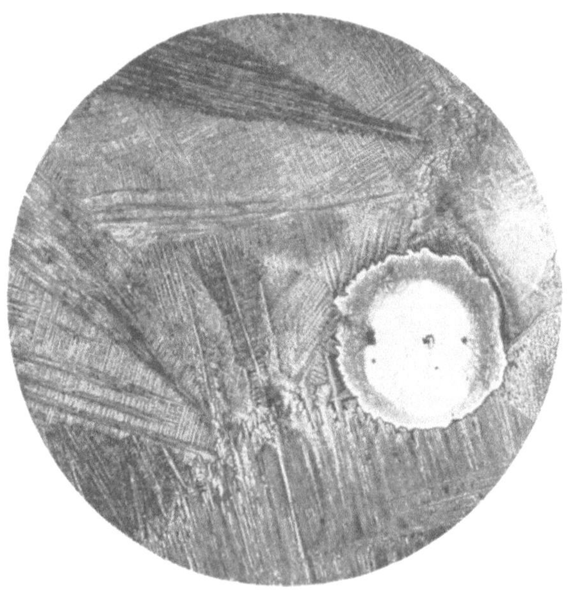

Abb. 95. Eisenrhodanid. Kruste nach dem Erhitzen. Vergr. 100.

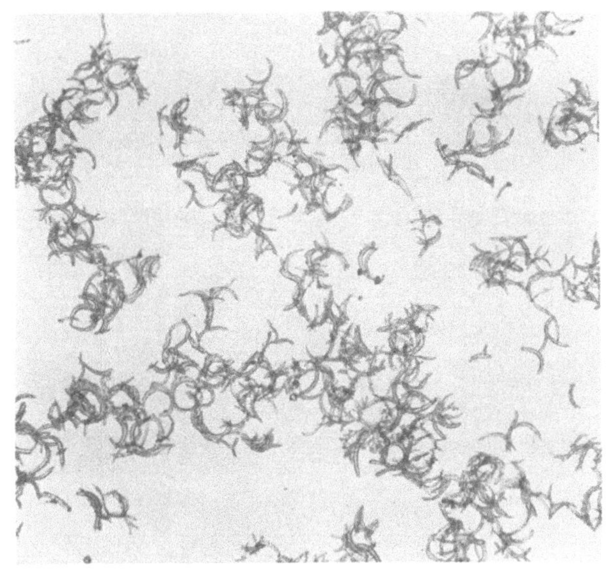

Abb. 96. Durch Ferrichlorid stark abgeänderte Kristallisation von Bariumoxalat. Vergr. 100.

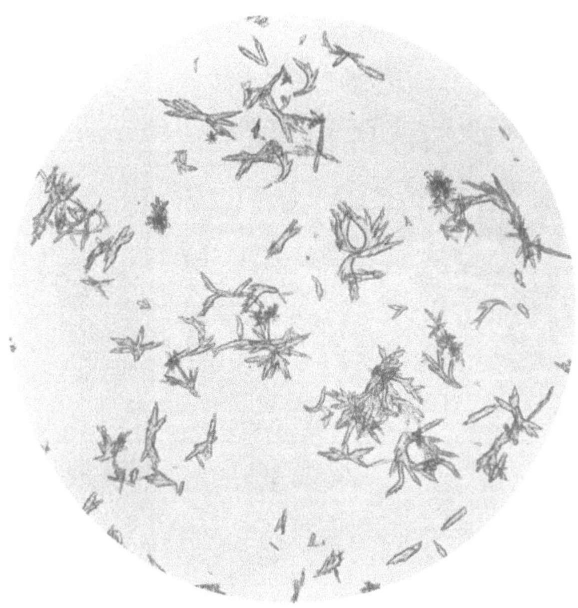

Abb. 97. Durch Ferrichlorid stark abgeänderte Kristallisation von Bariumoxalat. Vergr. 100.

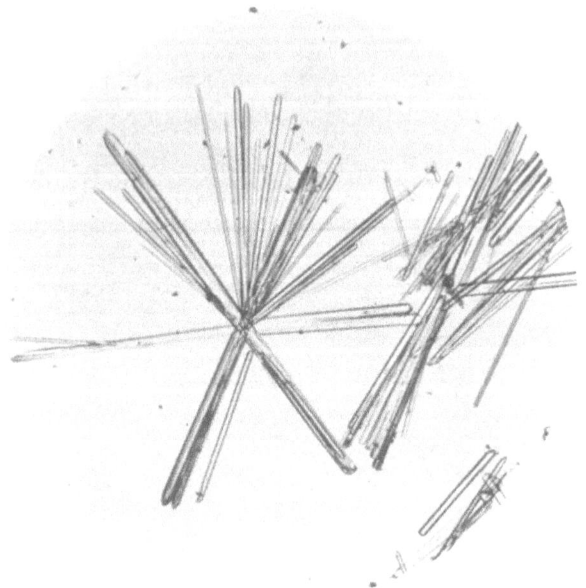

Abb. 98. Manganoxalat. Vergr. 100.

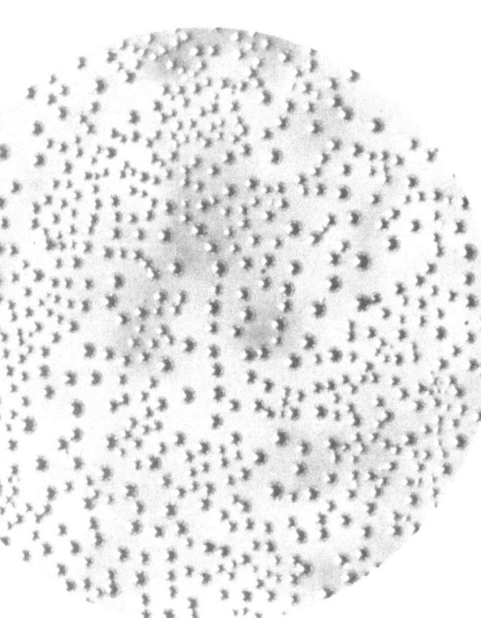

Abb. 99. Quecksilberdestillat. Auffallendes Licht. Vergr. 60.

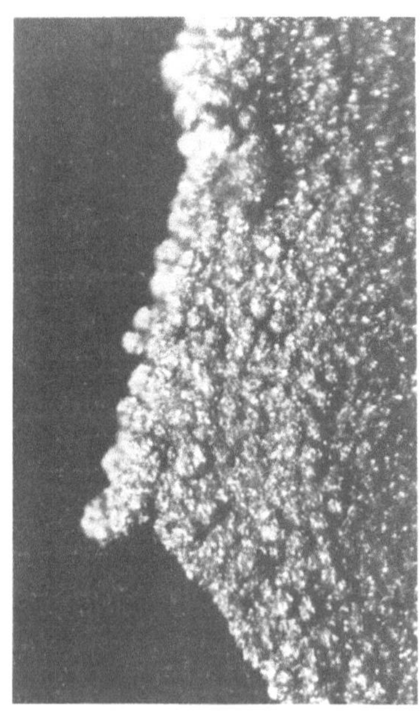

Abb. 100. Metallisches Kupfer mit warziger Oberfläche durch Eisen aus einer stark verdünnten Kupferlösung abgeschieden. Auffallendes Licht. Vergr. 8.

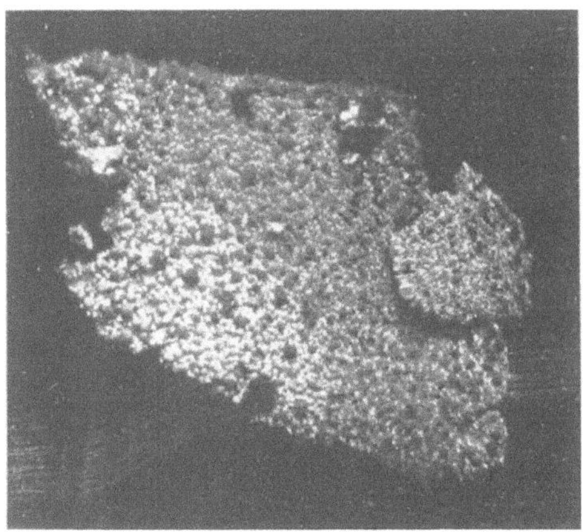

Abb. 101. Metallisches Kupfer mit warziger Oberfläche durch Eisen aus einer stark verdünnten Kupferlösung abgeschieden. Auffallendes Licht. Vergr.

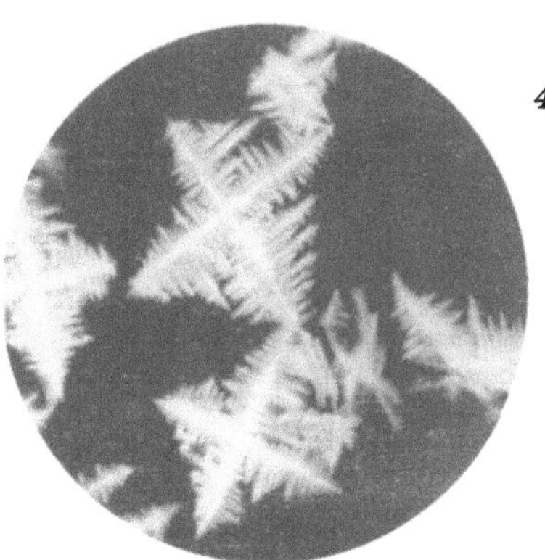

Abb. 102. Doppelverbindung von Zink-und Kuprimerkurithiozyanat. Dunkelfeldbeleuchtung. Ohne Deckglas. Vergr. 100.

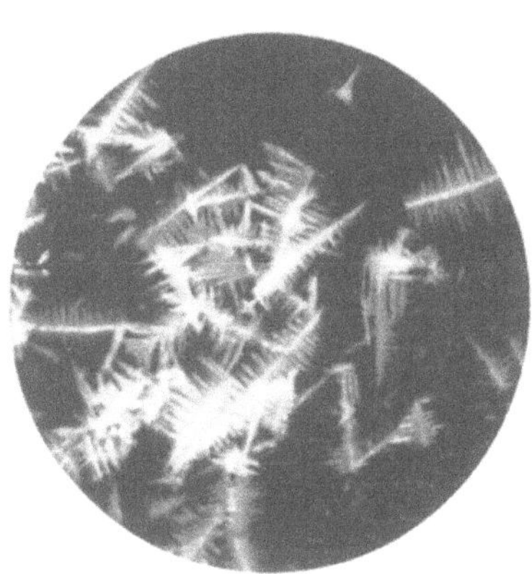

Abb. 103. Wie bei Abb. 102, jedoch unter dem Deckglas gefällt. Vergr. 100.

Abb. 104. Kuprimerkurithiozyanat. Vergr. 100.

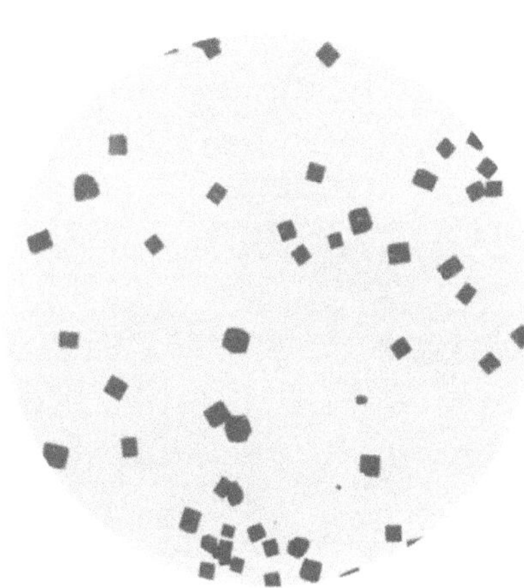

Abb. 105. Kaliumkupferbleinitrit. Vergr. 90.

Abb. 106. Natriumuranylazetat mit Meßteilung. Vergr. 125.

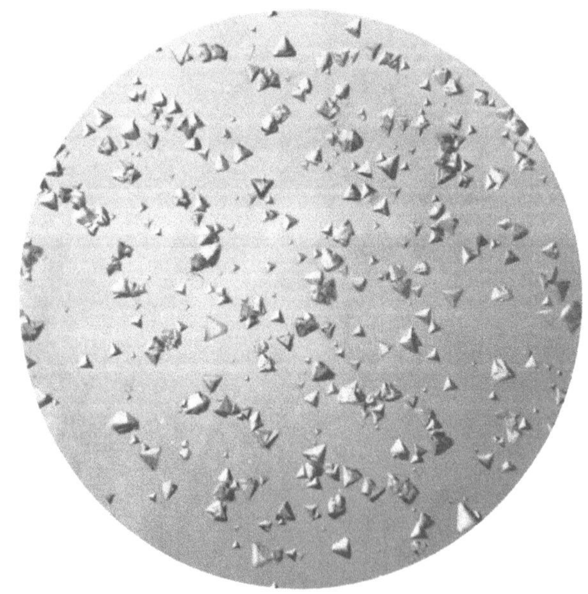

Abb. 107. Natriumuranylazetat. Schiefe Beleuchtung. Vergr. 100.

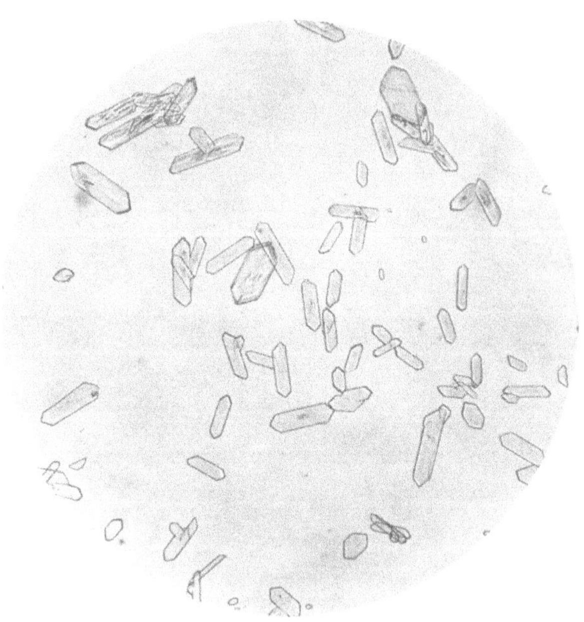

Abb. 10 Silberazetat. Vergr. 100.

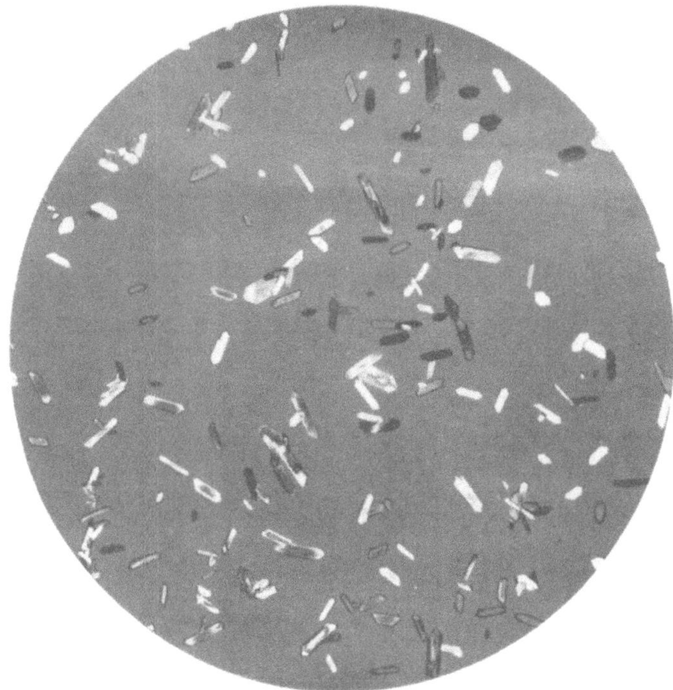

Abb. 109. Silberazetat. Polarisiertes Licht: Nicols gekreuzt. Vergr. 75.

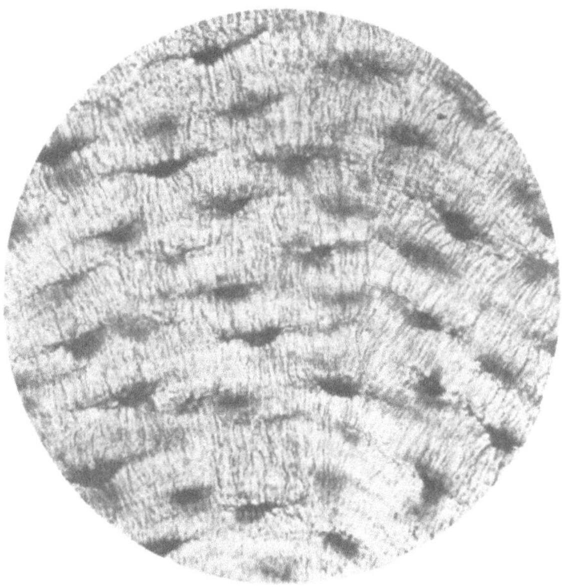

Abb. 110. Querschliff eines Rinderknochens in Kanadabalsam. In der hellen Grundsubstanz sind die dunklen Knochenhöhlen (früher „Knochenkörperchen" genannt) und die zahlreichen verästelten Ausläufer (Knochenkanälchen), die untereinander in Verbindung stehen, deutlich zu erkennen. Vergr. 450.

Abb. 111. Wie bei Abb. 110, jedoch mit einem Havers'schen Kanal (Fett und Blutgefäße führend). Vergr. 450.

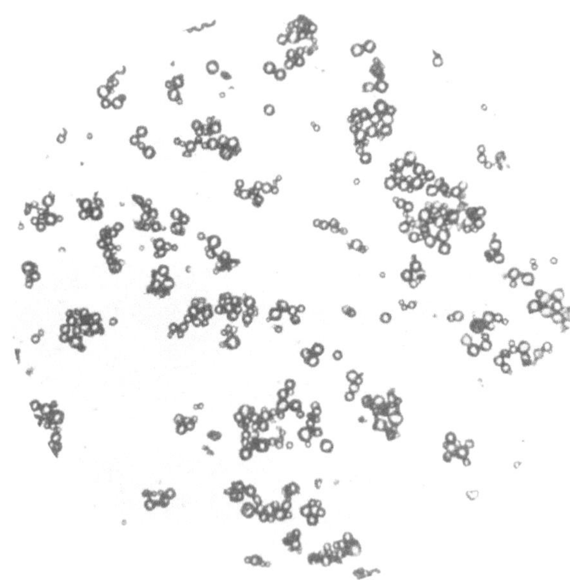

Abb. 112. Ammoniumphosphormolybdat. Vergr. 100.

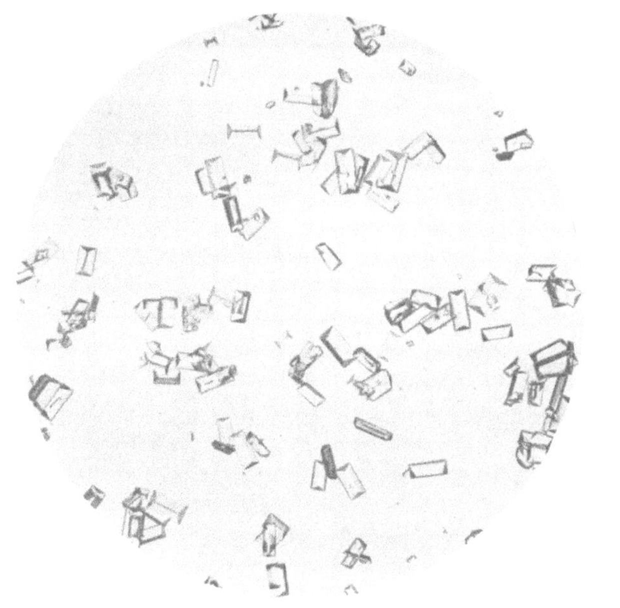

Abb. 113. Ammoniummagnesiumphosphat. Vergr. 100.

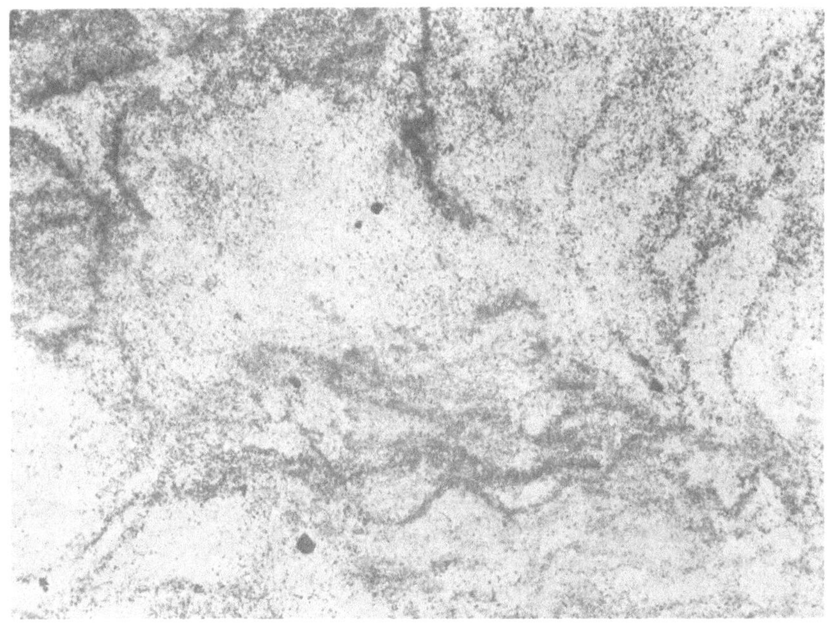

Abb. 114. Toneisenstein mit fluidal angeordneten kohligen Teilchen (als Beispiel für feste Einlagerungen). Dünnschliff. Vergr. 35.

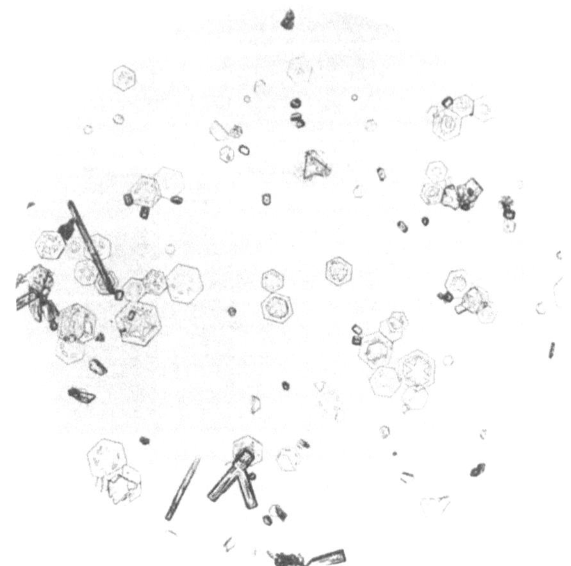

Abb. 115. Zäsiumchloroantimoniat. Vergr. 100.

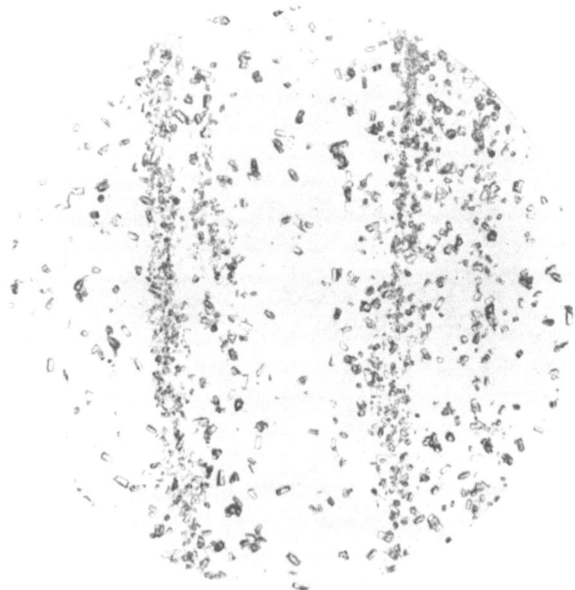

Abb. 116. Natriumpyroantimoniat, leicht Impfstriche bildend. Vergr. 100.

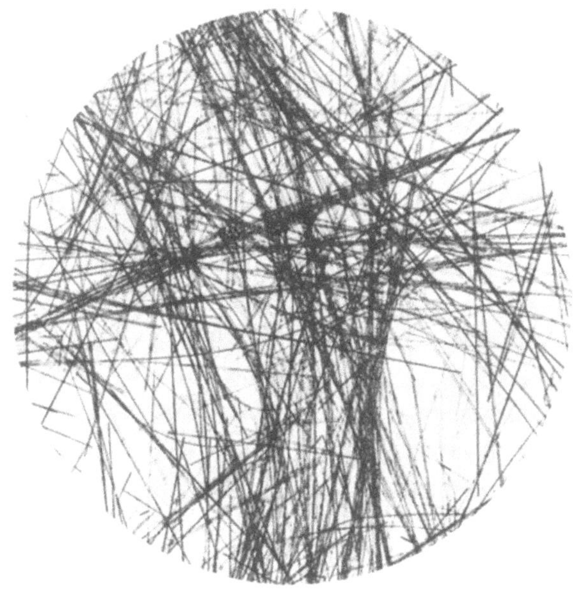

Abb. 117. Unverarbeiteter Asbest. Vergr. 100.

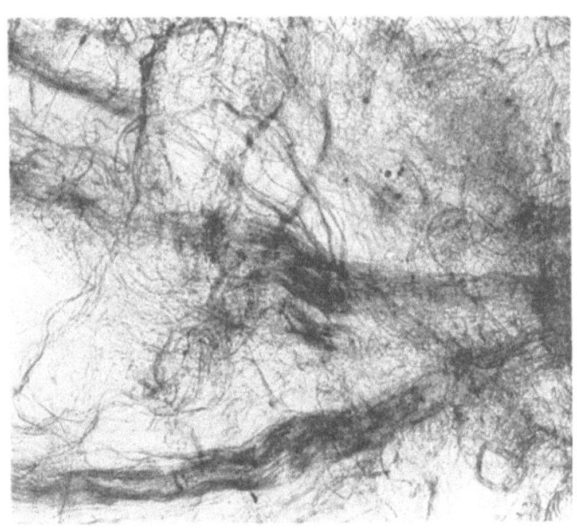

Abb. 118. Gemahlener Asbest. Vergr. 75.

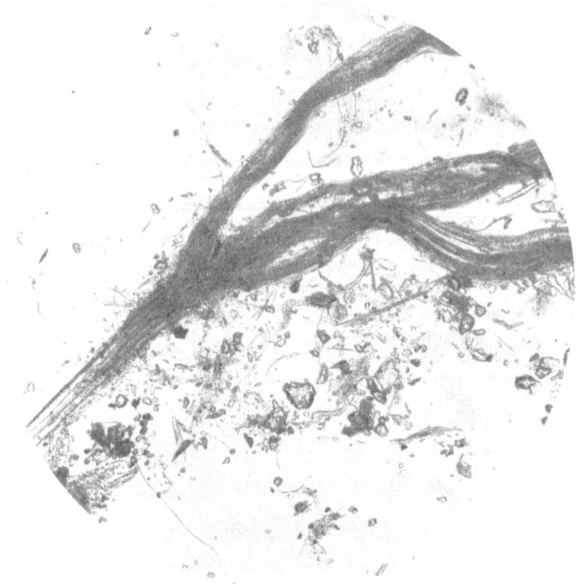

Abb. 119. Asbestfasern aus einem Papier. Zwischen den Asbestfasern scharfkantige Quarzbrocken vorhanden. Vergr. 100.

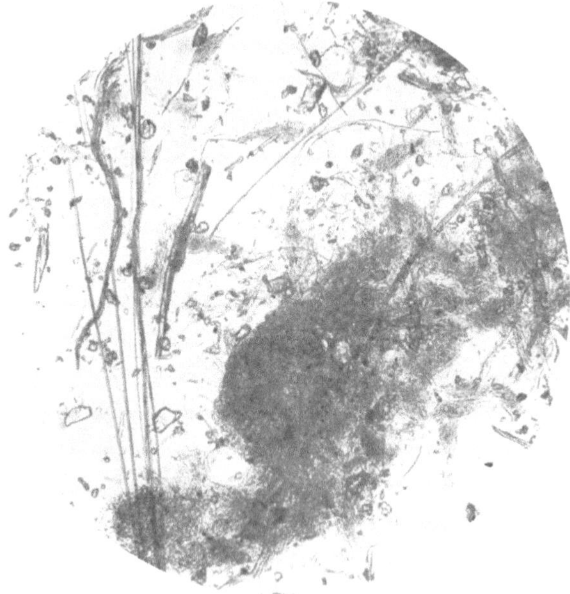

Abb. 120. Asbestfasern aus einem Papier. Zwischen den Asbestfasern scharfkantige Quarzbrocken vorhanden. Vergr. 100.

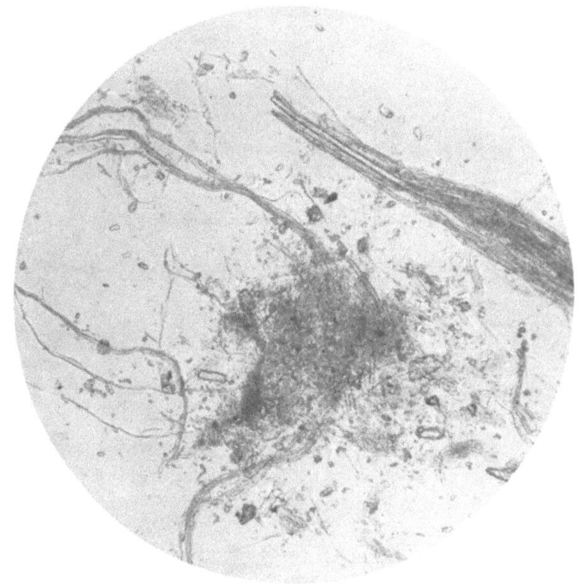

Abb. 121. Asbestfasern aus einem Papier. Zwischen den Asbestfasern scharfkantige Quarzbrocken vorhanden. Vergr. 100.

Abb. 122. Kartoffelstärke zwischen gekreuzten Nicols. Kanadabalsampräparat. Vergr. 200.

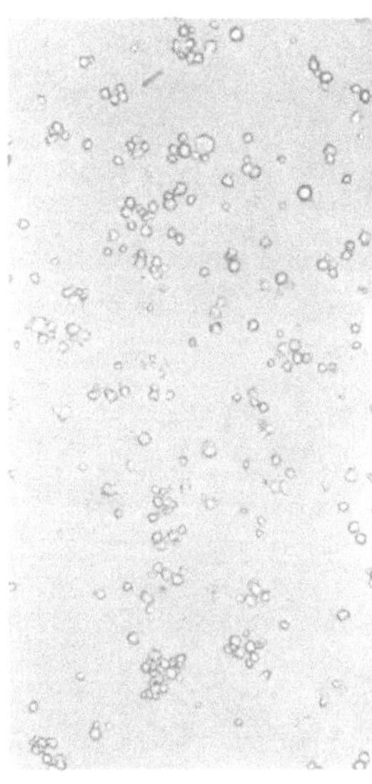

Abb. 123. Reisstärke. Vergr. 150.

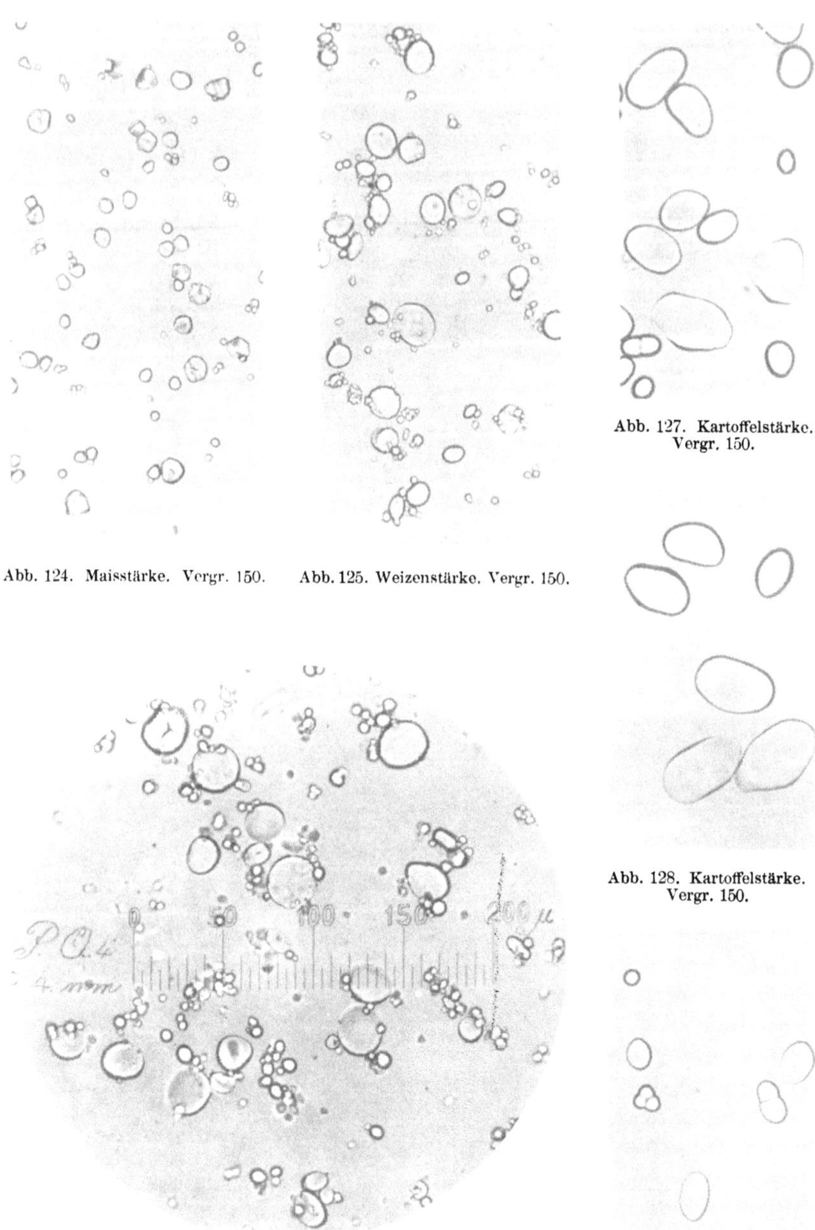

Abb. 124. Maisstärke. Vergr. 150.

Abb. 125. Weizenstärke. Vergr. 150.

Abb. 127. Kartoffelstärke. Vergr. 150.

Abb. 128. Kartoffelstärke. Vergr. 150.

Abb. 126. Weizenstärke aus einem mit Mehl gefüllten altchinesischen Papier. Plaggesches Okularmikrometer. Vergr. 250.

Abb. 129. Kartoffelstärke. Vergr. 150.

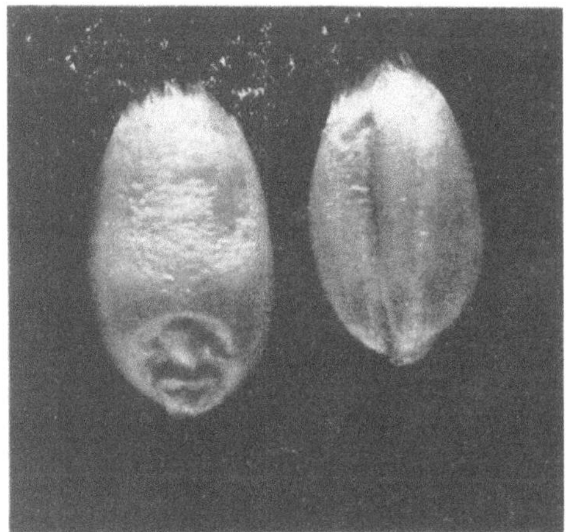

Abb. 130. Weizenkorn (Bauch- und Rückenseite) mit oben angesetztem Haarschopf. Vergr. 8.

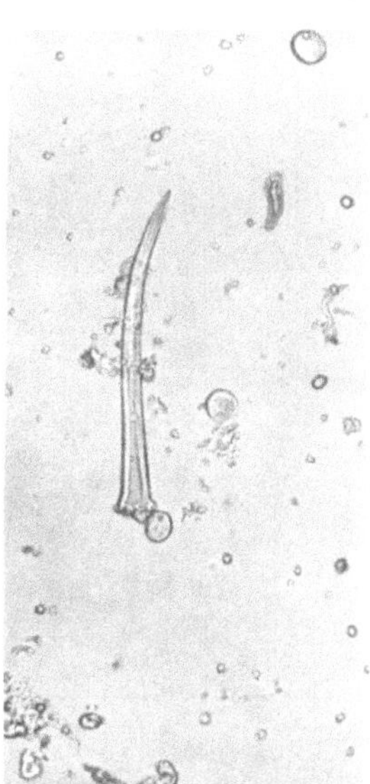

Abb. 132. Aus einem altchinesischen Papier isoliertes Weizenhaar (Fragment). Vergr. 160.

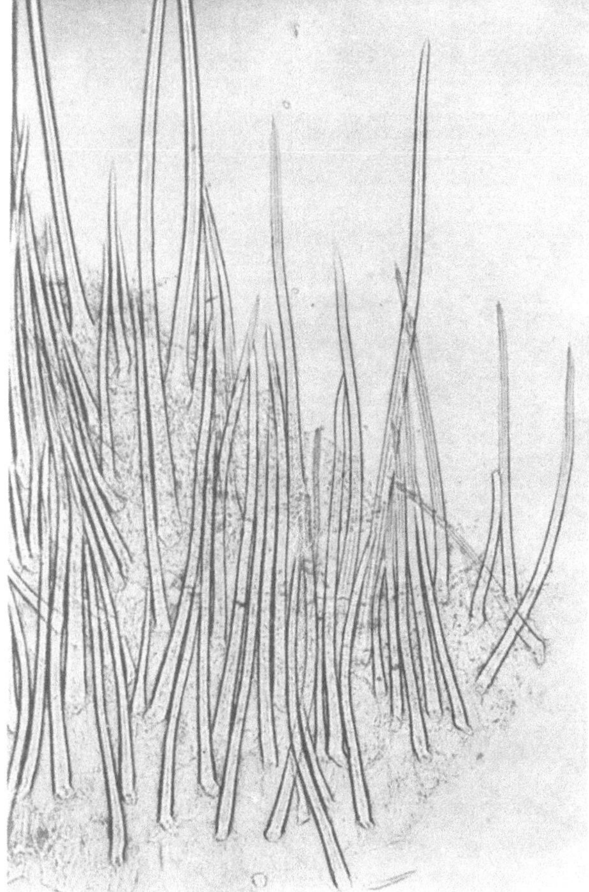

bb. 131. Haare von der Oberfläche des Weizenkornes in Chloralhydrat. Schnittpräparat. Vergr. 75.

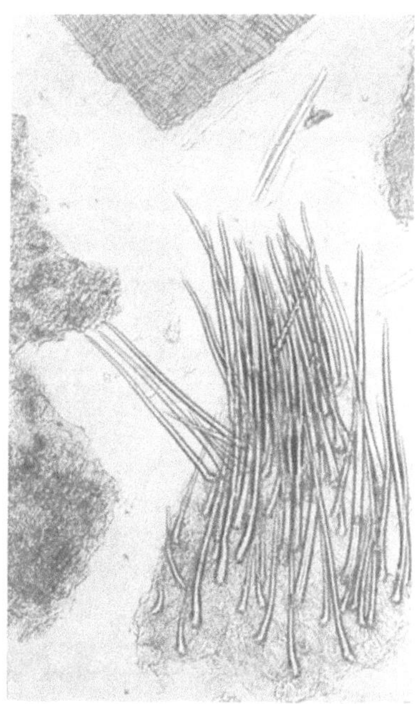

Abb. 133. Kleienbestandteile aus einem Getreidemehl (Weizen). Vergr. 160.

Abb. 134. Traubenzuckernachweis mit salzsaurem Phenylhydrazin und Natriumazetat (Osazonbildung). Vergr. 80,5.

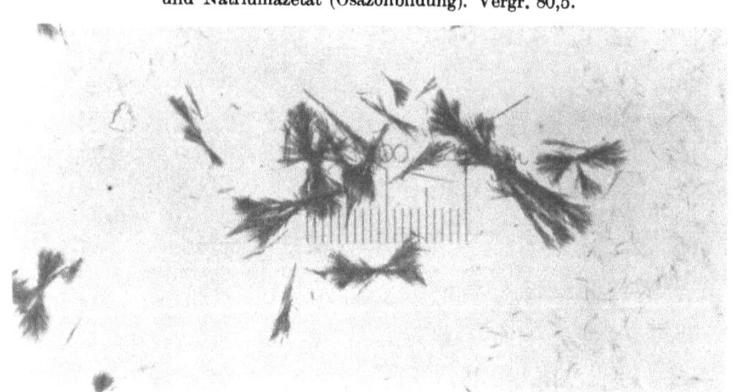

Abb. 135. Wie bei Abb. 134, jedoch verschiedene Ausbildungsformen der Kristalle. Mit dem Plaggeschen Okularmikrometer. Vergr. 100.

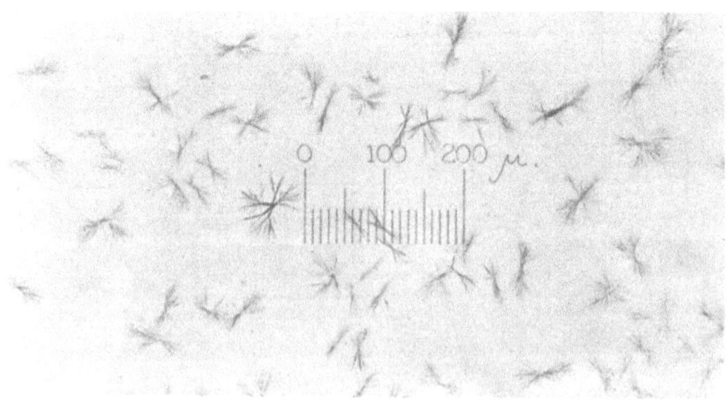

Abb. 136. Wie bei Abb. 134, jedoch verschiedene Ausbildungsformen der Kristalle. Mit dem Plaggeschen Okularmikrometer. Vergr. 100.

Abb. 137. Wie bei Abb. 134, jedoch verschiedene Ausbildungsformen der Kristalle. Mit dem Plaggeschen Okularmikrometer. Vergr. 100.

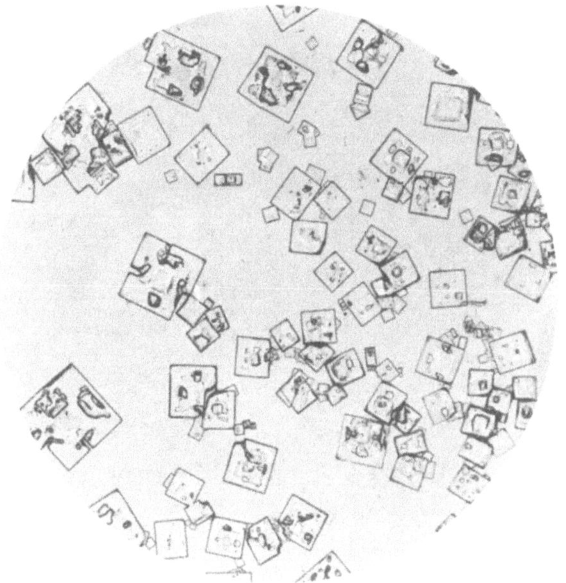

Abb. 138. Kruste von Natriumchlorid. Vergr. 100.

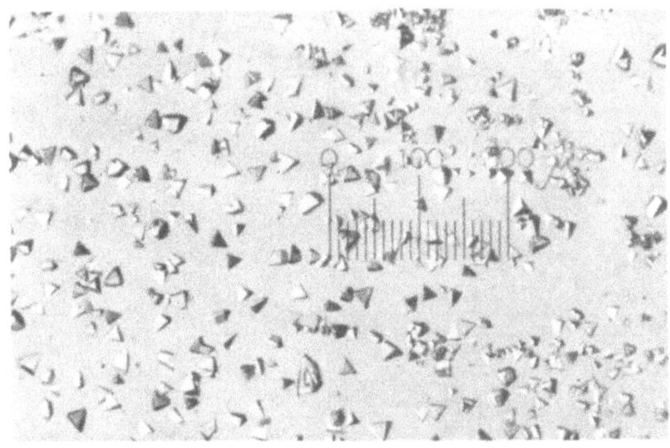

Abb. 139. Natriumuranylazetat mit Plaggeschem Okularmikrometer (Übersichtsbild). Vergr. 100.

Abb. 140. Natriumuranylazetat. Schiefe Beleuchtung. Vergr. 200.

Abb. 144. Sandstein zwischen gekreuzten Nicols. Dünnschliff. Die einzelnen Sandkörner sind durch ein toniges Bindemittel miteinander verbunden. Vergr. 30.

Abb. 141. Natriumzinkuranylazetat. Vergr. 150.

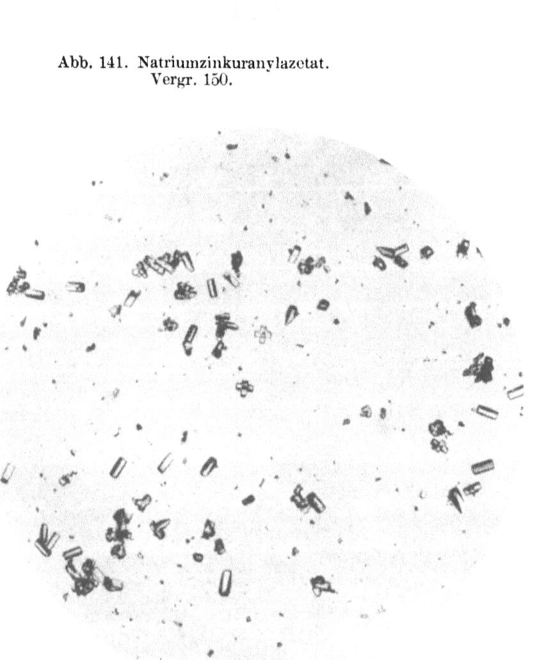

Abb. 143. Natriumpyroantimoniat. Vergr. 100.

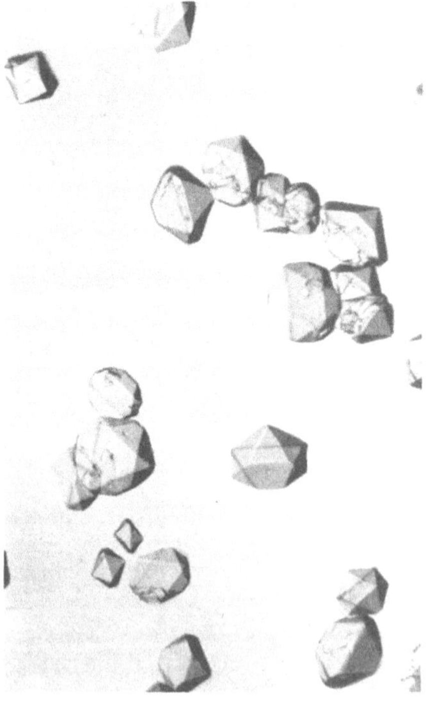

Abb. 142. Natriumzinkuranylazetat. Vergr. 150.

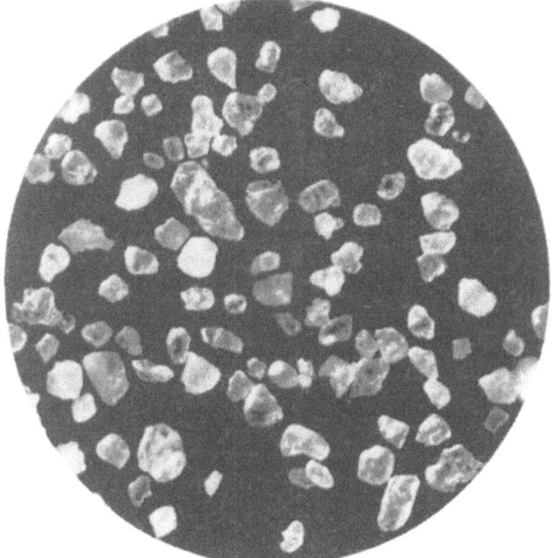

Abb. 145. Seesand. Auffallendes Licht. Vergr. 15.

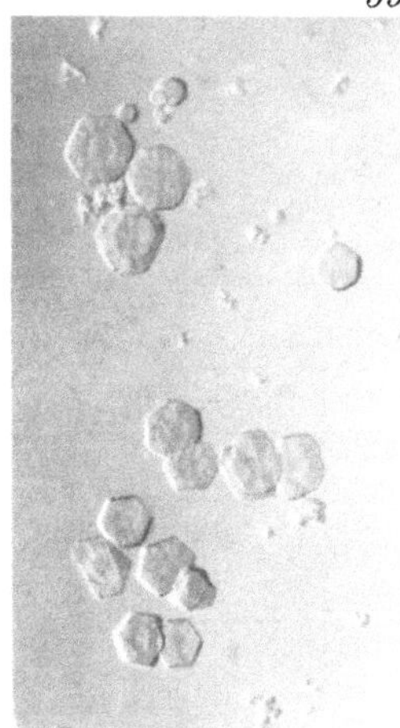

Abb. 148. Natriumfluorsilikat. Schiefes Licht. Vergr. 100.

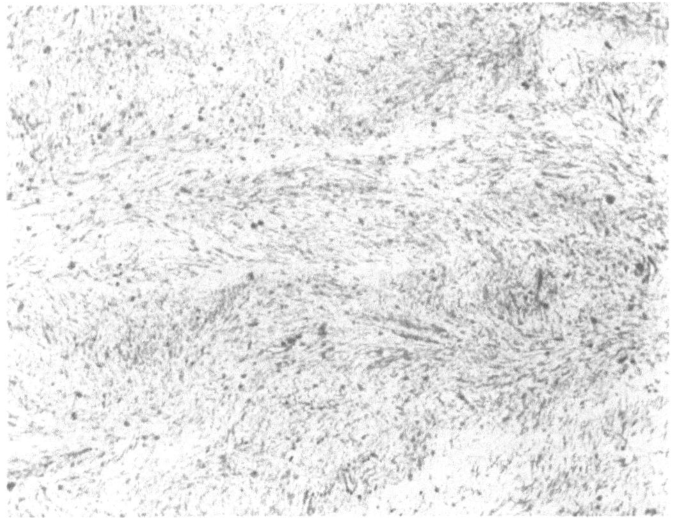

Abb. 146. Obsidian mit zahlreichen festen Einschlüssen. Ausgezeichnete Fluidalstruktur. Dünnschliff. Beispiel für feste Einlagerungen. Vergr. 30.

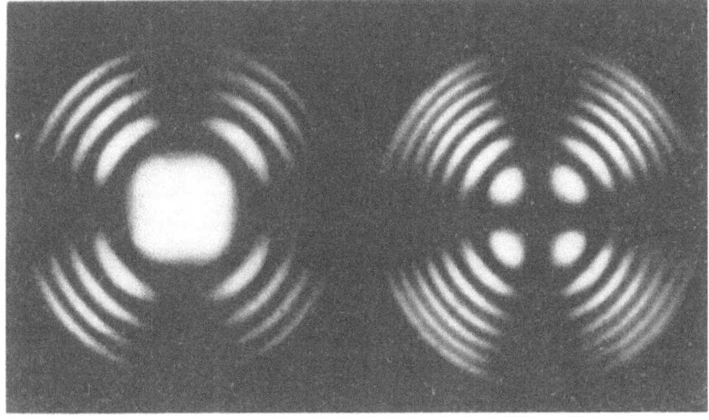

Abb. 147. Achsenbilder von Quarz (links) und Kalkspat (rechts). Vergr. 75.

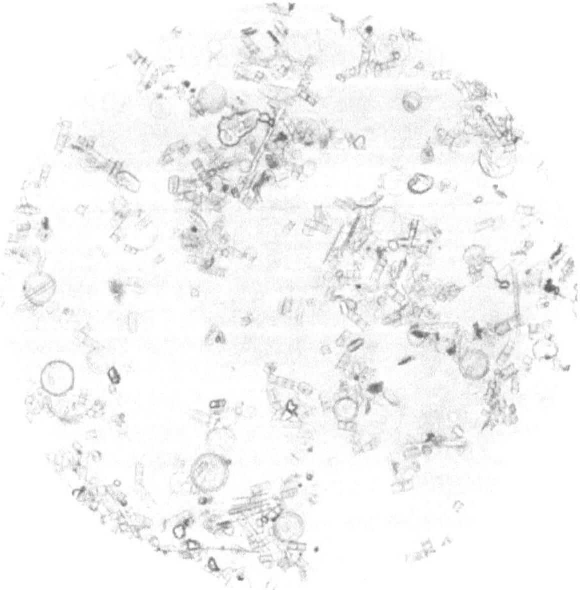

Abb. 149. Kieselalgen (Kieselgur), geglüht. Vergr. 100.

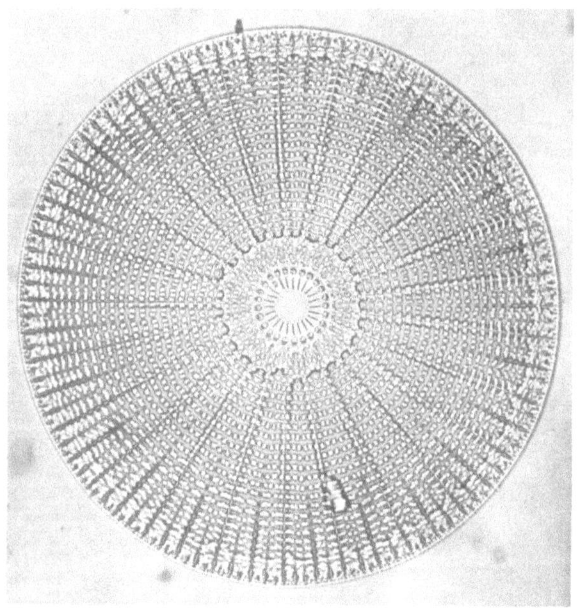

Abb. 150. Kieselalge (Arachnodiscus Ehrenbergii) mit feingegliedertem Kieselpanzer. Vergr. 300.

Abb. 151. Salmiakkruste, aus zierlichen Kristallskeletten bestehend. Vergr. 100.

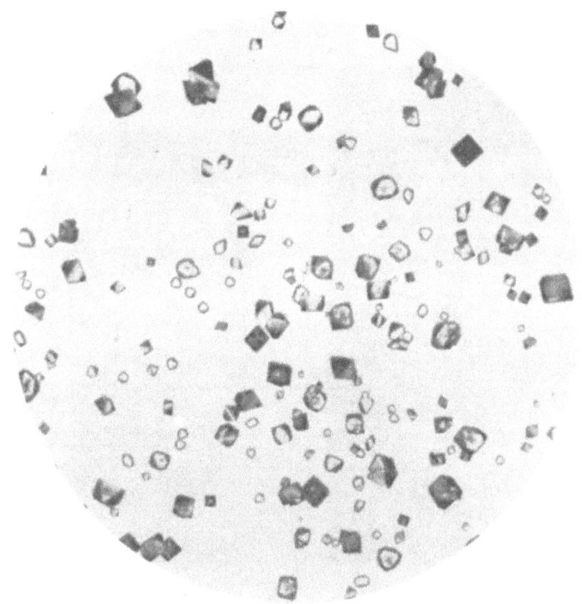

Abb. 152. Ammoniumplatinchlorid. Vergr. 100.

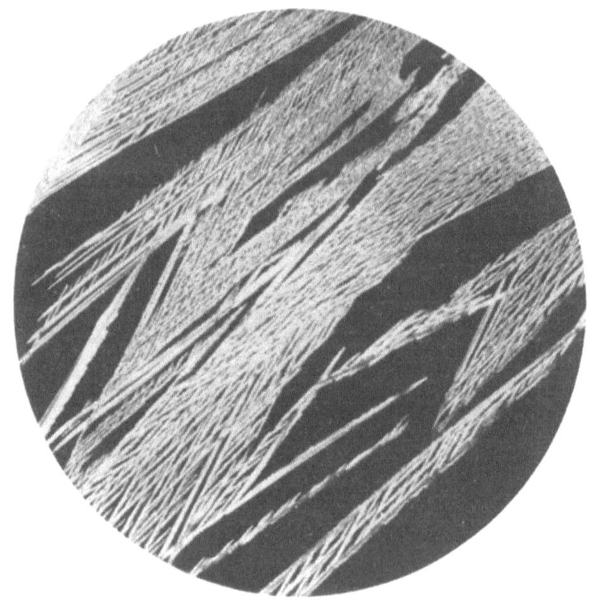

Abb. 153. Ammoniumpikrat (Kristallskelette) zwischen gekreuzten Nicols. Vergr. 100.

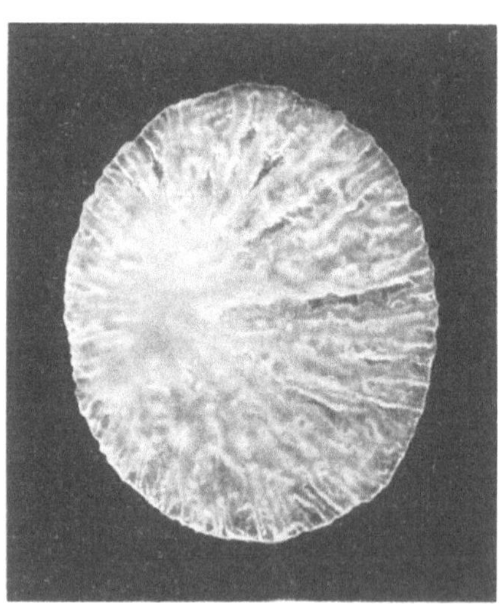

Abb. 154. Ölsäuretropfen nach Einwirkung von gasförmigem Ammoniak in eine flache, stark gerunzelte Scheibe von Ammoniumoleat umgewandelt. Auffallendes Licht. Vergr. 8.

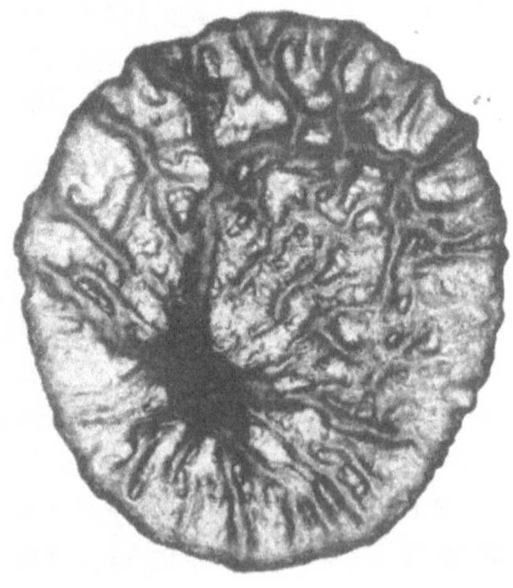

Abb. 155. Wie bei Abb. 154, jedoch durchfallendes Licht. Vergr. 10.

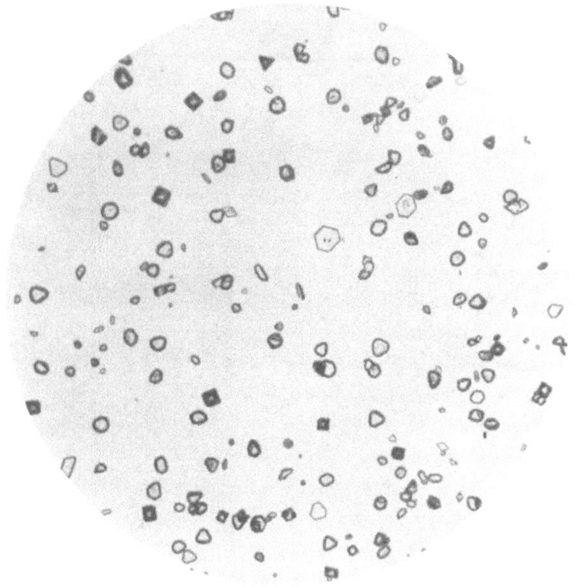

Abb. 156. Chlorsilber aus ammoniakalischer Lösung auskristallisiert. Vergr. 100.

Abb. 157. Wie bei Abb. 156, jedoch auffallendes Licht. Vergr. 350.

Abb. 159. Thallochlorid in dendritischer Ausbildung. Vergr. 100.

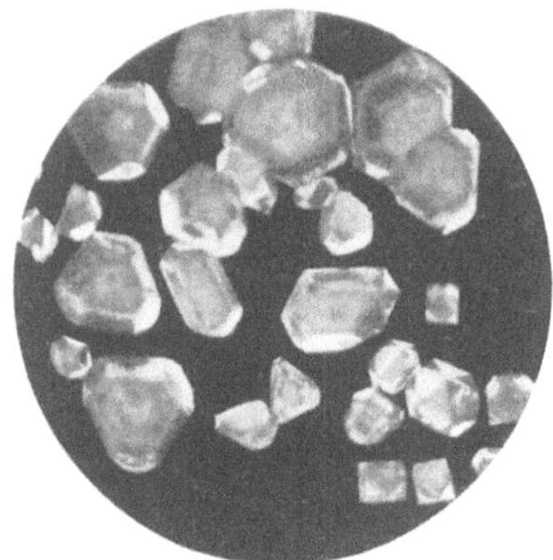

Abb. 158. Wie bei Abb. 156, jedoch auffallendes Licht. Vergr. 350.

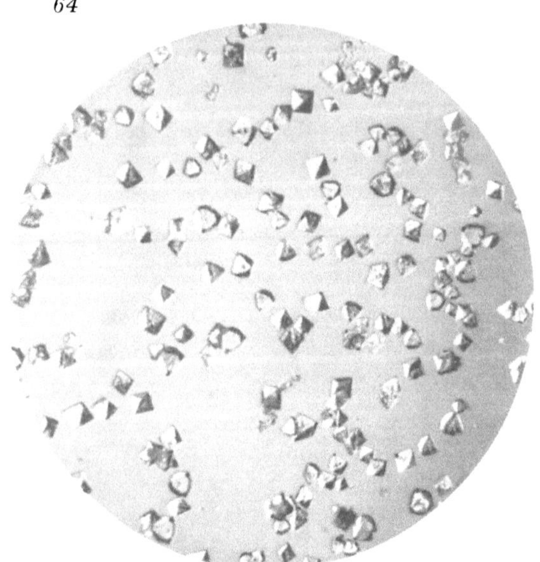

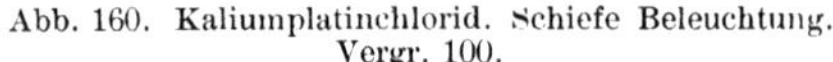

Abb. 160. Kaliumplatinchlorid. Schiefe Beleuchtung. Vergr. 100.

Abb. 162. Kaliumbitartarat, Impfstrich. Vergr. 40.

Abb. 161. Kaliumwismutsulfat. Vergr. 100.

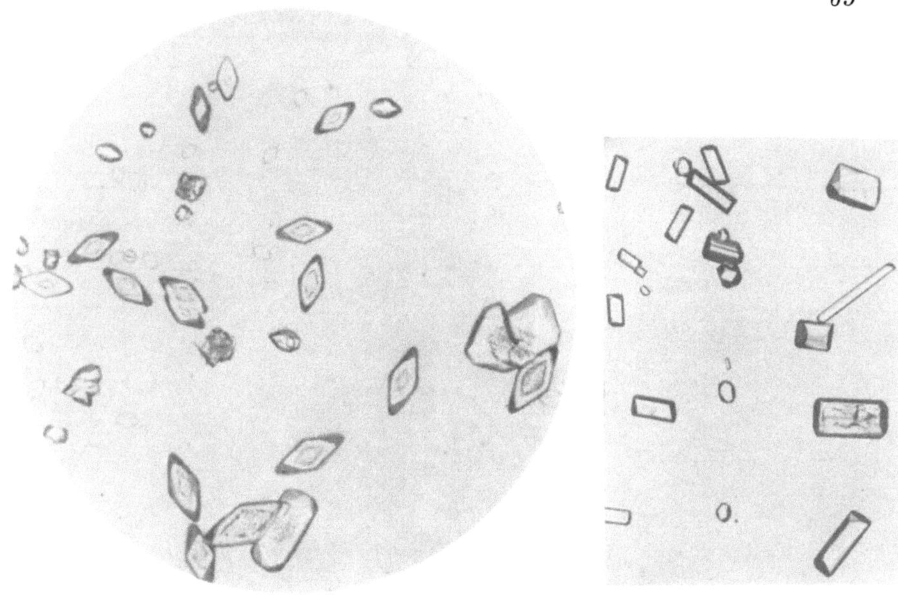

Abb. 163. Kaliumbitartarat. Vergr. 100.

Abb. 166. Kaliumsulfat. Vergr. 75.

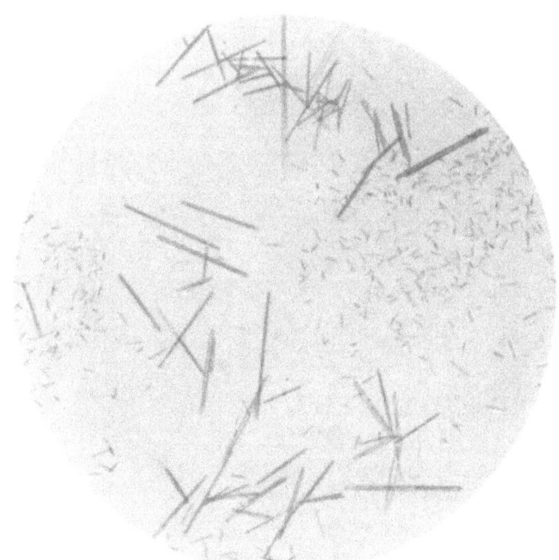

Abb 164. Kaliumpikrat. Vergr. 100.

Abb. 165. Kristallskelette von Ammoniumpikrat zwischen gekreuzten Nicols. Vergr. 100.

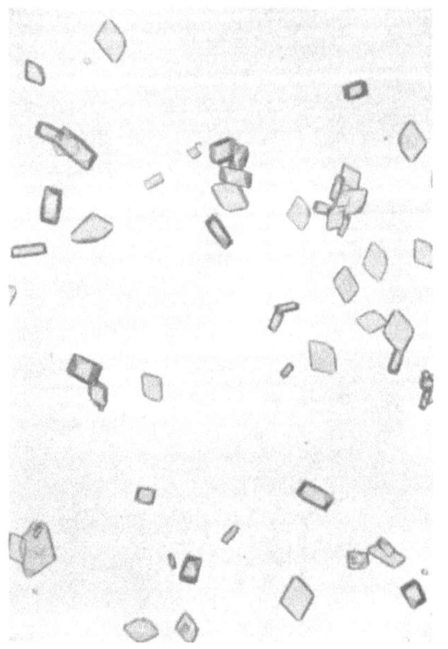

Abb. 167. Kaliumnickelsulfat. Vergr. 105.

Abb. 168. Bei Gegenwart von Bismarckbraun abgeschiedene feinfaserige Kristalle von Kaliumsulfat. Vergr. 100.

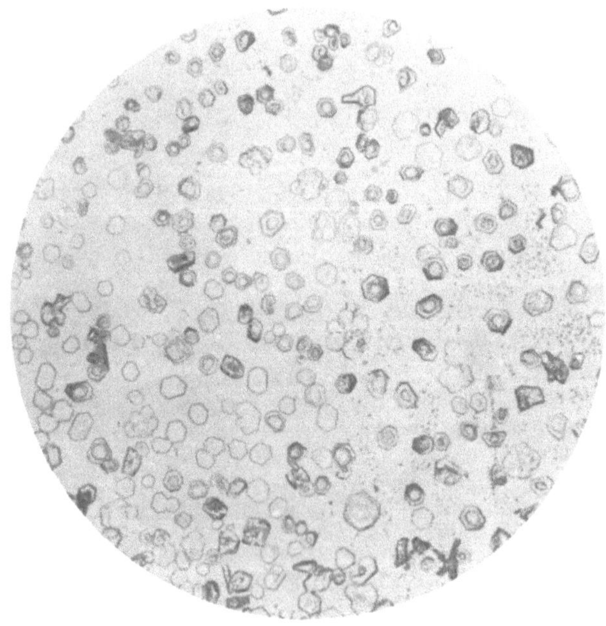

Abb. 169. Borsäurekruste. Durchfallendes Licht. Vergr. 100.

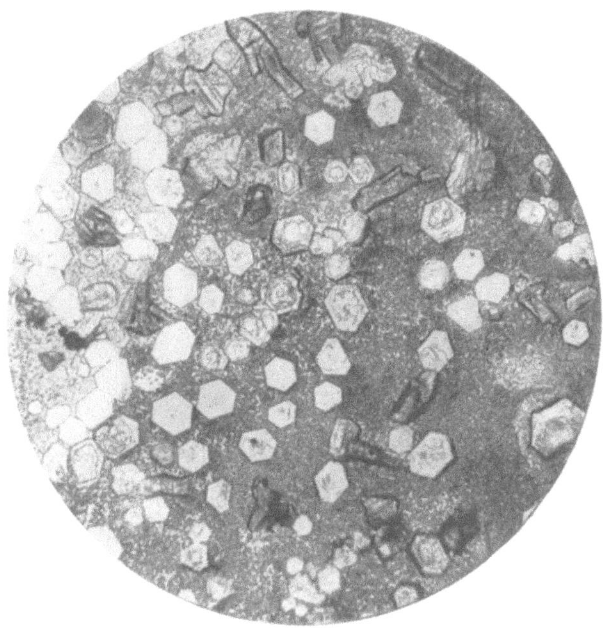

Abb. 170. Borsäurekruste. Auffallendes Licht. Vergr. 100.

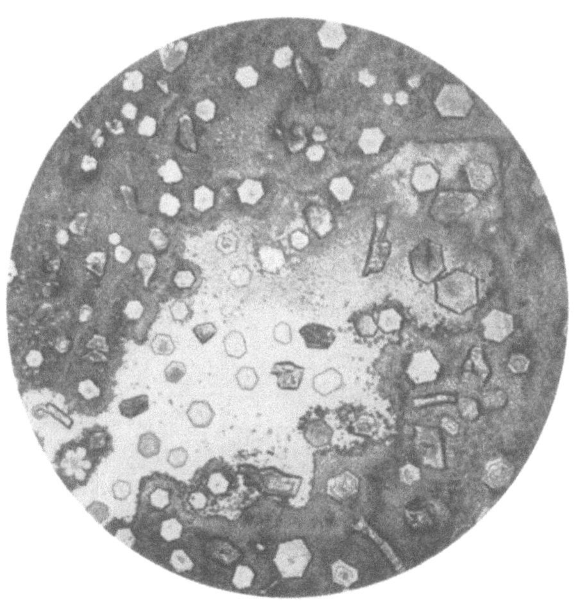

Abb. 171. Borsäurekruste. Auffallendes Licht. Vergr. 100.

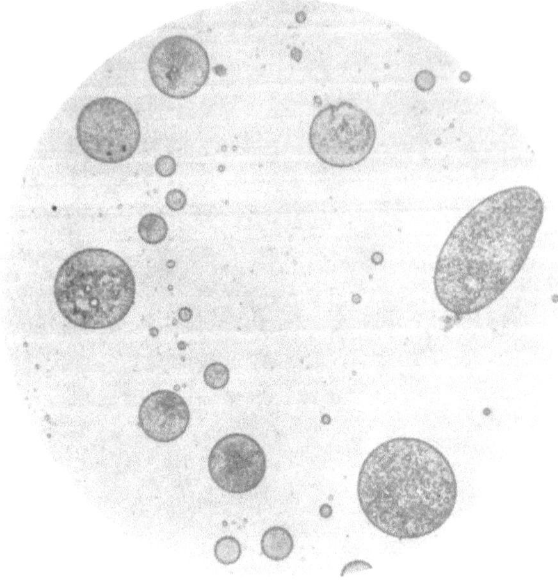

Abb. 172. Harzemulsion (alkoholische Lösung von Harz in Wasser gegossen) nach dem Aufkochen. Vergr. 100.

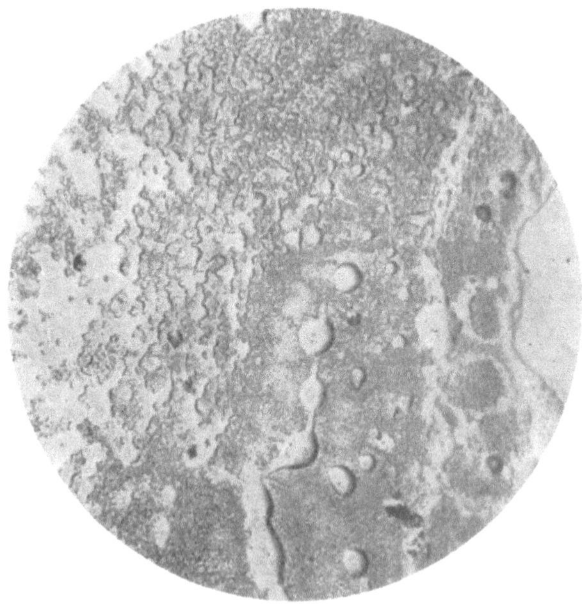

Abb. 173. Harzrückstand aus alkoholischer Lösung. Schiefes Licht. Vergr. 100.

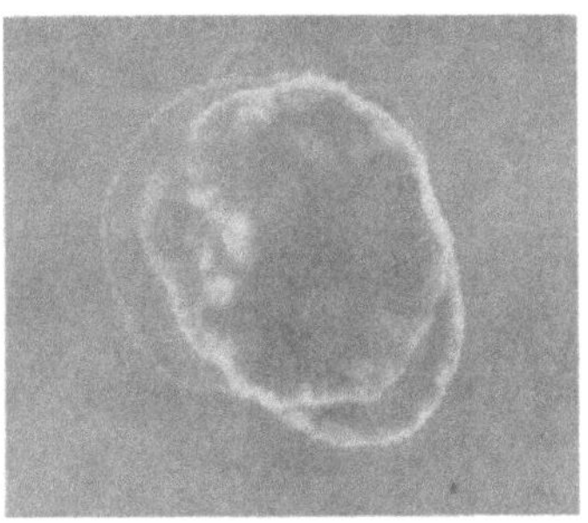

Abb. 174. Harzgeleimtes Papier nach mehrmaligem Auftropfen von Äther. Heller Harzrand in der Durchsicht. Lupenbild.

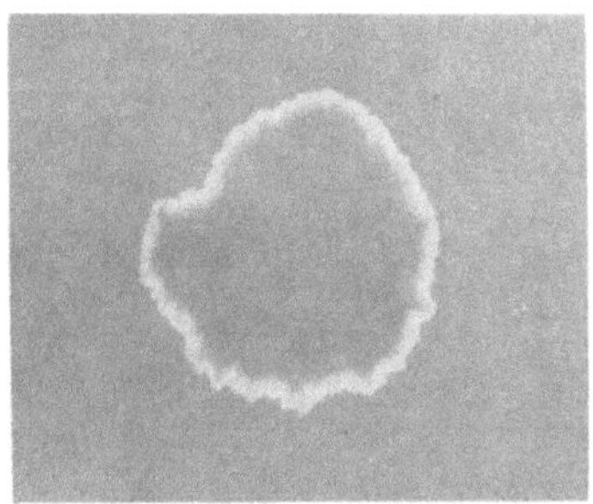

Abb. 175. Wie bei Abb. 174, jedoch nach einmaligem Auftropfen von Xylol. Lupenbild.

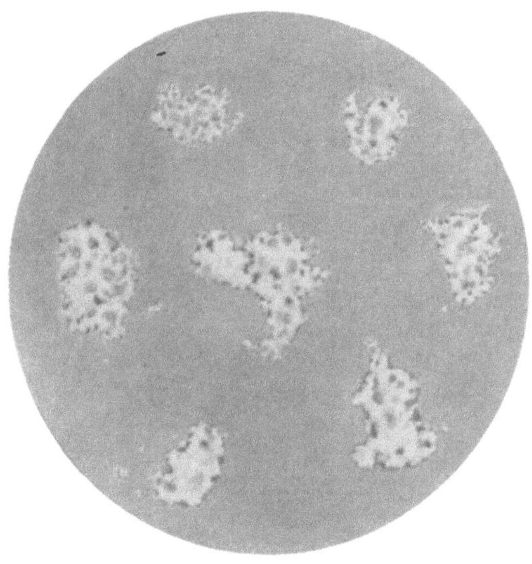

Abb. 176. Mit Harz durchscheinend gemachtes Papier nach dem Auftropfen von Xylol. Aufsicht. Lupenbild.

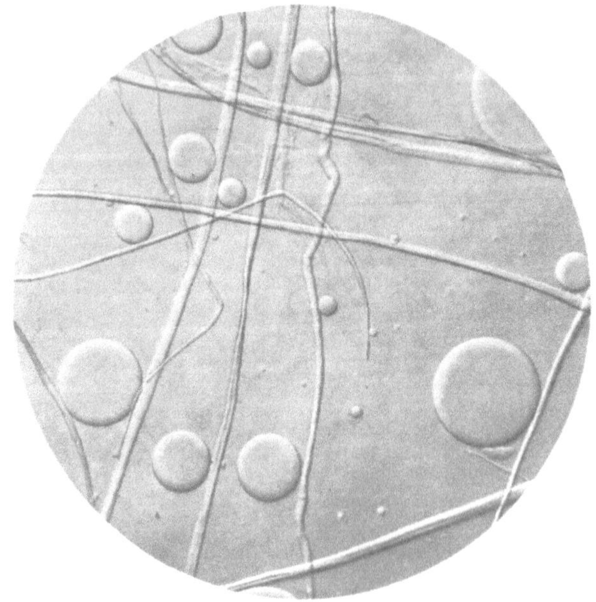

Abb. 177. Öltropfen nach dem Aufkochen von fetten Fasern mit Chloralhydrat freigelegt. Vergr. 100.

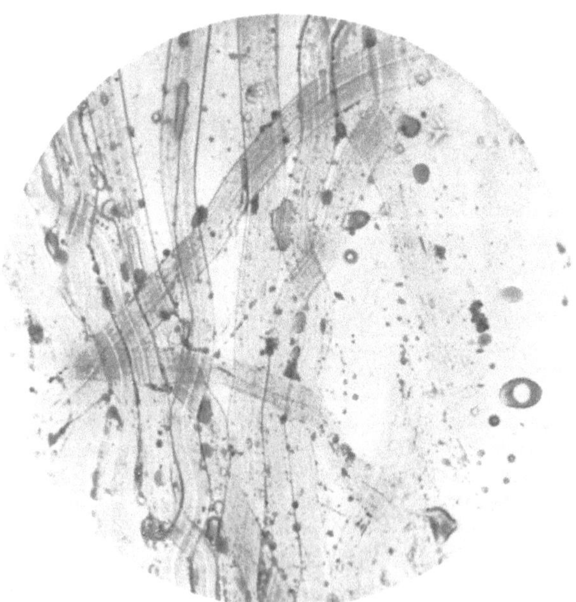

Abb. 178. Lösung fetter Fasern in Kupferoxydammoniak. Deutliches Hervortreten der Öltropfen. Vergr. 100.

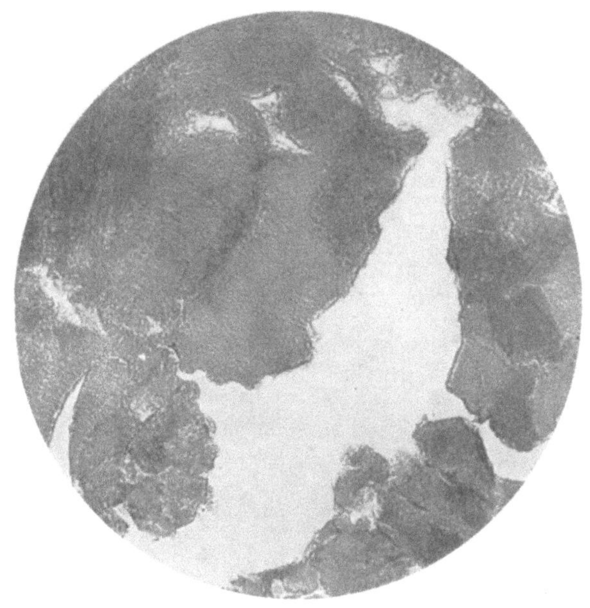

Abb. 179. Kalkseife als körnig-kristallinische Haut abgeschieden. Vergr. 100.

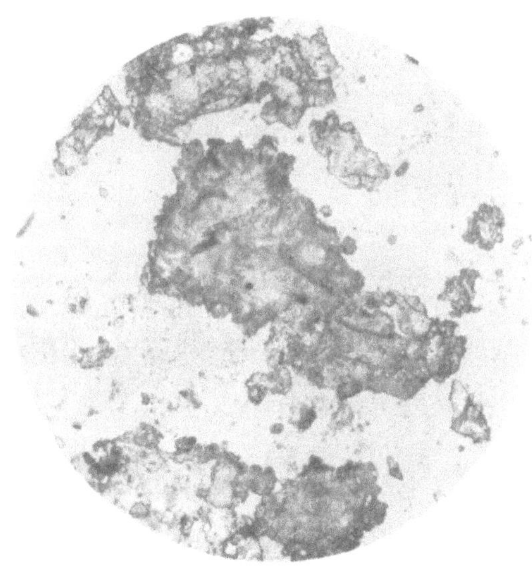

Abb. 180. Kalkseife in brockiger Abscheidung. Vergr. 100.

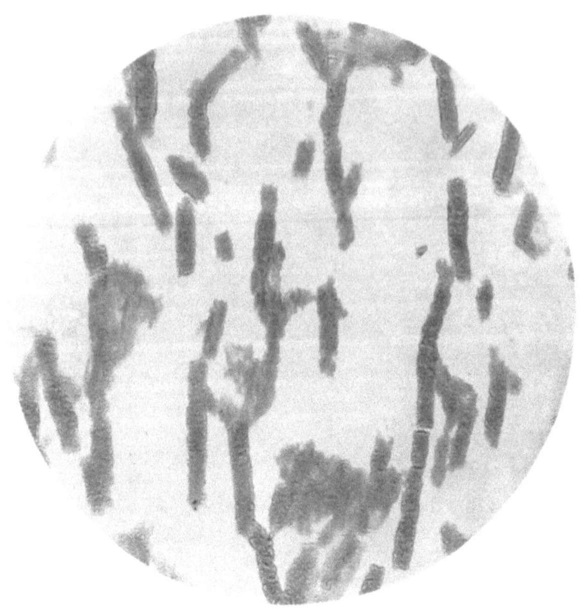

Abb. 181. Kalkseife. Flachzylindrische Stücke, in der Quere zerfallend. Vergr. 100.

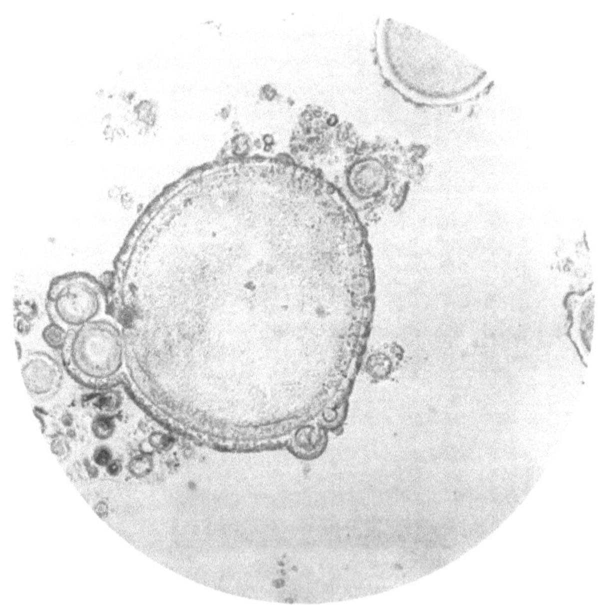

Abb. 182. Verseifungsprobe für Fette nach Molisch. Vergr. 76,6.

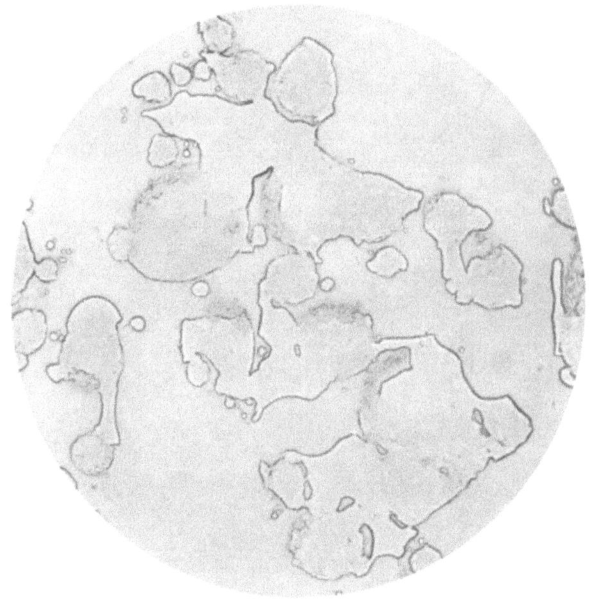

Abb. 183. Verseifung von Olivenöl. Vergr. 100.

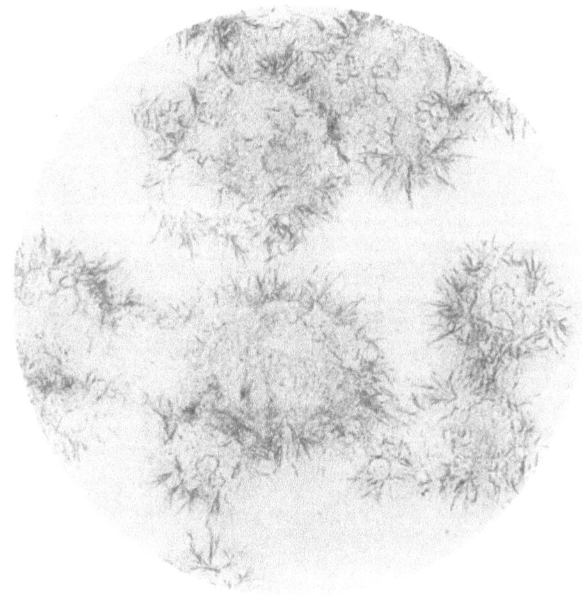

Abb. 184. Wie bei Abb. 183, jedoch 5 Stunden später. Vergr. 100.

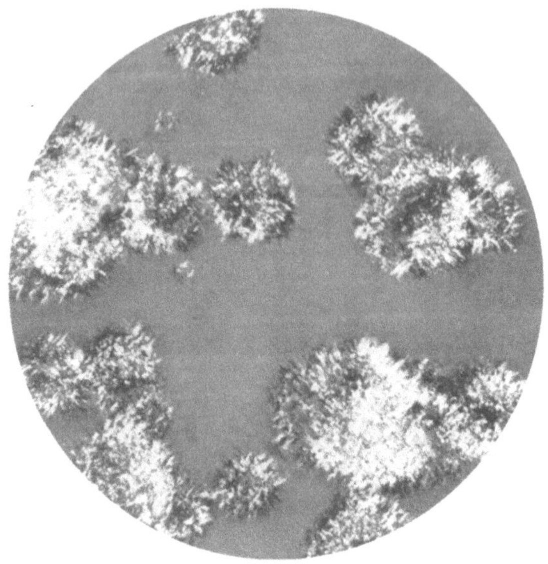

Abb. 185. Verseiftes Olivenöl (Sphärokristalle von Natriumoleat) zwischen gekreuzten Nicols (Gesichtsfeld etwas aufgehellt). Vergr. 75.

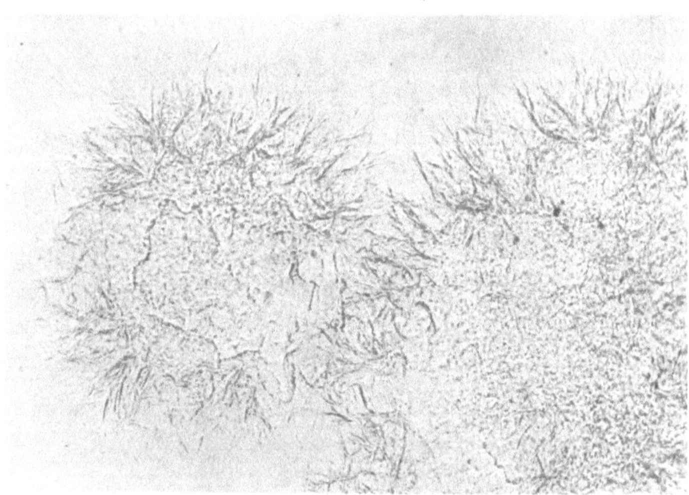

Abb. 186. Verseiftes Olivenöl nach 24 Stunden. Vergr. 200.

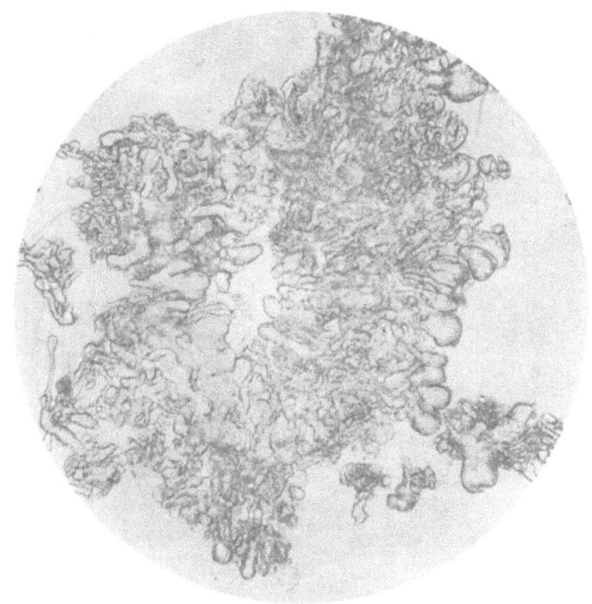

Abb. 187. Kaliumoleat. Andeutung von Myelinformen. Vergr. 100.

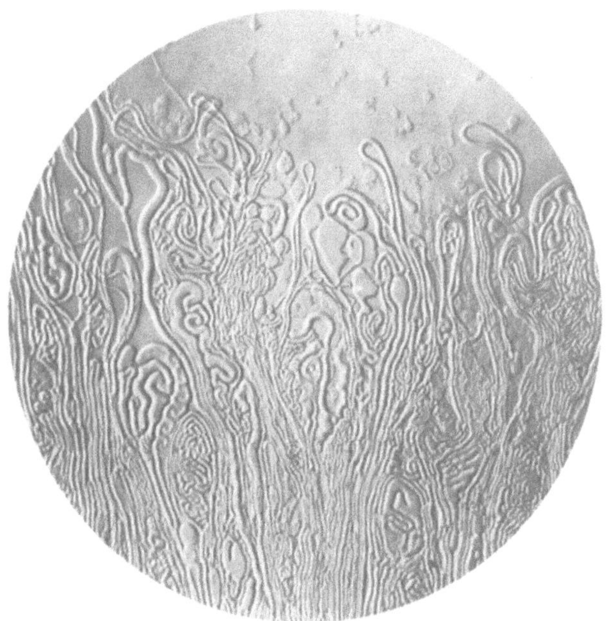

Abb. 188. Myelinformen von Ammoniumoleat. Schiefe Beleuchtung. Vergr. 100.

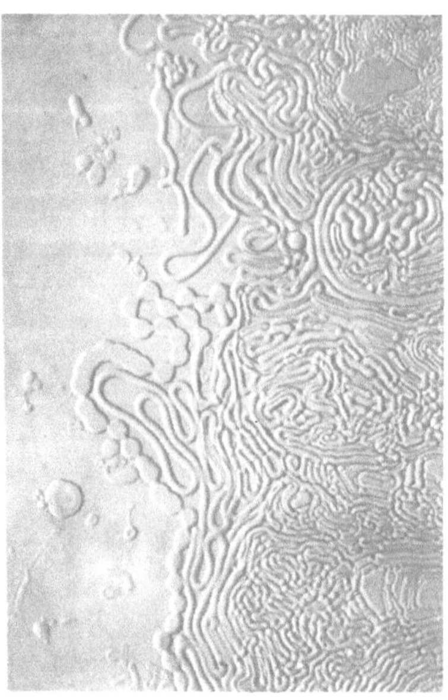

Abb. 189. Myelinformen von Ammoniumoleat. Schiefe Beleuchtung. Vergr. 100.

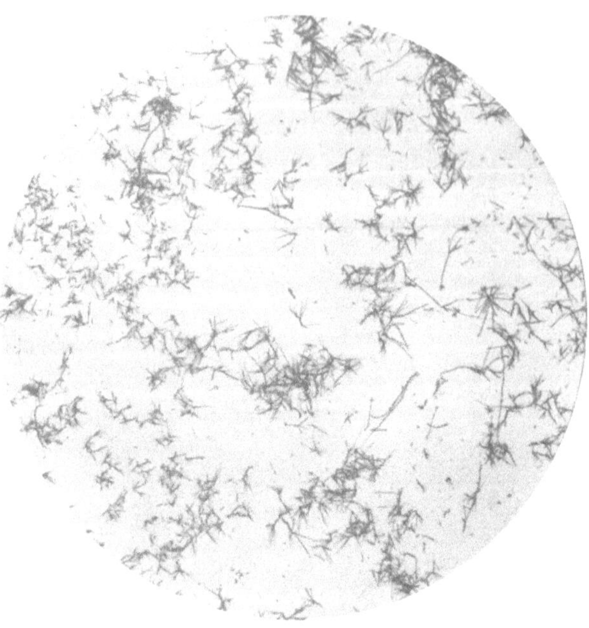

Abb. 191. Nachweis von Glyzerin mit Paranitrophenylhydrazin. Vergr. 130.

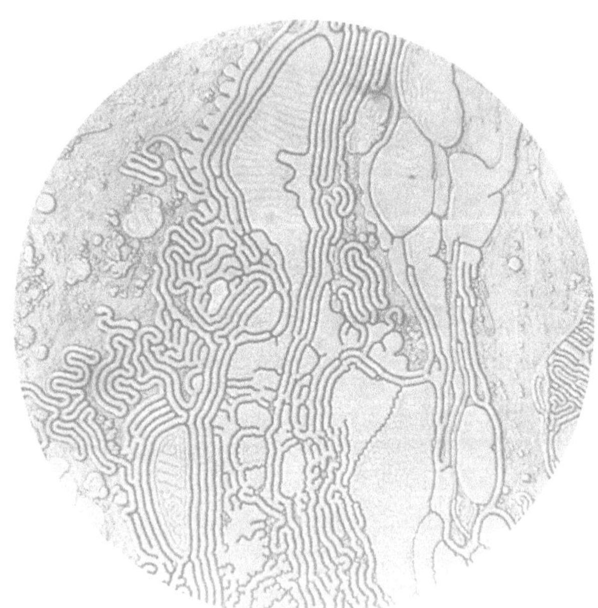

Abb. 190. Myelinformen von Ammoniumoleat. Schiefe Beleuchtung. Vergr. 100.

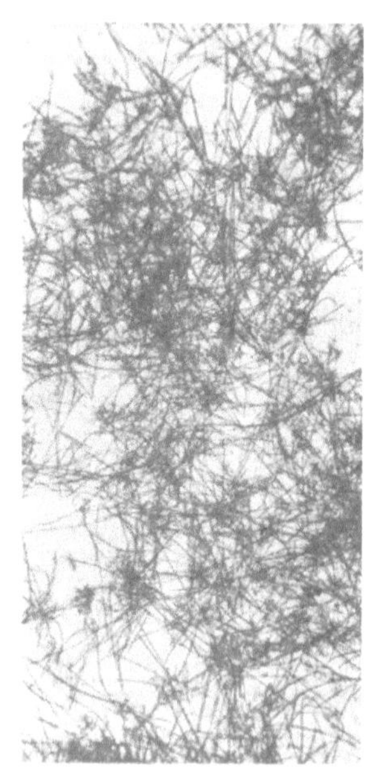

Abb. 192. Wie bei Abb. 191, jedoch Haufwerk von stark gebogenen Kristallnadeln. Vergr. 100.

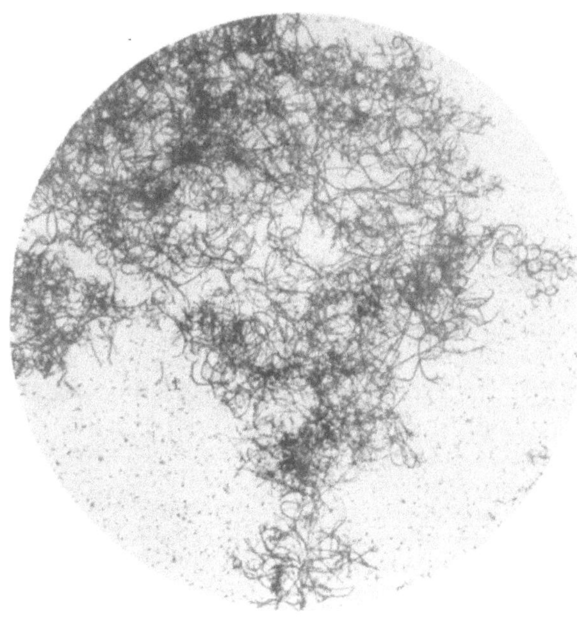

Abb. 193. Wie bei Abb. 191, jedoch Haufwerk von stark gebogenen Kristallnadeln. Vergr. 100.

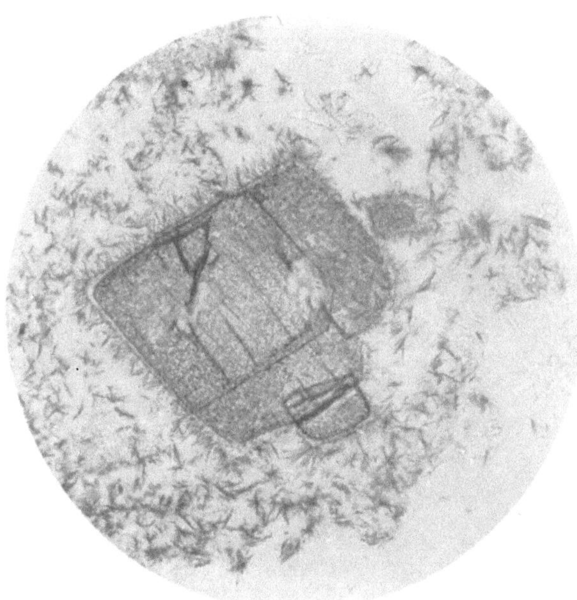

Abb. 194. Feinspießige Kristalle von Digitonin-Cholesterin. Vergr. 120.

Abb. 195. Cholesterin aus alkoholischer Lösung kristallisiert. Polarisiertes Licht: Nicols gekreuzt, Glimmerplatte 1/8 λ. Vergr. 80.

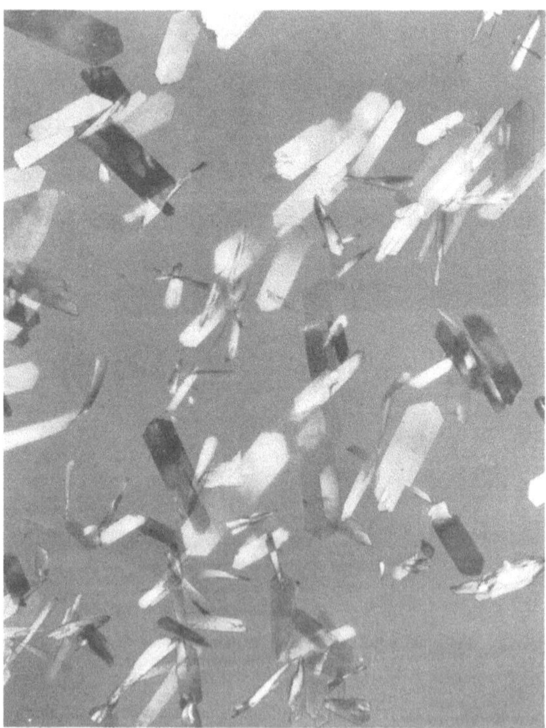

Abb. 196. Phytosterin aus alkoholischer Lösung kristallisiert. Polarisiertes Licht; Nicols gekreuzt, Glimmerplatte 1/8 λ. Vergr. 80.

Abb. 197. Gemisch von Cholesterin (50%) und Phytosterin (50%) aus alkoholischer Lösung kristallisiert. Polarisiertes Licht: Nicols gekreuzt, Glimmerplatte 1/8 λ. Vergr. 80.

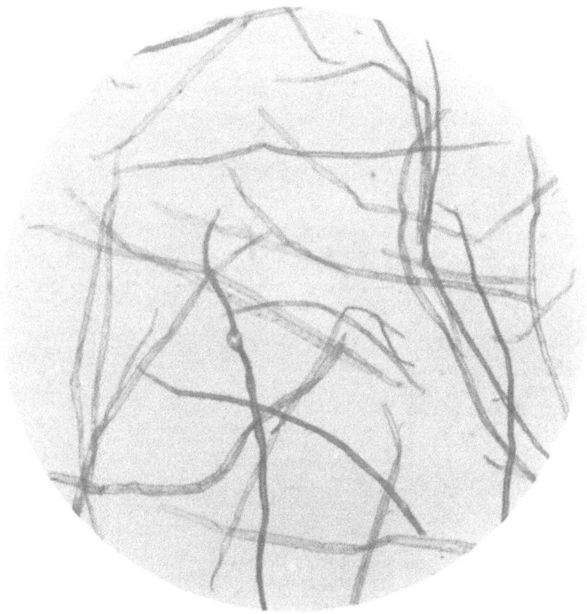

Abb. 198. Zellstoffasern. Mahlungsgrad 9° Sch.-R. Vergr. 20.

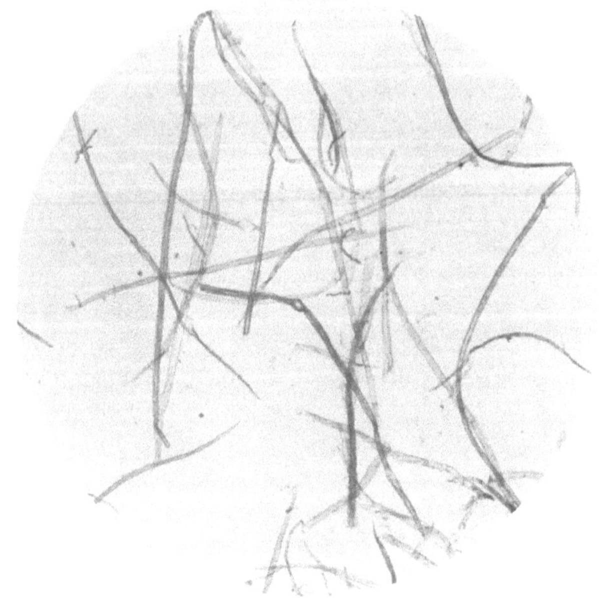

Abb. 199. Zellstoffasern, Mahlungsgrad 20° Sch.-R. Vergr. 20.

Abb. 200. Zellstoffasern, Mahlungsgrad 43° Sch.-R. Vergr. 20.

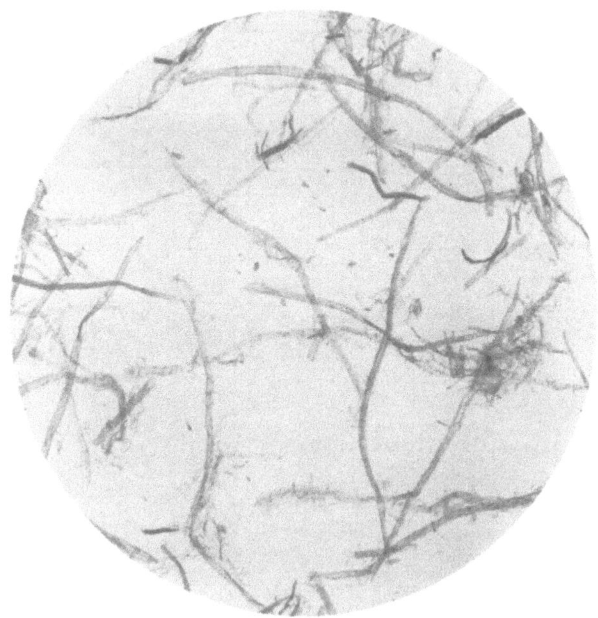

Abb. 201. Zellstoffasern, Mahlungsgrad 58° Sch.-R. Vergr. 20.

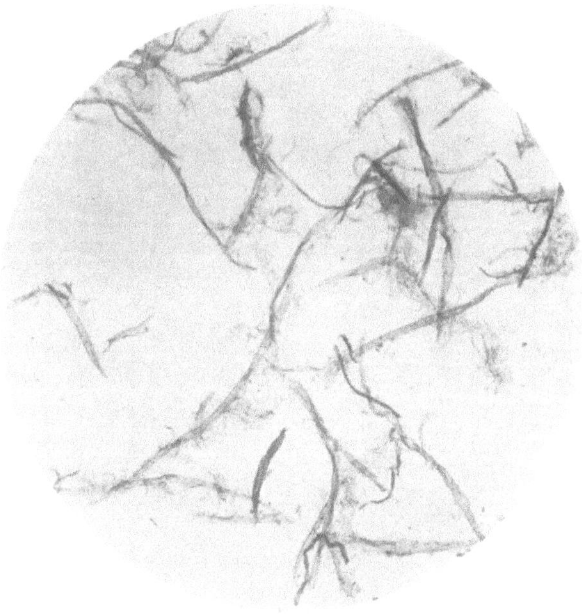

Abb. 202. Zellstoffasern, Mahlungsgrad 75° Sch.-R. Vergr. 20.

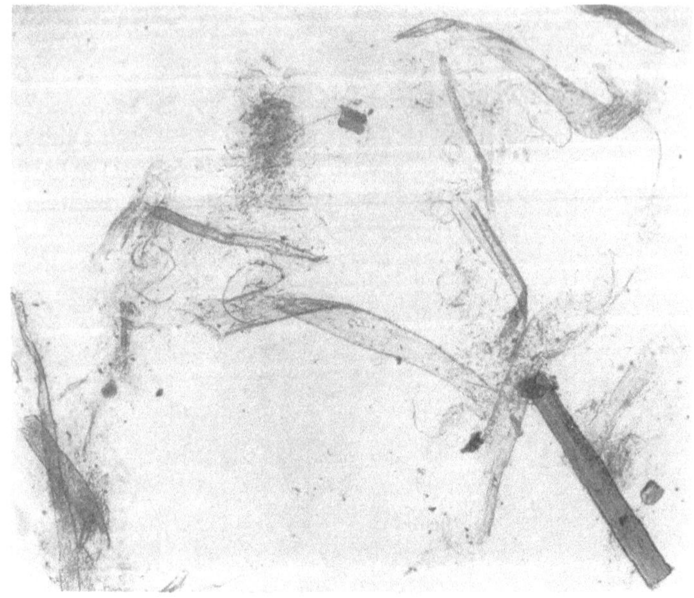

Abb. 203. Weitgehend schmierig gemahlener Holzzellstoff. Vergr. 100.

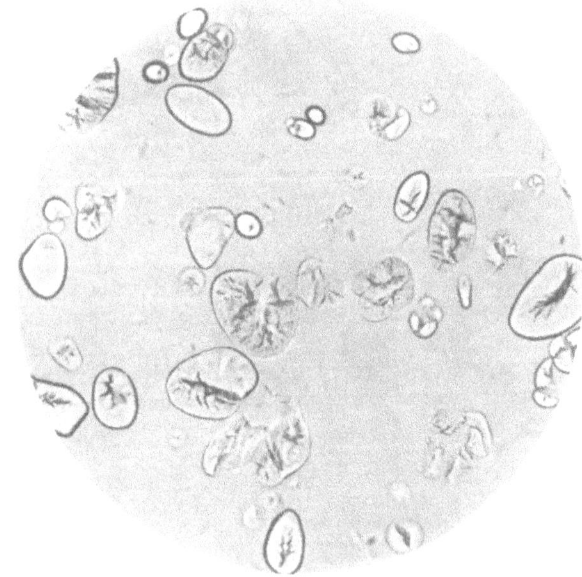

Abb. 204. Kartoffelstärke in beginnender Verkleisterung. Vergr. 175.

Abb. 205. Durch Fällung von wässeriger Tierleimlösung mit Tanninlösung gebildete Haut. Durchsicht. Vergr. 100.

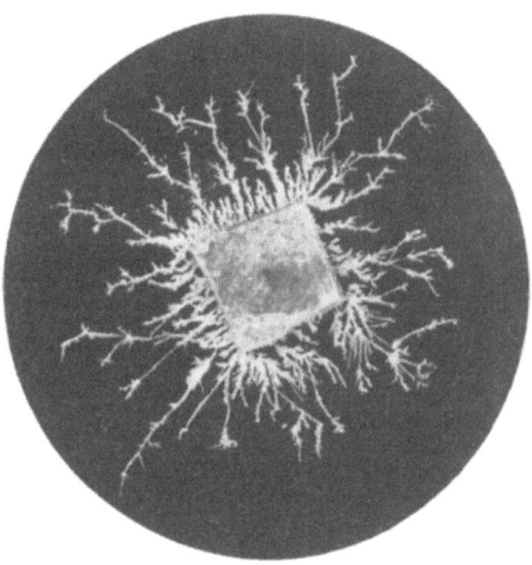

Abb. 207. Silber, aus einer verdünnten Silbernitratlösung mit metallischem Kupfer ausgefällt. Auffallendes Licht. Vergr. 8.

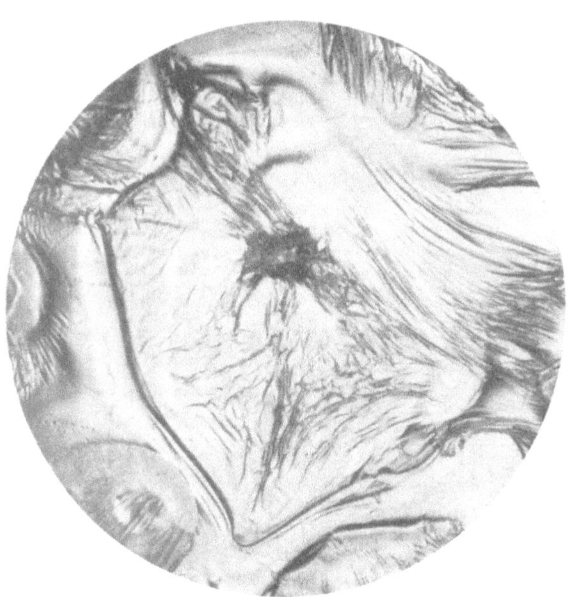

Abb. 206. Faltige Haut, durch Fällung einer wässerigen Lösung von arabischem Gummi mit Alhohol gebildet. Vergr. 100.

Abb. 208. Wie bei Abb. 207, Vergr. 50.

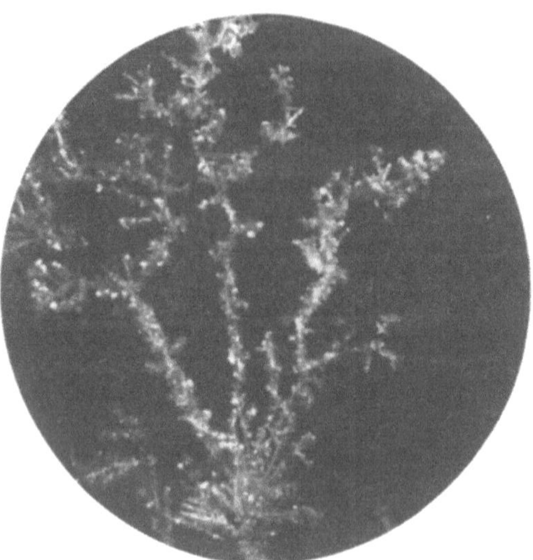

Abb. 209. Wie bei Abb. 207, Vergr. 50.

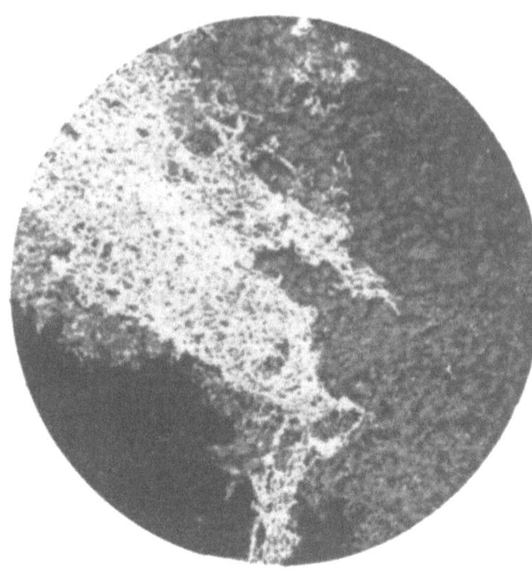

Abb. 211. Metallisches Silber. Nach dem Verbrennen von Filterpapier, auf welchem die Tüpfelprobe mit Hydroxylamin und Natronlauge zum Nachweis von Silber ausgeführt wurde, längere Zeit auf einer Glimmerplatte geglüht. Auffallendes Licht. Vergr. 50.

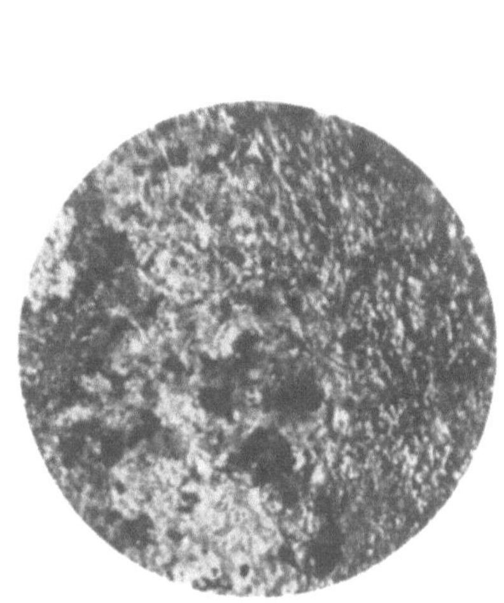

Abb. 210. Metallisches Silber. Nach dem Verbrennen von Filterpapier, auf welchem die Tüpfelprobe mit Hydroxylamin und Natronlauge zum Nachweis von Silber ausgeführt wurde, längere Zeit auf einer Glimmerplatte geglüht. Auffallendes Licht. Vergr. 50.

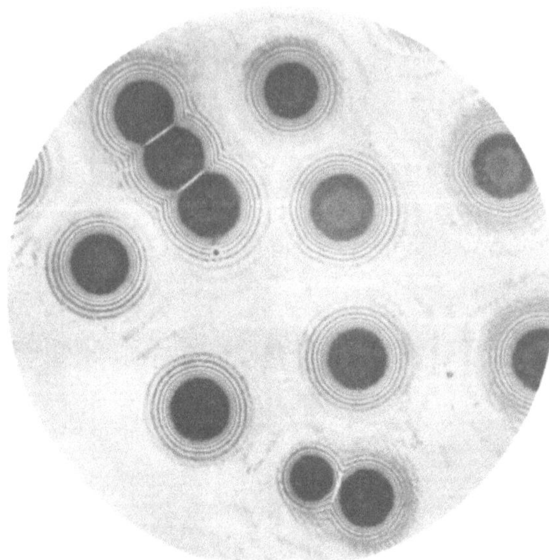

Abb. 212. Chromatgelatineplatte, an verschiedenen Stellen mit verdünnter Silbernitratlösung betupft. Liesegangsche Ringe (Abscheidung von Silberbichromat in konzentrischen Ringen). Vergr. 3.

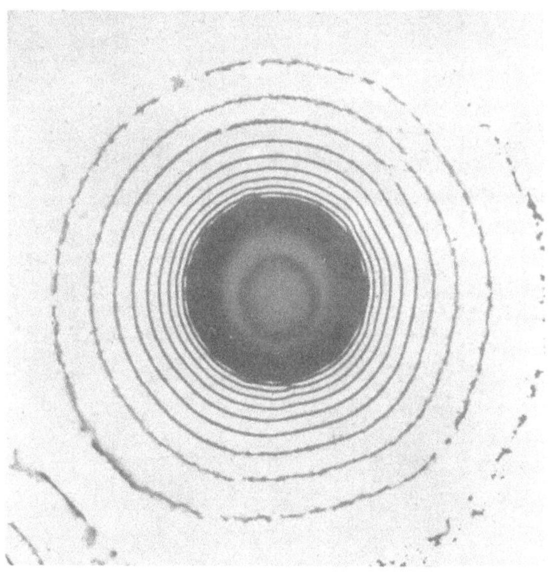

Abb. 213. Tropfen verdünnter Silbernitratlösung auf chromierter Gelatineplatte (Liesegangsche Ringe). Vergr. 20.

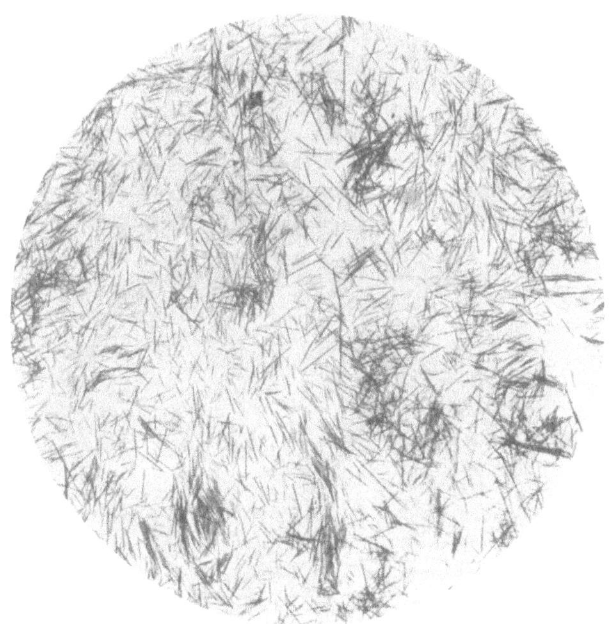

Abb. 214. Nickeldimethylglyoxim. Nadelförmige Kristalle. Vergr. 100.

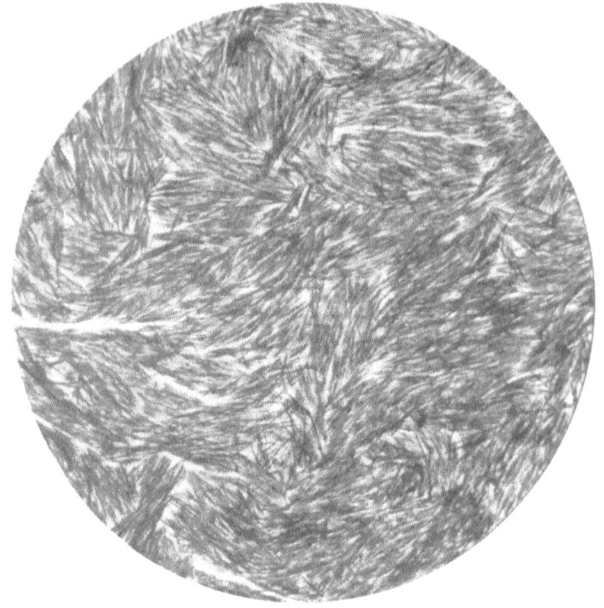

Abb. 215. Wie bei Abb. 214, jedoch ein Haufwerk von Kristallen. Vergr. 100.

Abb. 216. Wie bei Abb. 214, jedoch gut ausgebildete Kristalle. Vergr. 180.

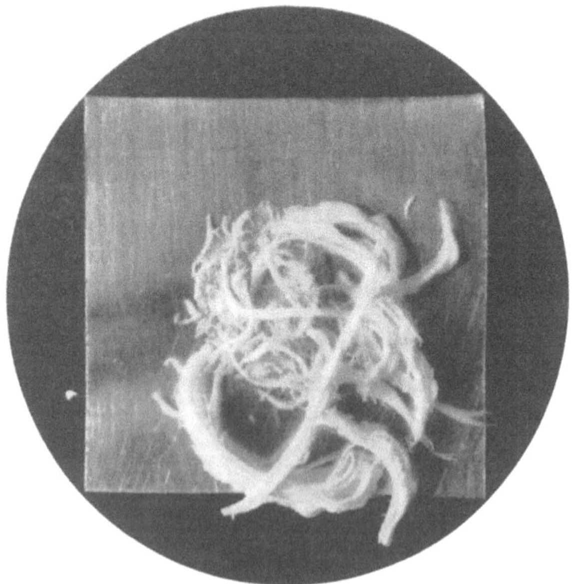

Abb. 217. Ausblühungen von „Fasertonerde" auf einem mit wässeriger Sublimatlösung betupften Aluminiumblech. Vergr. 3.

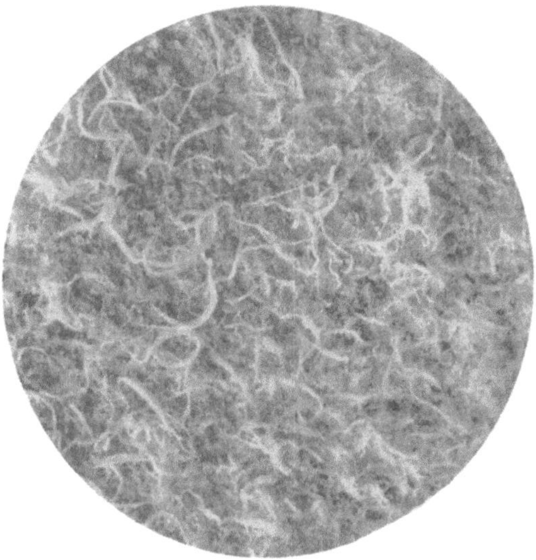

Abb. 218. Wie bei Abb. 217; die betupfte Stelle ist von filzig aussehenden Tonerdefasern gänzlich bedeckt. Vergr. 3.

Abb. 219. Fasertonerde. Die „Fasern" von der Seite gesehen. Vergr. 6.

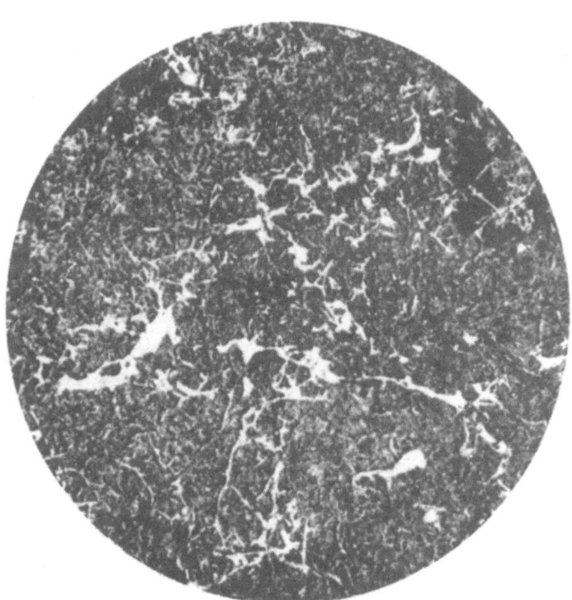

Abb. 220. Geäder von metallischem Gold nach dem Verbrennen von Filterpapier, auf welchem die Tüpfelprobe mit Hydroxylamin und Natronlauge zum Nachweis von Gold ausgeführt wurde. Längere Zeit auf einer Glimmerplatte geglüht. Auffallendes Licht. Vergr. 40.

Abb. 221. Wollige Rosetten von Goldrhodanid. Vergr. 100.

Abb. 222. Thallochloroaurat. Vergr. 100.

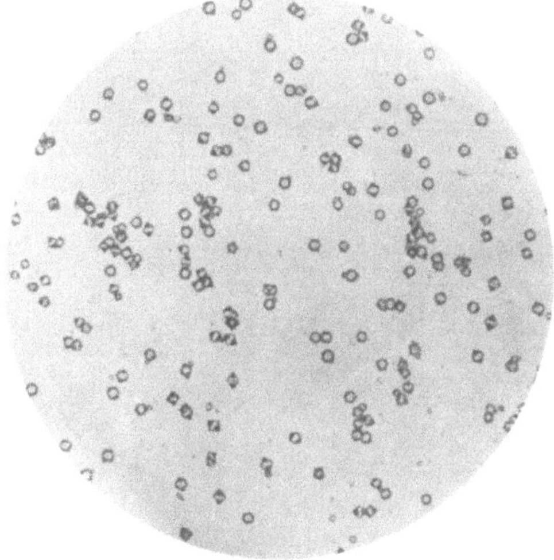

Abb. 223. Rubidiumchlorostannat. Vergr. 100.

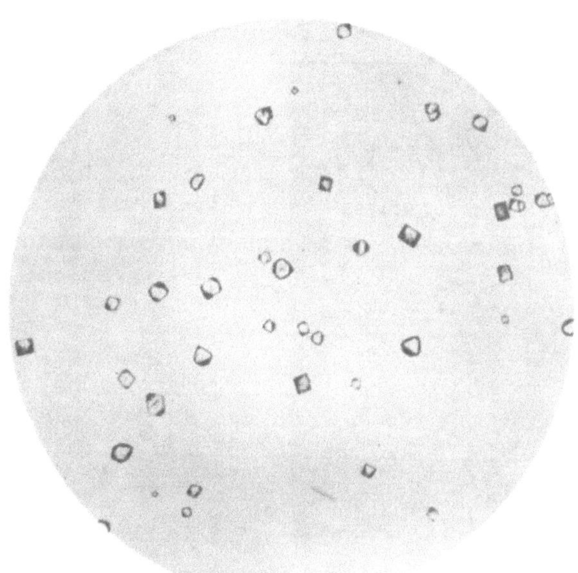

Abb. 224. Rubidiumchlorostannat. Vergr. 225.

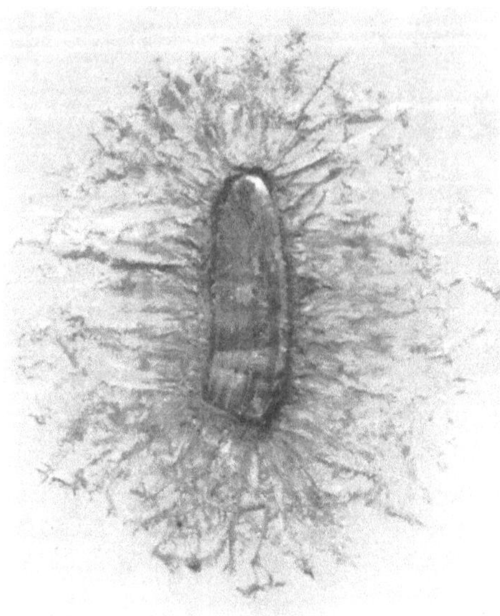

Abb. 225. Aus einem Tropfen einer verdünnten Zinnchlorürlösung mit metallischem Zink reduziertes Zinn („Zinnbaum"). Auffallendes Licht, heller Untergrund. Vergr. 8.

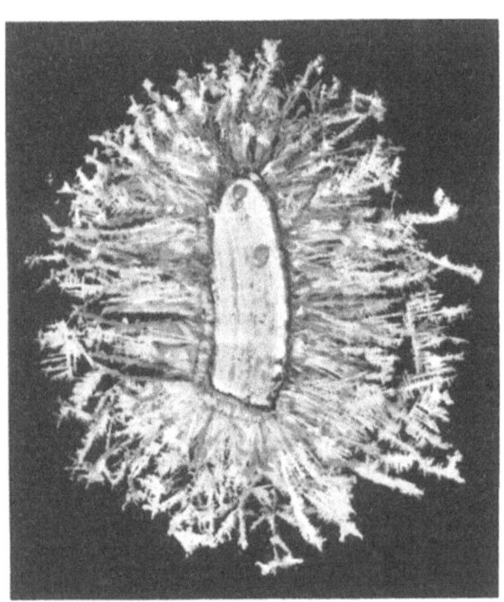

Abb. 226. Wie bei Abb. 225, jedoch dunkler Untergrund. Vergr. 7.

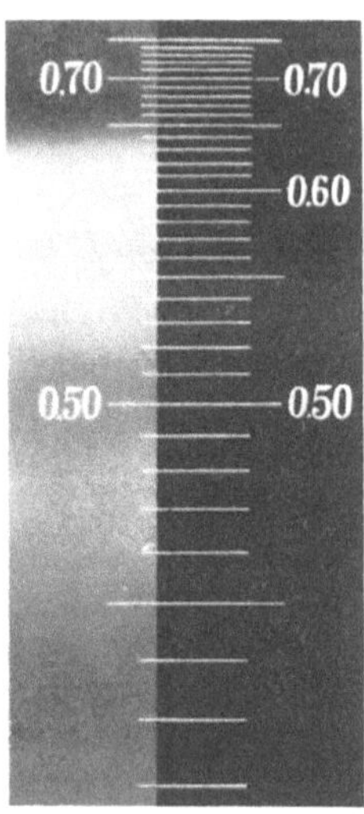

Abb. 227. Mikrospektralaufnahme. Die im Bilde sichtbare Skala gehört der Angströmschen Wellenlängenteilung eines Abbeschen Mikrospektralokulars an.

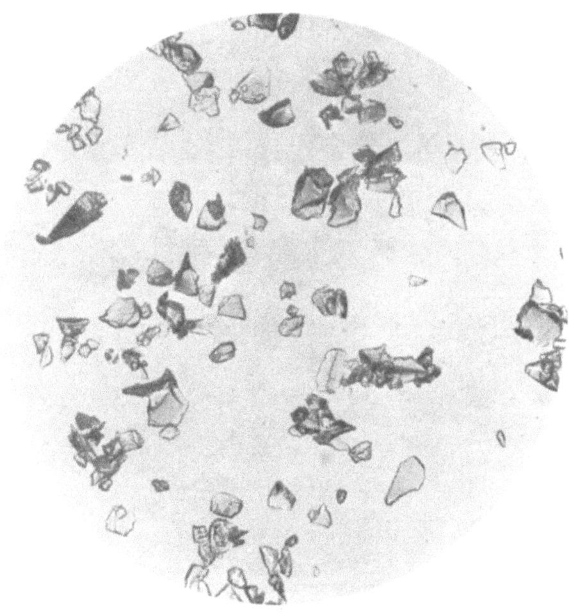

Abb. 228. Smalte. Vergr. 100.

Abb. 229. Kobaltomerkurithiozyanat. Vergr. 100.

Abb. 230. Kobaltomerkurithiozyanat. Vergr. 100.

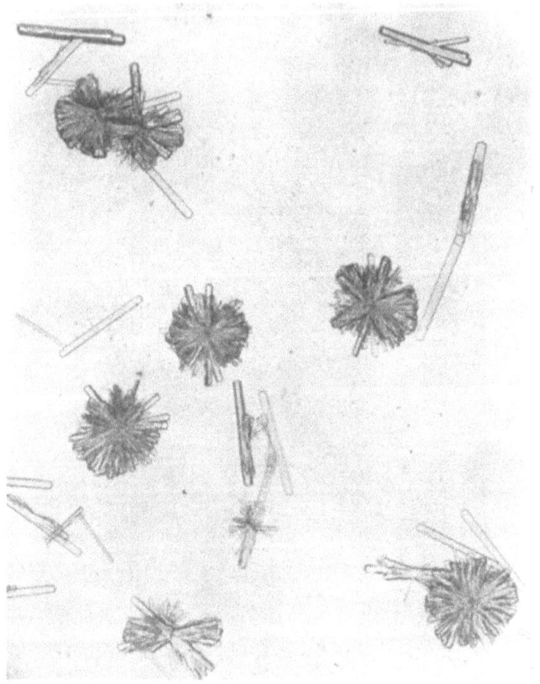

Abb. 231. Kobaltlaktat. Vergr. 100.

Abb. 232. Ultramarin. Vergr. 100.

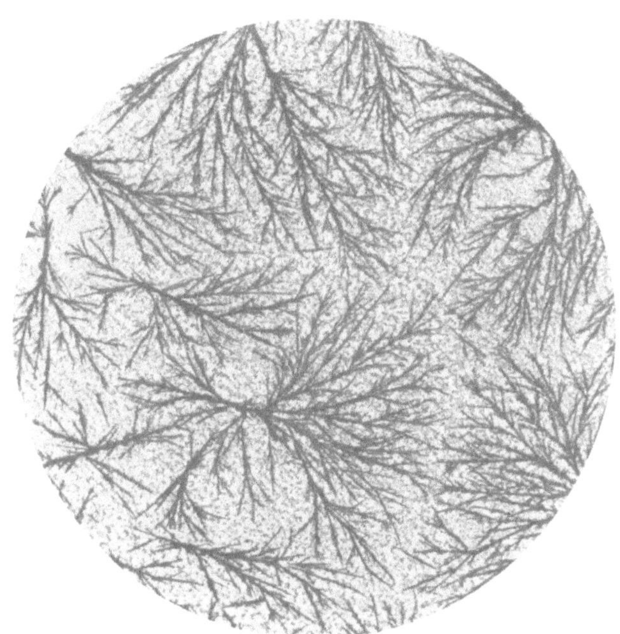

Abb. 233. Indigosublimat. Die großen spießigen Kristalle bestehen aus Indigrubin, die kleinen Kristalle des Untergrundes aus Indigblau. Vergr. 150.

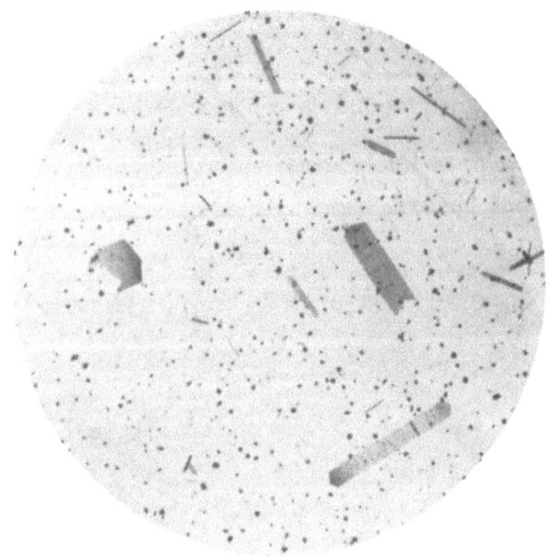

Abb. 234. Wie bei Abb. 233, jedoch gut ausgebildete Kristalle. Vergr. 150.

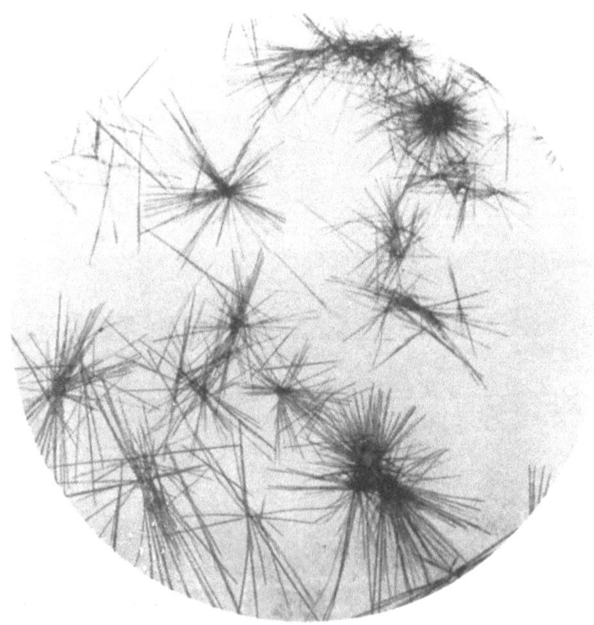

Abb. 235. Salpetersäurereaktion mit Nitron (Diphenylanilodihydrotriazol). Vergr. 100.

Abb. 236. Wie bei Abb. 235. Zwei hantelartig ausgebildete Kristallbüschel. Vergr. 150.

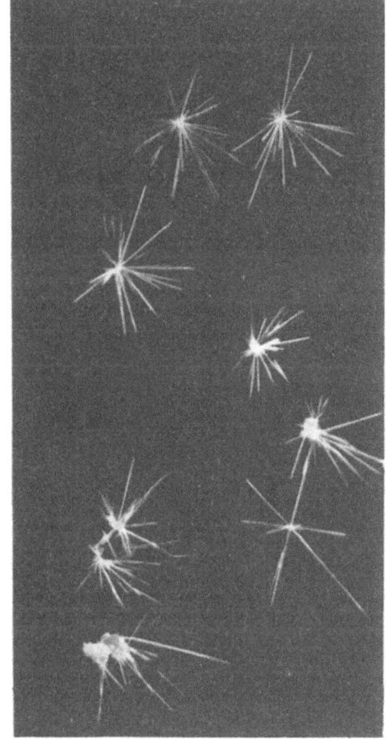

Abb.. 238. Wie bei Abb. 235. Dunkelfeldbeleuchtung. Vergr. 100.

Abb. 237. Wie bei Abb. 235. Dunkelfeldbeleuchtung. Vergr. 150.

Abb. 239. Wie bei Abb. 235. Polarisiertes Licht: Nicols nicht vollständig gekreuzt. Vergr. 80.

Abb. 240. Berberinnitrat. Vergr. 100.

Abb. 241. Berberinnitrat. Vergr. 100.

Abb. 242. Kaliumnitrat, skelettartig auskristallisiert, nach dem Anhauchen. Polarisiertes Licht: Nicols gekreuzt. Vergr. 100.

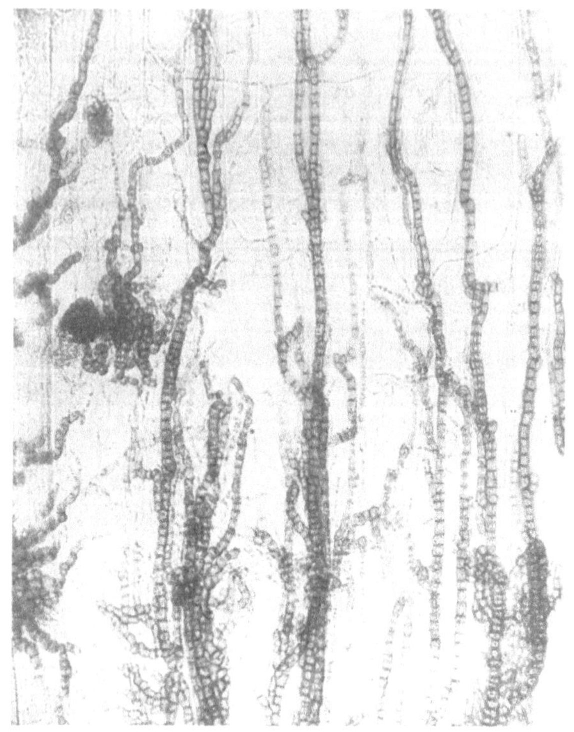

Abb. 243. Pilzgeflecht unter der Oberhaut eines taugerösteten Flachses. Vergr. 150.

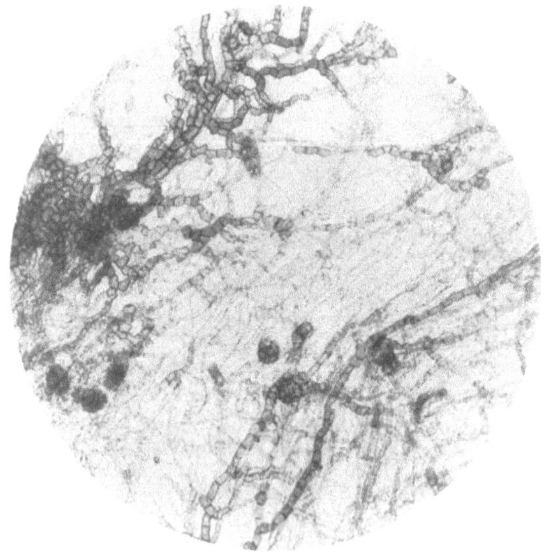

Abb. 244. Pilzgeflecht unter der Oberhaut eines taugerösteten Flachses. Vergr. 200.

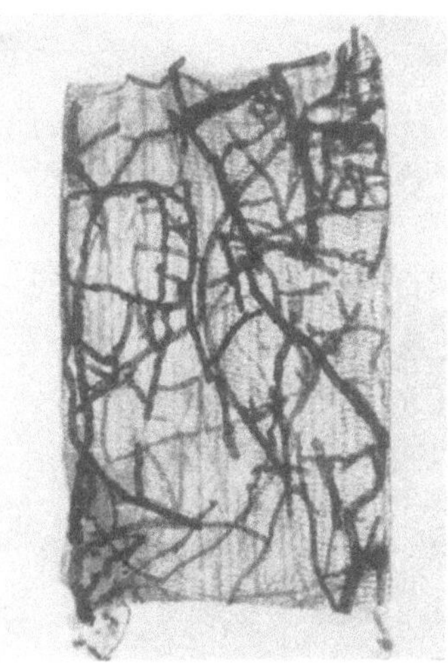

Abb. 245. Gefäß aus dem Schaft eines Bambus mit zahlreichen dunkel gefärbten Pilzfäden. Vergr. 150.

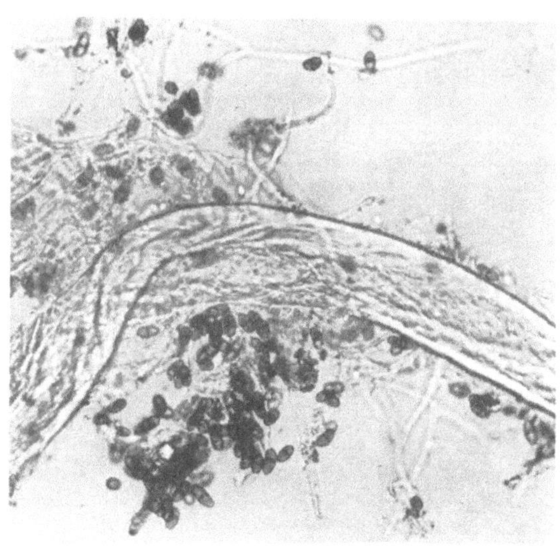

Abb. 246. „Stockige" Baumwolle in Chloralhydrat. Vergr. 400.

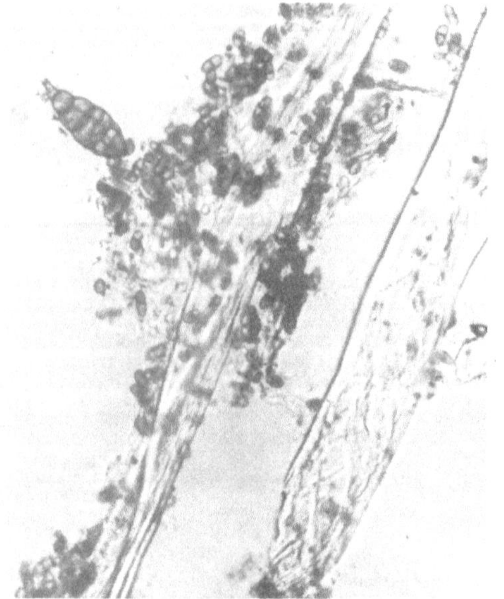

Abb. 247. „Stockige" Baumwolle in Chloralhydrat. Vergr. 400.

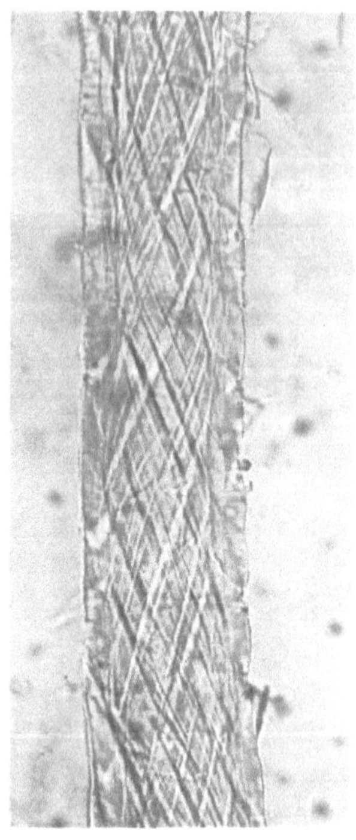

Abb. 249. Durch Bakterien und Fadenpilze beschädigter Holzzellstoff (Stück einer Tracheïde) mit auffallend deutlicher Spiralstreifung. Chloralhydratpräparat. Vergr. 280.

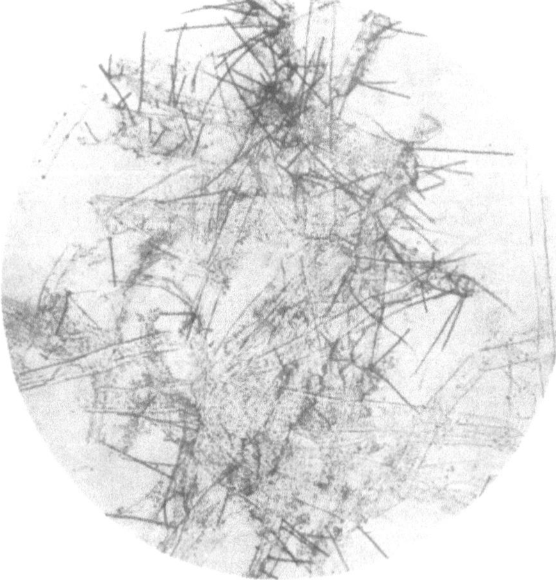

Abb. 248. Durch Schimmelpitze vollständig zerstörter Holzzellstoff. Vergr. 100.

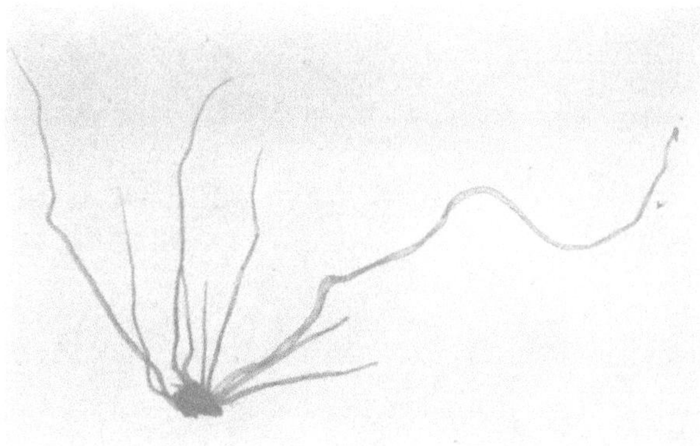

Abb. 250. Stück einer Baumwollsamenschale mit anhängenden „Bartfasern“ von verschiedener Länge. Vergr. 40.

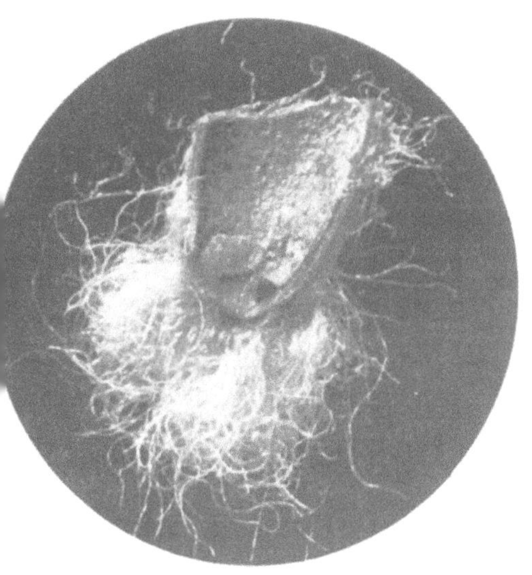

Abb. 251. Wie bei Abb. 250, jedoch auffallendes Licht. Vergr. 10.

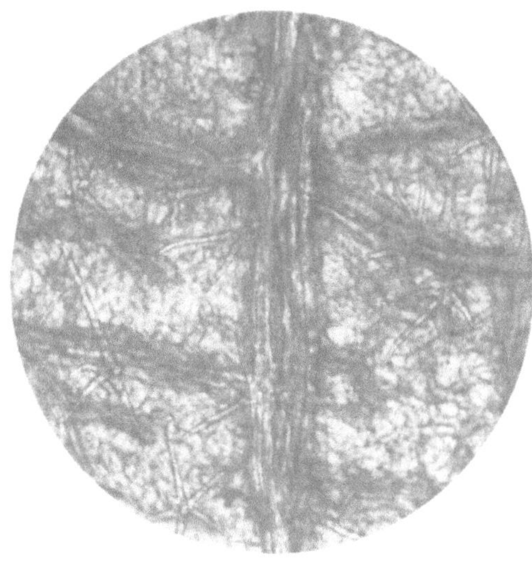

Abb. 252. Baumwollblattstück mit sternförmigen Haaren. Chloralhydratpräparat. Vergr. 80.

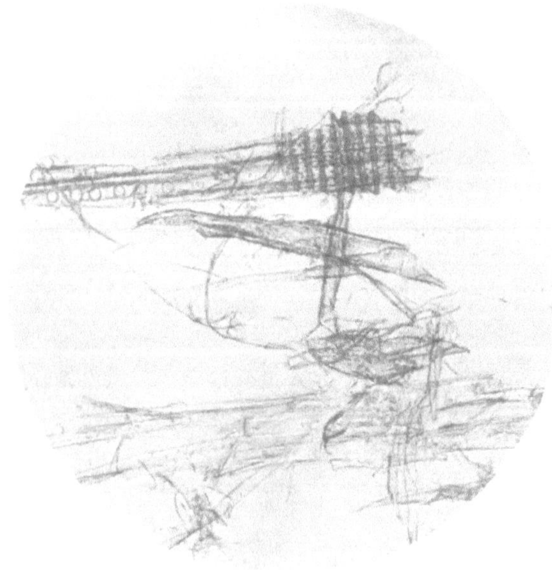

Abb. 253. Holzschliff. Vergr. 100.

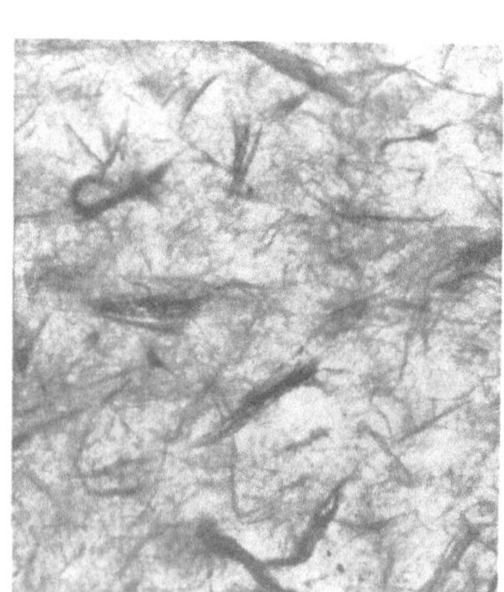

Abb. 255. Ungleichmäßig aufgeschlossene Daphnefasern aus einem indischen Papier. Durchfallendes Licht. Vergr. 8.

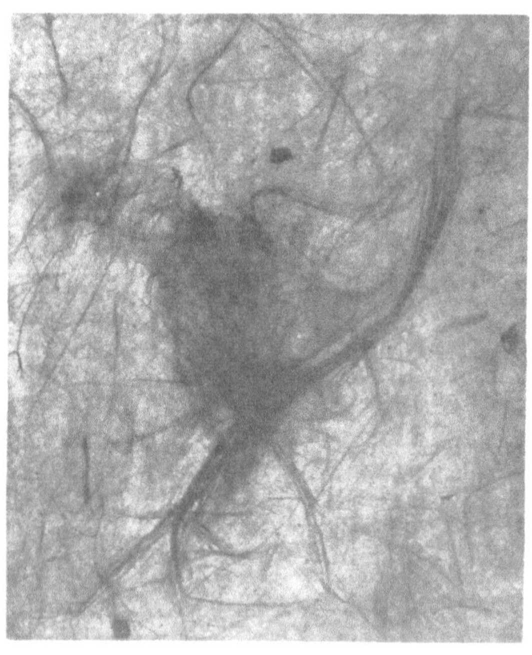

Abb. 254. Ungleichmäßig aufgeschlossene Bambusfasern aus einem handgeschöpften chinesischen Papier. Durchfallendes Licht. Vergr. 8.

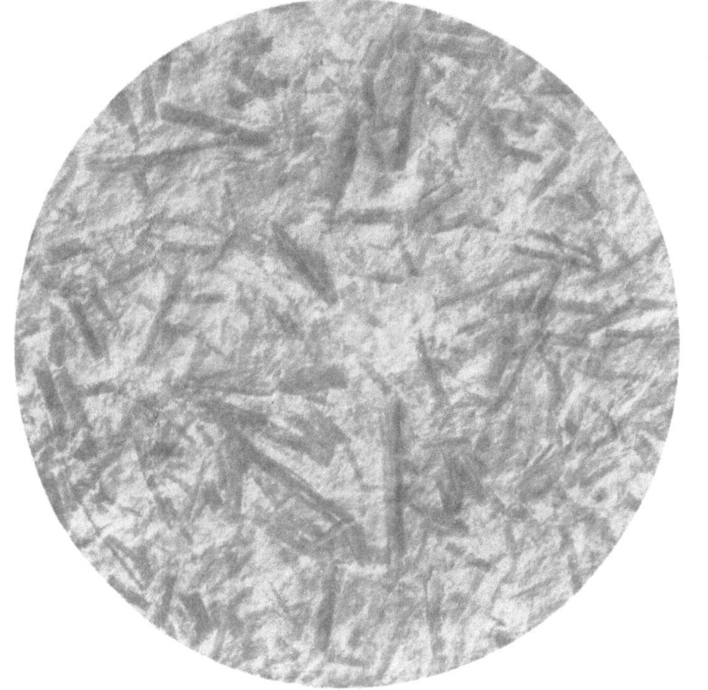

Abb. 256. Papier aus schlecht aufgeschlossenen Flachsscheben. Deutliches Hervortreten der Holzstücke. Auffallendes Licht. Vergr. 8.

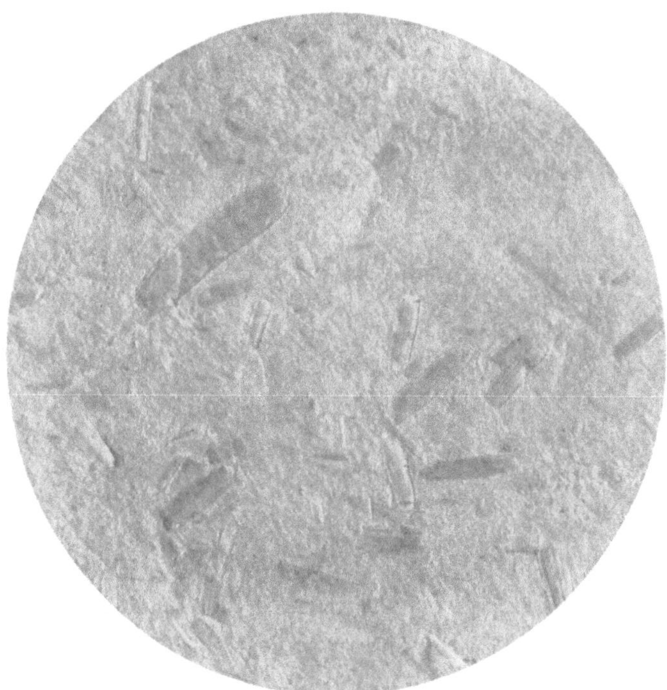

Abb. 257. Papier aus schlecht aufgeschlossenen Hanfscheben. Deutliches Hervortreten der Holzstücke. Auffallendes Licht. Vergr. 8.

Abb. 258. Wie bei Abb. 257, jedoch durchfallendes Licht. Vergr. 8.

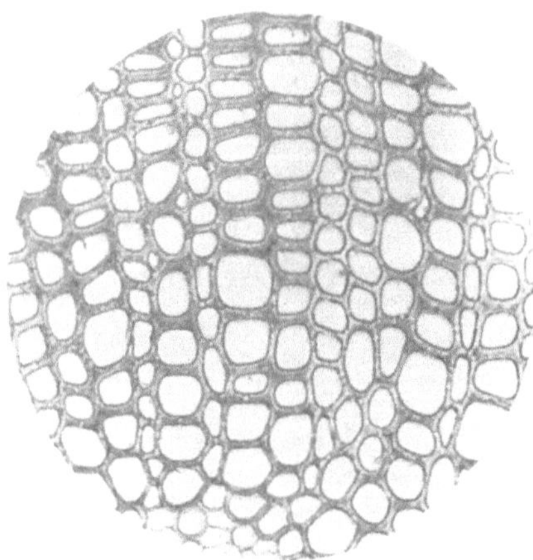

Abb. 259. Querschnitt durch den Holzkörper des Flachsstengels. Die Gefäße sind, im Gegensatz zu jenen des Hanfes (vergl. Abb. 260), von den sie umgebenden Holzfasern und Markstrahlen an Weite nicht wesentlich verschieden. Vergr. 150.

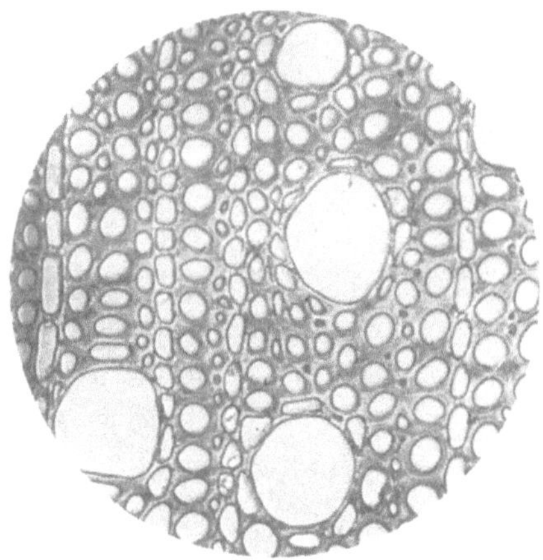

Abb. 260. Querschnitt durch den Holzkörper des Hanfstengels. An 3 Stellen sind weitlumige Gefäße sichtbar. Vergr. 150.

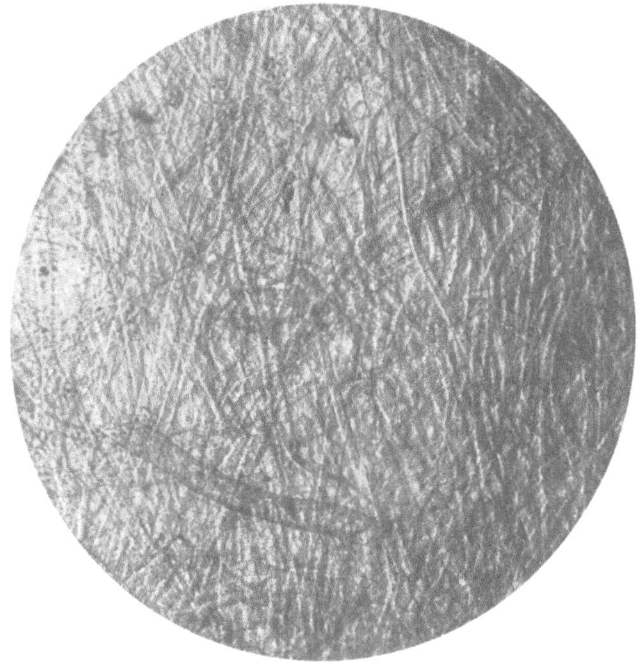

Abb. 261. Durch Wiederverarbeitung alten bedruckten Zellstoffpapiers vorhandene Reste von Druckerschwärze. Kanadabalsampräparat. Schiefe Beleuchtung. Verg. 80.

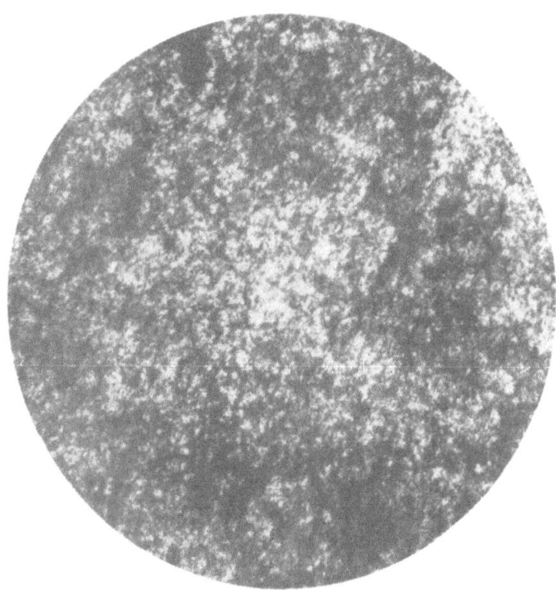

Abb. 262. „Wolkiges" Zellstoffpapier in der Durchsicht. Ungleichmäßige Verteilung des Stoffes. Vergr. 2,4.

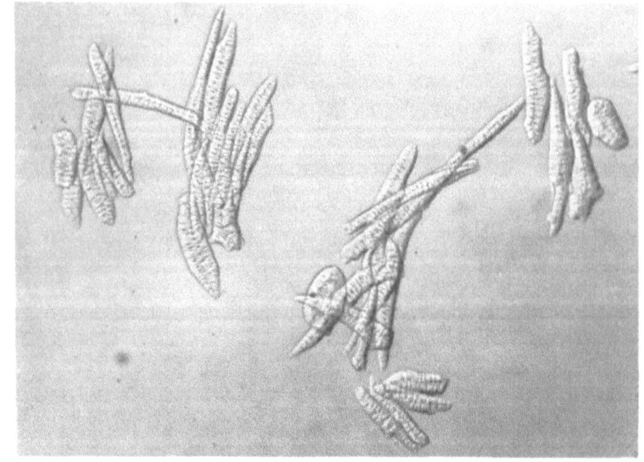

Abb. 263. Zellen aus sogenannten „Sklerenchymflecken" in einem Strohpapier. Chloralhydratpräparat. Schiefe Beleuchtung. Vergr. 105.

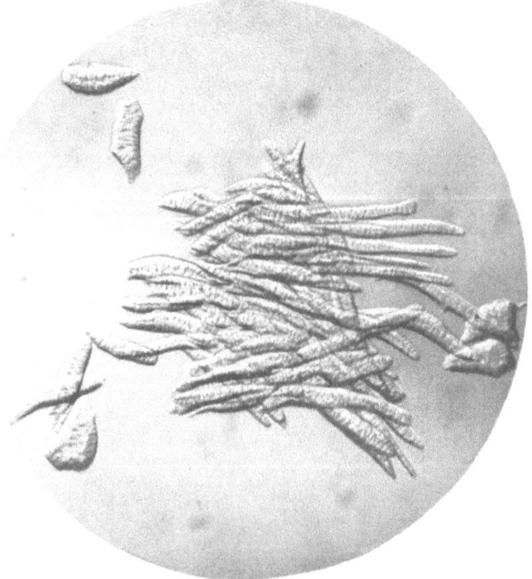

Abb. 264. Zellen aus sogenannten „Sklerenchymflecken" in einem Strohpapier. Chloralhydratpräparat. Schiefe Beleuchtung. Vergr. 105.

Abb. 265. Naturselbstdruck von Zigarettenpapier. Gleichmäßige Verteilung des Stoffes und gute Sichtbarkeit des Wasserzeichens.

Abb. 266. Wie bei Abb. 265, jedoch in der Durchsicht schwach „wolkig".

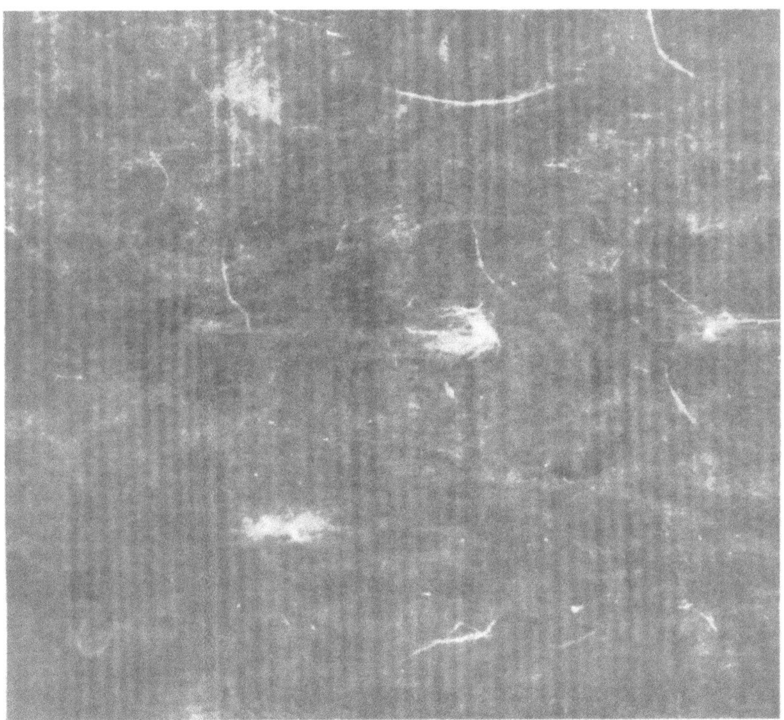

Abb. 267. Naturselbstdruck eines handgeschöpften japanischen Papiers. Stoff ungleichmäßig verteilt und unvollständig aufgeschlossen.

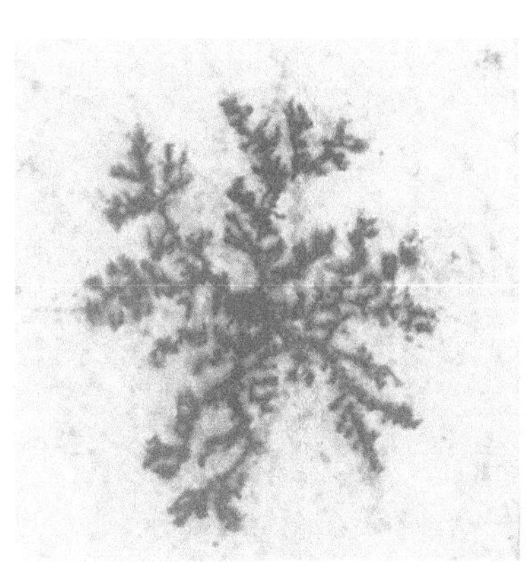

Abb. 268. Dendritisch ausgebildeter „Bronzefleck" auf Papier. Vergr. 40.

Abb. 269. Mikrofiltereinrichtung nach Hüttig.

Abb. 270. Gefäß zum Mazerieren, Kochen und Filtrieren von Fasern nach A. Herzog.

Abb. 272. Gefäß zur Bereitung und Filtration von Kupferoxydammoniak nach A. Herzog.

Abb. 273. Verschiedene Siebformen. Links einfaches Sieb in Fassung, in der Mitte eine „Siebschlämmnuß“ rechts würfelförmiger Siebbehälter.

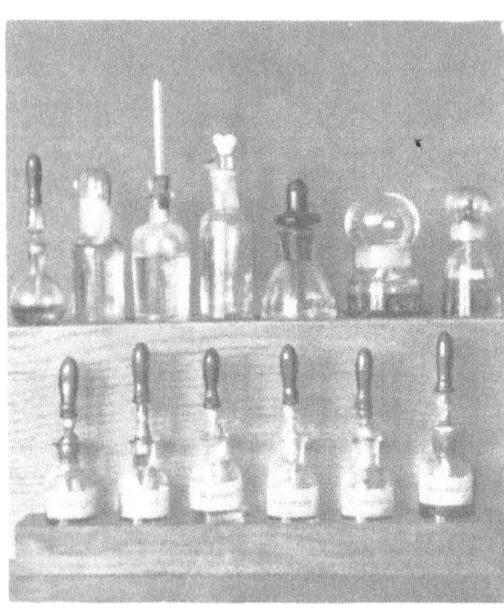

Abb. 271. Verschiedene Formen von Reagensfläschchen für mikroskopische und mikrochemische Untersuchungen.

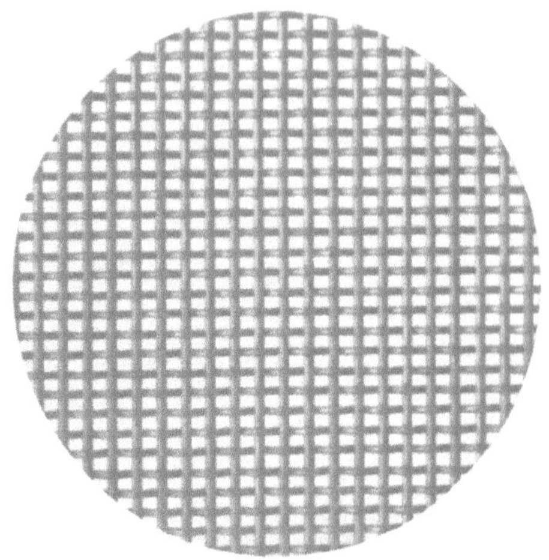

Abb. 274. Lupenbild eines gleichmäßig feinen Siebes mit rund 30 Kett- und 23 Schußdrähten auf den cm. Vergr. 9.

Abb. 275. Zylindrisches Glasfilter mit grobkörniger Filterplatte und Ausschnitten an der Basis. Daneben ein Glasschälchen zum Einstellen des Filters nach dem Waschen des Faserbreies, um Verschmutzungen des Arbeitstisches durch abfallende Tropfen zu vermeiden.

Abb. 276. Schüttel- und Filtriergefäß für Fasern nach A. Herzog. Von links nach rechts: Fertig zusammengestellte Vorrichtung, 2 Spiralfedern, Untersatz, Glasfilter, Glasaufsatz, Stopfen.

Abb. 277. Links Sedimentiergefäß nach Späth, rechts ein einfach. Sedimentierkelchglas.

Abb. 279. Links Glasbehälter zur Aufbewahrung von Nadeln, Scheren, Messern usw., in der Mitte eine Mikroskopierbrücke nach Schopper, rechts Gestell zur Aufnahme von Präparaten auf Objektträgern.

Abb. 278. Handzentrifuge. Links 3 verschiedene Formen von Zentrifugierröhrchen, rechts 2 einfache Zentrifugierröhren mit Halter für die Waage.

Abb. 280. Links Deckglasbehälter nach Schopper, rechts Pappkasten für geputzte Objektträger (sog. „Kuhstall“).

Manultiefdruck der Seiten *1—109* von
F. Ullmann G. m. b. H., Zwickau Sa.

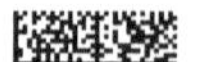